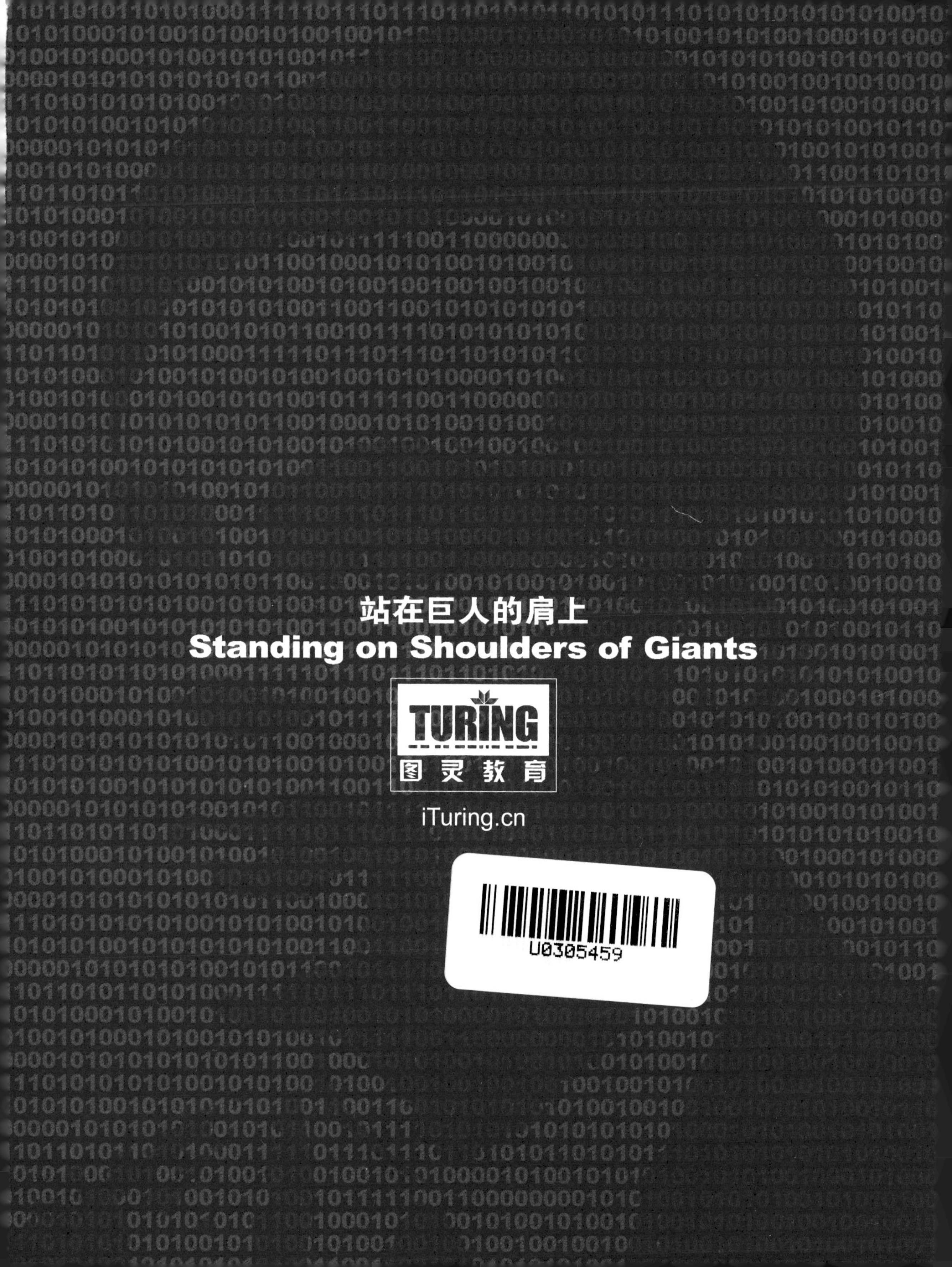
站在巨人的肩上
Standing on Shoulders of Giants
TURING
图灵教育
iTuring.cn
U0305459

站在巨人的肩上
Standing on Shoulders of Giants
TURING
图灵教育
iTuring.cn

TURING 图灵程序设计丛书

Microservices
Flexible Software Architecture

微服务
灵活的软件架构

[德] 埃伯哈德·沃尔夫（Eberhard Wolff）◎著　　莫树聪◎译

人民邮电出版社
北　京

图书在版编目（CIP）数据

微服务 : 灵活的软件架构 / (德) 埃伯哈德•沃尔夫著 ; 莫树聪译. -- 北京 : 人民邮电出版社, 2019.11
（图灵程序设计丛书）
ISBN 978-7-115-52129-3

Ⅰ. ①微… Ⅱ. ①埃… ②莫… Ⅲ. ①软件设计 Ⅳ. ①TP311.1

中国版本图书馆CIP数据核字(2019)第217862号

内容提要

微服务具有模块性强、可替代性强、可持续开发、可独立伸缩、可持续交付等优点，近年来受到越来越多的开发者以及一些经验老到的架构师的青睐，采用微服务架构的公司也越来越多。本书围绕架构和团队的主题，详细介绍了微服务的各个方面，包括采用微服务的原因、微服务架构的基础知识、微服务的实际应用、如何克服相关的挑战，等等。本书还包含具体的实现示例，在代码层面详细介绍了微服务的技术实现。

本书适合所有希望采用微服务作为架构方案的管理者、架构师、开发者阅读。

◆ 著　　　[德] 埃伯哈德・沃尔夫
　译　　　莫树聪
　责任编辑　温　雪
　责任印制　周昇亮

◆ 人民邮电出版社出版发行　　北京市丰台区成寿寺路11号
　邮编　100164　　电子邮件　315@ptpress.com.cn
　网址　http://www.ptpress.com.cn
　大厂聚鑫印刷有限责任公司印刷

◆ 开本：800×1000　1/16
　印张：17
　字数：402千字　　　2019年 11 月第 1 版
　印数：1 – 3 500册　　2019年 11 月河北第 1 次印刷

著作权合同登记号　图字：01-2017-2583号

定价：89.00元

读者服务热线：(010)51095183转600　印装质量热线：(010)81055316

反盗版热线：(010)81055315

广告经营许可证：京东工商广登字 20170147 号

感谢我的家人和朋友的支持。

感谢计算机业界带给我的乐趣。

前　　言

“微服务”是一个新名词，但其所代表的理念实际上由来已久。2006 年，Werner Vogels（Amazon 公司 CTO）就曾经在 JAOO[①]会议上做过关于 Amazon Cloud 和 Amazon 合作伙伴模型的演讲。在演讲中，他提到了奠定 NoSQL 基础的 CAP 定理。此外，他还谈到了一些集开发和运维于一体的小团队，这些团队的软件提供多组服务，且每组服务有各自的数据库。现在，这种团队协作方式被称作 DevOps，这种软件架构就是我们说的微服务。

后来，有个客户需要将新技术模块集成到遗留项目中，让我给他们提供解决方案。经过几番将新模块直接集成到遗留代码中的尝试，我们最终开发了一个新应用。这个新应用采用完全不同于遗留项目的技术栈，新旧两个应用之间的耦合仅在于 HTML 链接以及一个共用的数据库。除了共用数据库，这实质上就是一个微服务的方案。那时还是 2008 年。

2009 年，我的另一个客户将其整个基础架构划分成多组 REST 服务，每组服务交由不同团队开发。这在今天也可称为微服务。那时，很多业务建立在 Web 之上的公司都纷纷转向了类似的架构模式。再后来，我意识到持续交付对软件架构的重大影响，而微服务架构对持续交付而言有着诸多优势。

近年来，包括一些经验老到的架构师在内的许多开发人员都开始投身于微服务方案的实践中。这也是我写这本书的初衷。和其他所有框架一样，微服务架构不可能解决一切设计问题。然而，与现有方案相比，微服务是个不错的选择。

内容概览

本书围绕架构和组织的主题，详细地介绍了微服务。当然，具体的程序实现方案也占了相当大的篇幅。书中用了一个完整示例来介绍微服务的具体实现。关于纳米服务（nanoservice）的讨论，则阐明了模块化并未止步于微服务。本书提供了详尽的信息，让读者可以顺利地开始使用微服务。

目标读者

本书的目标读者是所有希望采用微服务作为架构方案的管理者、开发人员和架构师。

---

① JAOO 是由丹麦 Trifork A/S 公司组织的开发者大会，目前已更名为 GOTO 大会。——译者注

管理者

当团队的组织形式适合微服务架构时，微服务才能产生最佳效果。在本书导论部分，管理者可理解微服务的基本理念。在后面的章节中，管理者可重点关注微服务架构对组织机构的影响。

开发人员

开发人员可将本书当作构建微服务的技术大全，通过本书可以掌握微服务的实战技能。本书通过一个详细的微服务示例，以及大量的其他技术介绍（例如纳米服务的示例），来帮助开发人员理解基本概念。

架构师

通过本书，架构师可从架构角度认识微服务，并深入理解相关的技术问题和团队组织问题。

本书特别关注了一些有可能出现的实验情景，以便读者将学到的新知识用于实战。同时，本书还提供了一些获取相关信息的渠道，以帮助感兴趣的读者深入研究相关技术。

结构和内容

本书分为四部分。

第一部分　动机和基础知识

第一部分解释采用微服务的原因，并介绍微服务架构的基础知识。第 1 章介绍了微服务的基本特点，包括优点和缺点。第 2 章介绍了两个采用微服务的案例：一个电商应用和一个信号处理系统。这部分内容能让读者对微服务及其应用有一个大致的了解。

第二部分　微服务是什么，用还是不用

第二部分不仅详细地研究了微服务，还具体分析了微服务的优缺点。

- 第 3 章从 3 个角度研究了“微服务”一词的定义：微服务的大小，康威定律（Conway’s Law，该理论认为软件团队的组织结构决定软件架构），以及基于领域驱动设计和限界上下文的技术视角。
- 第 4 章详细介绍了采用微服务的原因。微服务的优势不仅存在于技术层面上，还体现在团队组织上。从业务角度考虑，也有充分的理由采用微服务。
- 第 5 章分析了微服务所带来的独特挑战。其中既包括技术挑战，也包括架构、基础设施、运维方面的挑战。

- 第 6 章主要分析了微服务与面向服务架构之间的区别。这两个概念乍一看似乎关系紧密，但实质上有非常多的不同之处。

第三部分 微服务的实现

第三部分主要研究微服务的实际应用，论述如何在程序中体现第二部分所说的微服务的优点，以及如何应对相关的挑战。

- 第 7 章探讨了基于微服务的系统架构，涉及领域架构及相关的技术挑战。
- 第 8 章介绍了微服务的集成，以及相互通信的不同方案。这部分内容不仅包含了 REST、消息等通信方式，还涉及用户界面（UI 级别的集成）和数据复制（数据库级别的集成）。
- 第 9 章展示了微服务可用的架构，例如命令查询职责分离（CQRS）、事件溯源以及六边形架构。这一章最后指明了应对特定挑战所适合采用的技术。
- 第 10 章主要关注测试。为了让不同微服务能独立部署，测试也应尽可能地独立。但测试不仅要针对各个独立的微服务，还要对系统做整体检查。
- 第 11 章探讨了运维和持续交付。微服务架构产生了大量可部署的构件，因而会增加对基础设施的需求。这也是采用微服务时不得不面对的一个实质性障碍。
- 第 12 章阐明了微服务是如何反过来影响团队结构的。微服务毕竟是一种架构，理应影响并改进团队结构。

第四部分 技术

第四部分在代码层面详细介绍了微服务的技术实现。

- 第 13 章包含一个基于 Java、Spring Boot、Docker 和 Spring Cloud 实现的详尽示例。这一章旨在用一个容易运行的示例应用作为切入点，以实际的技术来阐释微服务的理念，并作为微服务编程的入门指引。
- 第 14 章介绍了粒度比微服务更细的纳米服务。纳米服务需要特定的技术和方案来支持。这一章探讨了不同技术方案及其优缺点。
- 第 15 章展示了如何开始采用微服务。

延伸阅读

本书包含了一些微服务专家从不同角度撰写的文章。每位专家用大概 2 页的篇幅总结了他们对微服务的主要看法。这些文章各具特色：有的与本书观点相辅相成，有的关注点与本书不同，还有的与本书观点相冲突。这说明，软件架构领域通常没有唯一正确的答案，你能看到不同观点百家争鸣。这些文章为读者提供了一个接触不同观点的机会，以便形成自己的见解。

阅读路线

本书内容适合不同类型的读者。当然，读者可以且应该阅读和本职业并非直接相关的章节，但表 P-1 仍然列出了不同类型的读者最适合阅读的章节。

表 P-1　本书阅读路线

章　节	开发人员	架　构　师	管　理　者
第 1 章	○	○	○
第 2 章	○	○	○
第 3 章	○	○	○
第 4 章	○	○	○
第 5 章	○	○	○
第 6 章		○	○
第 7 章		○	
第 8 章	○	○	
第 9 章	○	○	
第 10 章	○	○	
第 11 章	○	○	
第 12 章			○
第 13 章	○		
第 14 章	○	○	
第 15 章	○	○	○

如果仅想从整体上了解微服务，那么推荐阅读每章的总结部分。想学到实际技能的读者可直接从第 13 章和第 14 章开始，这些章节介绍了实际的技术和代码。

各章节的“动手实践”部分通过实际练习，帮助你加深理解。如果某个章节特别吸引你，希望你可以完成相关的练习来更好地掌握这个章节的内容。

补充资料

本书勘误表、示例代码的链接以及其他信息可在 https://microservices-book.com/网站上找到。示例代码可在 https://www.github.com/ewolff/microservice/处获取。[①]

读者在 informit.com 注册本书，可方便地获取下载、更新、修订的内容。访问 informit.com/register，注册账号并登录后，可开始图书注册流程。输入本书英文版 ISBN（9780134602417），然后点击提交按钮。这一流程完成后，就可以在“Registered Products”一栏下面找到本书的更多信息。

---

① 读者可以访问本书图灵社区页面（https://www.ituring.com.cn/book/1918）提交中文版勘误，并下载示例代码。
——编者注

致　　谢

我要感谢所有曾与我讨论过微服务的人们，以及所有曾向我咨询过或与我合作过的人们。但名单太长，无法一一列出。这些交流和讨论都非常有益和有趣！

我尤其要感谢 Jochen Binder、Matthias Bohlen、Merten Driemeyer、Martin Eigenbrodt、Oliver B. Fischer、Lars Gentsch、Oliver Gierke、Boris Gloger、Alexander Heusingfeld、Christine Koppelt、Andreas Krüger、Tammo van Lessen、Sascha Möllering、André Neubauer、Till Schulte-Coerne、Stefan Tilkov、Kai Tödter、Oliver Wolf，以及 Stefan Zörner。

作为英语母语使用者，Matt Duckhouse 大大提升了本书英文版的文字水平和可读性。

我的东家 innoQ 公司在本书写作过程中起到了重要的作用。不少 innoQ 同事的研讨和建议都反映在本书中。

我还想感谢我的家人和朋友，尤其是我的妻子，我埋头写作时经常会忽略她。另外，我要感谢她帮助翻译了本书的英文版。

当然，我还要感谢本书所提及的所有技术的开发者，是他们奠定了微服务发展的基础。另外，还要感谢本书“延展阅读”中所有文章的作者们，感谢他们分享了关于微服务的知识和经验。

Leanpub 为我的翻译工作提供了工具平台。该平台的使用体验非常棒。如果没有 Leanpub，可能就不会有本书的英文版。

Addison-Wesley 出版社的工作让本书英文版的品质更上一层楼。出书过程中，Chris Zahn、Chris Guzikowski、Lori Lyons 以及 Dhayanidhi Karunanidhi 提供了非常有力的支持。

最后，我要感谢 dpunkt.verlag 和 René Schönfeldt，感谢他们在本书最初的德文版出版过程中给予我的支持。

目　　录

第四部分 技术

第一部分

动机和基础知识

第一部分将解释微服务是什么，微服务为何如此有吸引力，以及微服务可以用在哪些地方，并用示例说明微服务在不同案例中的影响。

第 1 章初步定义了何为微服务。

第 2 章通过详细的微服务案例说明了微服务可用在什么地方，并以此凸显了微服务的重要性。

第1章 预备知识

本章将概述微服务的概念。1.1 节明确了微服务的定义。1.2 节回答了“为什么采用微服务”这个问题。1.3 节探讨了与微服务相关的挑战。

1.1 微服务概述

本书关注的重点是微服务——一种实现软件模块化的方案。模块化并不是什么新概念。一直以来，我们都将大型系统划分成小模块，以便于软件的实现、理解以及后续开发。

微服务是一种新的模块化方法，但“微服务”一词却没有明确的定义，因此本章就从该词的定义出发，阐述微服务与一般的单体部署（deployment monolith）[1]之间的区别。

微服务定义初探

与单体部署不同的是，构成微服务的模块是以独立进程的形式运行的。这种方式源于 UNIX 思想，该思想可简述为如下三点。

- 一个程序应该仅完成一个任务，且应该完美地完成该任务。
- 程序之间应该能够协同工作。
- 程序之间应该提供一个通用的接口。在 UNIX 中，这个通用接口就是文本流。

微服务一词没有固定的定义。第 3 章将会提供更详细的定义。但以下标准可以作为微服务的基本概念。

- 微服务是一个模块化的概念。采用微服务是为了将大型软件系统分成更小的部分，从而影响团队的组织和软件系统的开发。

---

① 作者强调 deployment monolith（单体部署）是为了区分于所谓的 module monolith（所有代码放在同一个代码库中）以及 runtime monolith（系统以单一应用或进程的形式运行）。——译者注

- 微服务能相互独立地部署。一个微服务内部的变动不会影响其他微服务在生产环境下的部署。
- 微服务能基于不同技术来实现。各个微服务不局限于特定的编程语言或平台。
- 微服务拥有各自独立的数据存储：可以是私有的数据库，也可以是共享数据库中一个完全隔离的模式（schema）。
- 微服务可以自带支持服务，例如搜索引擎或特定的数据库。当然，所有微服务可以共享一个公共平台，例如虚拟机。
- 微服务是自包含（self-contained）的进程或虚拟机（例如支持服务包含在虚拟机内）。
- 微服务间必须通过网络通信。为此，微服务采用支持松耦合的协议，例如 REST 或消息机制。

单体部署

微服务的反面是单体部署。单体部署指的是只能部署成一整块的大型软件系统。单体部署必须作为一个整体通过持续交付流水线的所有流程，如开发、测试和发布。由于单体部署太大，它花费在这些流程上的时间远远超出小型系统。这降低了系统的灵活性，却增加了流程的成本。虽然单体部署的内部结构也可以模块化，但所有模块必须同时部署到生产环境。

1.2 为什么采用微服务

微服务架构允许软件分成模块，使软件的修改更容易。

如图 1-1 所示，微服务有许多显著的优势。

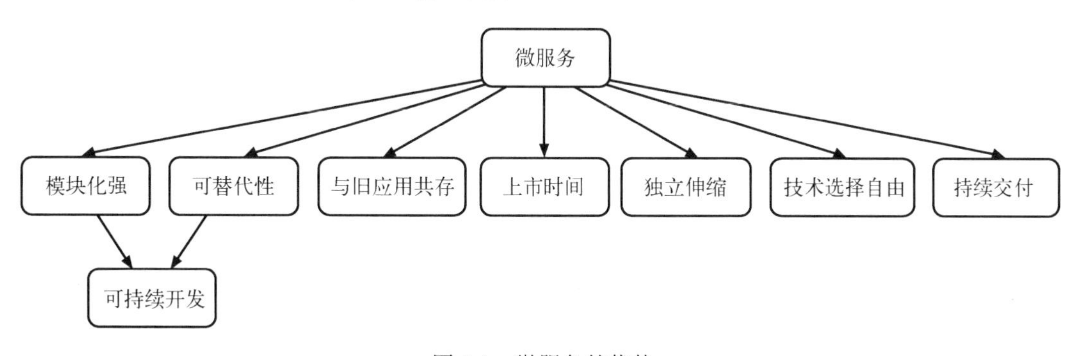

图 1-1 微服务的优势

模块化强

微服务是一种模块化很强的理念。系统如果由多个软件组件构成，例如多个 Ruby GEM 包、Java JAR 包、.NET 程序集、Node.js NPM 包，就容易混进一些不必要的依赖。举例来说，假设有人在某个预期之外的地方引用了一个类或方法，这就产生了对该类或方法的一个依赖，但该类或方法的开发人员并不知情。开发人员对这个类或方法的任何修改，都可能会意外地导致系统另外一部分出错。这样的依赖会越来越多，问题也会越来越严重，甚至会导致系统无法继续运行或开发。

相反，微服务之间只通过消息、REST 等机制实现的显式接口相互通信，因此调用一个微服务要克服更高的技术障碍，从而降低了引入不必要依赖的可能性。原则上来说，单体部署软件也可以实现高层次的模块化。但实践经验告诉我们，单体部署架构会随时间而腐化。

可替代性强

与单体部署的模块相比，微服务更易于替代。其他组件通过显式接口来使用微服务。如果一个新的微服务所提供的接口和已有的微服务一样，那么它就能替代旧的那个。新的微服务可以在不同的代码库中实现，甚至采用不同的技术，只需提供一致的接口即可。这在传统的系统中通常是不可能实现或很难实现的。

小型的微服务更容易替代。开发软件系统时，开发人员通常会忽视未来更换代码的需求。谁会考虑开发中的系统在未来可能被取代呢？微服务的可替代性降低了错误决策的代价。如果技术或方案的选择仅局限于某个微服务，那么必要的时候可以采用其他技术或方案重新实现这个微服务。

可持续开发

微服务模块化强以及容易替代的特点，使软件开发可以持续进行。开发新项目通常是最简单的，但项目时间越长，生产效率就越低，一个重要的原因就是软件架构的腐化。微服务通过加强模块化来对抗软件的腐化。绑定技术过时以及难以移除旧的系统模块，都是阻碍单体部署持续开发的问题。微服务架构不绑定任何特定技术，可以通过对微服务逐个替代的方式来解决这些问题。

遗留应用的进一步开发

在开发遗留系统时，采用微服务架构是比较简单的：新功能在微服务中实现，无须将新功能加入到难以理解的遗留代码库，因此能够取得立竿见影的效果。新加入的微服务可以只响应特定的请求，其余的请求则转交给遗留系统来处理，转交之前还可以对请求进行处理。这样就不需要彻底更换遗留系统。另外，微服务可以用新技术来开发，不会被遗留系统的技术栈所束缚。

上市时间

微服务能缩短项目的上市时间。如前所述，微服务能够逐个部署到生产环境。假设在某大型系统中，每个团队负责一个或多个微服务，且功能的实现只需修改其负责的微服务，那么各个团队就能够并行开发，而且功能部署到生产环境的过程中，也不需要与其他团队费时费力地进行沟通协调。因此，与单体部署相比，微服务可让多个团队并行开发更多的功能，并在更短时间内将其部署到生产环境。微服务架构将大团队划分为小团队，小团队分别负责各自的微服务开发，这有助于改进团队的敏捷过程。

独立伸缩性

每个微服务可以独立于其他服务进行伸缩（scale）。如果只有一小部分功能被频繁调用，那么只需对这部分功能进行扩容即可。这能极大地简化基础设施和运维工作。

自由选择技术

采用微服务架构进行开发时，不会限制具体采用的技术。这使得微服务架构能在单个微服务内测试新技术，而不会影响其他服务。由于引入的新技术或原有技术的新版本仅在受限的环境中被采用，测试风险会更小。微服务还能采用特定技术来实现特定功能，例如选择特定的数据库。如果出现问题，那么可以很轻松地替换或撤销微服务，因此风险相对较低。此外，新技术仅局限在单个或少数微服务中，因此降低了采用新技术的风险，并可以在不同的微服务上采用不同的技术。这使得尝试和评估新技术变得更容易，同时有助于提升开发人员的生产效率，避免技术平台落伍，还能吸引高水平的开发人员。

持续交付

微服务有利于持续交付。微服务很小，因而能简化持续交付流水线的实现。微服务能独立部署，部署一个微服务的风险低于一个单体部署系统。保证微服务的安全部署也更容易，例如可并行运行多个不同版本。对很多开发人员来说，便于持续交付是他们采用微服务的主要原因。

以上都是采用微服务的有力依据。哪个原因更重要则由具体情况而定。从业务角度考虑，改进敏捷过程和持续交付通常都很关键。第 4 章将详细分析微服务的优势及其优先级。

1.3　挑战

凡事都有两面性。第 5 章会论述引入微服务所带来的挑战，以及如何应对这些挑战。简而言之，主要的挑战如下。

- **隐藏的关系**。系统架构由服务之间的关系构成，但微服务之间的调用关系并不清晰，这增加了架构工作的挑战性。
- **不易重构**。太强的模块化导致微服务不易重构，因此微服务之间的功能转移会比较困难。采用微服务后就很难改变系统的模块结构。幸好，有一些技巧能够减少这样的问题。

- **领域架构的重要性**。将领域模块化并划分到各个微服务中是很重要的，因为这将决定团队的分工情况。领域架构层面的问题也影响着团队组织，只有稳定的领域架构才能保证微服务开发的独立性。模块化建立起来后就比较难改动，因此后面一旦出现错误就很难修正。
- **微服务运行的复杂性**。微服务系统需要部署、控制和运行许多的组件。这增加了运维的复杂性，以及系统运行所需的基础设施。微服务需要实现运维自动化，以免运维变得费时费力。
- **分布式系统的复杂性**。基于微服务的系统是一个分布式系统，这意味着开发人员将面对更高的复杂性。与进程内的调用相比，网络调用较慢，带宽也更小，因此微服务之间的调用可能会因网络问题而失败。

1.4　总结

本章概述了微服务的概念。本章从微服务的定义开始，回答了“为什么采用微服务”的问题，最后讨论了微服务相关的挑战。

第2章 微服务应用案例

本章将介绍几个适合采用微服务的案例。2.1 节关注了一个遗留 Web 应用的技术更新，这是微服务最常见的使用场景。2.2 节则探讨了一个完全不同的应用案例：基于微服务开发一个分布式信号系统。2.3 节给出了一些结论，并请读者评价微服务在各个应用案例中所起的作用。

2.1 遗留电商应用的技术更新

遗留的单体部署向微服务迁移是最常见的微服务应用案例。本节先介绍了这样一个遗留应用案例，然后分析案例细节以及如何将其模块化为微服务。

案例

Big Money 电商公司运营着一个网上商城，是该公司营收的主要来源。该商城是一个功能繁多的 Web 应用，其功能包括用户注册和管理、商品搜索、订单概览，当然还包括电商应用的核心功能——下单流程。

该应用是一个单体部署系统，只能作为一个整体进行部署。只要改动一个功能，整个应用就要重新部署。该网上商城还和其他系统协同工作，如会计系统和物流系统。

采用微服务的原因

这个单体部署系统最初是一个结构良好的应用。但多年以后，各模块之间混进了越来越多的依赖，导致该应用变得难以维护和更新。而且，最初的架构已经无法满足当前的业务需求。例如，Big Money 电商公司为了领先于其竞争对手，已经对商品搜索功能进行了大幅改进，还给客户提供了许多自助服务选项，以降低公司的服务成本。但这两个模块太庞大，内部结构都很复杂，并与其他模块有着千丝万缕的不必要依赖。

低效的持续交付流水线

Big Money公司决定采用持续交付，并建立了持续交付流水线。由于单体部署要整个通过测试并部署到生产环境，导致交付流水线变得复杂而低效，有些测试需要运行数小时。公司迫切需要更高效的交付流水线。

并行工作过于复杂

各团队负责开发不同的新功能，但单体架构并不能真正支持并行开发，导致并行工作变得很复杂。各个模块划分不够合理，相互间引入了过多的依赖，而且因为所有模块都要一起部署，所以整个单体部署系统都要通过测试。因此，部署和测试阶段就成了开发瓶颈。每当一个团队在部署流程上遇到问题时，其他团队都要干等着，直到问题被修复，并且改动的内容被成功部署为止。另外，提交持续交付流水线也需要协调进度。由于每次只能有一个团队进行测试和部署，团队之间需要通过协调来决定提交改动到生产环境的顺序。

测试的瓶颈

除了部署外，测试也要协调进度。单体部署系统每次运行集成测试时，只允许包含一个团队的改动。如果一次性测试多个修改，那么错误的原因就更难被发现，错误分析也更复杂和耗时。

每次集成测试大概耗时一小时，此外还要修复错误并为下次测试建立环境，因此一个工作日大概只能安排6次集成测试。假设有10个团队，那么每个团队平均每两天可以将一个改动部署到生产环境。然而，团队通常还要进行错误分析，这会拖延集成的时间。因此，为了隔离于集成，有些团队会在功能分支上进行开发，也就是将改动提交到版本控制系统的独立分支。但后面将改动合并到主干时经常会出现问题。例如，合并后发现提交的代码被覆盖，或者突然冒出一些其他开发进程引起的，集成后才表现出来的错误。这些错误只能在集成后经过漫长的流程进行修正。

综上所述，测试导致团队相互拖累进度（如图2-1所示）。虽然各个团队分别开发各自的模块，但由于他们仍在同一个代码库上开发，因此仍会互相干扰。共享的持续交付流水线导致团队需要协调进度，进而导致各团队无法相互独立地工作，这也就意味着无法并行工作。

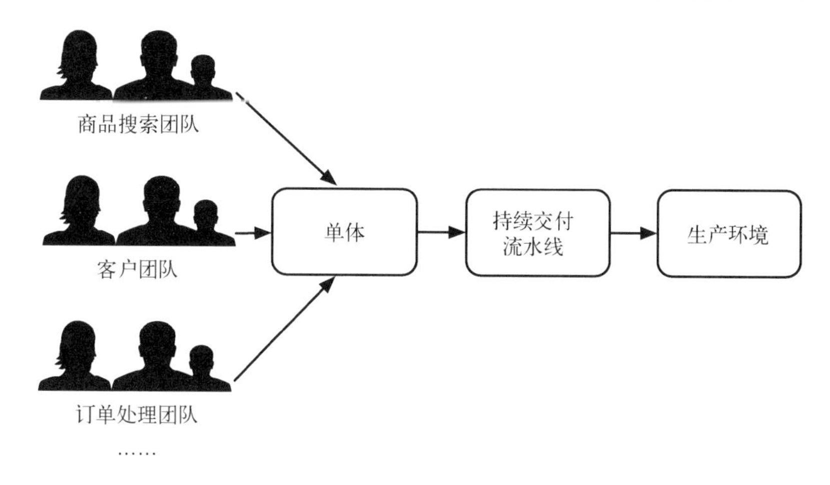

图 2-1 单体部署导致开发团队相互拖累进度

解决方案

经历了上述困难后，Big Money 电商公司决定将单体部署拆分成小型的微服务。每个微服务实现一个功能（如商品搜索），并交由不同团队开发。从需求工程到生产环境中的运行，这个微服务由该团队完全负责。微服务之间、微服务与单体之间均通过 REST 进行通信。前端界面也根据应用场景划分到不同的微服务中，各个微服务提供各自功能的 HTML 页面。微服务的 HTML 页面允许相互链接，但不允许访问其他微服务或单体部署的数据库表。各个服务只允许通过 REST 或 HTML 链接进行集成。

微服务能相互独立地部署，因此无须与其他微服务或团队进行协调，就能完成一个微服务的改动和部署。这大大节省了协调所需的精力，并方便了功能的并行开发。

得益于新增的微服务，单体部署所需的改动变少了。许多功能的新增和修改不再需要在单体系统中进行，因此减少了单体系统的改动和部署次数。最初的计划是在某个时间节点将单体部署彻底替代掉，但期间大部分的改动都在微服务中进行，单体系统部署次数已经变得越来越少，因而单体部署已经不再阻碍开发。于是，彻底替代掉单体系统就失去了必要性，而且从成本角度看也不明智。

挑战

在引入之初，微服务会增加系统的复杂性。除了要为单体提供支持，所有的微服务还需要各自的基础设施。

微服务需要更多的服务器，因此带来了不同的挑战。监控和日志文件的数据由多个服务器生成，因此需要整合信息。在生产环境、团队环境以及各个测试阶段要管理更多的服务器，这只能通过良好的基础设施自动化来实现。同时，还要为单体和微服务提供不同类型的基础设施支持，这实质上增加了服务器需求。

漫长的迁移

将单体彻底迁移到微服务是一个漫长的过程，两种不同软件类型并存而产生的复杂性将长期存在。如果单体最终都没有完全被替代，那么它将一直占用着额外的基础设施。

测试仍旧是一个挑战

测试是另一个挑战。在部署流水线中要测试整个单体部署的全部功能，这会导致测试过程复杂而耗时。如果所有微服务的全部改动都要通过测试流程，那么改动也要很久才能部署到生产环境。另外，为了便于定位出错的原因，每个改动应该单独测试，因此改动也必须协调进度。在本案例中，与单体部署相比，微服务架构在测试流程中并没有明显的优势。尽管微服务能独立部署，但部署之前的测试阶段仍然需要协调，而且每个改动仍然要逐个通过测试流程。

迁移的现状

图 2-2 展示了项目的当前状态。商品搜索作为一个独立微服务，完全独立于单体部署。商品搜索团队基本不需要与其他团队进行协调。只有在部署的最后阶段，该微服务才需要与单体部署一起测试。但是，单体或微服务的任何修改都需要经过集成测试，这形成了一个瓶颈。单体部署由“客户”团队和“订单处理”团队一起开发，在微服务以外的部分，这两个团队仍然需要密切合作。因此，“订单处理”团队开发了自己的微服务，构成了订单处理流程的部分。由于代码库较新，且无须与其他团队进行协调，因此微服务比单体部署能更快将修改部署到生产环境。

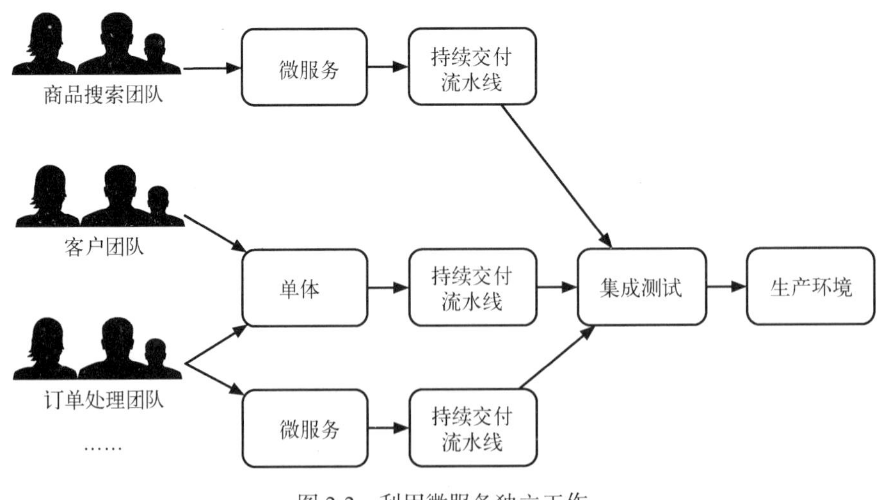

图 2-2　利用微服务独立工作

组建团队

为了让团队能独立地开发功能，团队的组建要与功能相对应，如商品搜索、客户处理、订单处理等。假如团队的组建对应于技术层面，如用户界面、中间层、数据库等，那么由于一个功能通常会涉及用户界面、中间层、数据库等的修改，这将导致每个功能都会牵扯到全部团队。因此，为了尽可能地减少团队间的协调，最好的办法是围绕功能组建团队，例如围绕商品搜索功能组建团队。微服务的技术独立性支撑了开发团队的独立性，因此在基础技术和设计上团队之间无须过多的协调。

测试也要模块化。每个测试应当针对一个微服务，当对应的微服务发生改变时，才能对其进行测试。另外，尽可能做单元测试，而不是集成测试。这能缩短所有微服务与单体均要通过的集成测试阶段，减少最终测试阶段所需的协调。

迁移到微服务架构会带来一些性能问题以及网络故障问题，但这些问题都可以慢慢解决。

优势

得益于新架构，改动能更快部署到生产环境。在改动后 30 分钟内，新的微服务就能部署到生产环境。相比之下，由于测试未完全实现自动化，单体系统每周才能完成一次部署。

由于减少了所需的协调，微服务的部署不仅更快，而且风险更低。开发人员仅需 30 分钟即可完成部署，对修改的内容还相当熟悉，也就更容易发现和修复错误。

总体来说，目标已经达成。因为减少了团队间协调的需要，而且微服务能够独立部署，所以开发人员可以对网上商城进行更多的改动。

对于微服务在技术选择上的自由，各个团队的态度都比较保守。这是因为过去采用的技术栈已经够用了，团队希望避免过多技术所带来的复杂性。不过，商品搜索一直以来都想用的搜索引擎被采纳了，负责商品搜索的团队现在可以自行实现这个改动。在此之前，由于担心风险太大，该搜索引擎一直都没被采纳。另外，有些团队更新了生产环境技术栈中的类库版本，因为新版本类库修复了一些他们想修复的漏洞。这已经不需要与其他团队进行协调了。

小结

通过微服务来替代一个单体是很常见的微服务案例，这是因为对单体进行维护或添加新功能均非常困难，而且单体的复杂度及其带来的问题会随时间逐渐增加，而开发一个新系统来彻底替代老系统的难度及风险都太高。

快速而独立地开发新功能

对于 Big Money 这样的公司，能够快速、并行地开发多个功能，对其商业成功有着至关重要的作用。只有提供超高水准的功能，公司才能吸引新客户并留住旧客户。因此，在众多案例中，微服务花更少时间开发更多功能的优势，使其格外有吸引力。

对组织的影响

上述的例子也展示了微服务对组织的影响。各团队负责各自的微服务开发，由于微服务可以独立开发和部署，不同团队的工作也就不再相互牵扯。为此，一个微服务不应被两个团队同时修改。微服务架构需要配套的团队组织：每个团队负责一到多个微服务，每个微服务实现一块独立的功能。在微服务架构中，团队组织和架构间的关系尤其重要。各个团队负责相应微服务的一切内容，从需求分析到运维监控。当然，在运维方面，团队可以使用公共的基础设施来记录日志和监控系统。

最后，为了简化和加快产品的部署，只在架构上采用微服务是不够的，还要检查整个持续交付流水线，以便发现和排除潜在的障碍。正如本案例中提到的测试，所有微服务一起进行的集成测试应减少到最低限度。虽然每个修改都必须通过这种集成测试，但必须尽快完成，以免形成瓶颈。

Amazon 的微服务实践

以上示例与 Amazon 长期以来的做法非常相似。出于我们讨论过的原因，Amazon 希望能快速简单地给网站实现新功能。2006 年，Amazon 除了公开他们的云平台以外，还介绍了他们的软件开发方式。其核心特征如下。

- 将应用划分为多个不同的服务。
- 每个服务提供网站的一部分功能。例如，有负责搜索功能的服务，还有负责推荐功能的服务。各个服务最终通过用户界面一起展示。
- 每个服务都由对应的团队负责。该团队负责服务的新功能开发和运维，其理念就是“谁开发，谁运作”（You build it, you run it）。
- 以云平台（如虚拟机）作为所有服务的公共基础，此外再无其他约束，因此各团队在技术选择上是非常自由的。

通过引入这样的架构，Amazon 在 2006 年就实现了基本的微服务架构。而且 Amazon 让运维专家和开发人员一起组建团队，从而引入了 DevOps 理念。另外，在云环境中手动构建不够灵活，部署基本上是通过自动化方式实现的，因此 Amazon 至少也实现了持续交付的一方面。

总而言之，多年以前有些公司就已经采用微服务，尤其是那些业务模型基于互联网的公司。微服务已经在实践中证明了它的优点，而且它能够与其他现代软件实践（如持续交付、云、DevOps）良好地结合。

2.2　开发一个新的信号系统

全新的应用也可以用微服务来构建。对于有些案例来说，这是一个自然的方案。本节首先从整体上介绍了一个全新的应用案例，即一个新的信号系统，然后深入分析该案例的细节。

案例

搜救失联船只或飞机是一项复杂的工作。快速行动就是拯救生命。为此，我们需要多个系统。有些系统提供无线电或雷达等信号，而且这些信号必须被记录和处理。例如，无线电信号可以用来获取方位，随后和雷达图像进行比对。最后，工作人员必须进一步分析信息。数据分析结果以及原始数据都必须提供给各个搜救团队。图 2-3 是信号系统的概览。Signal 公司正是这类系统的开发商。这些系统是独立组建和配置的，以便满足不同客户的特定需求。

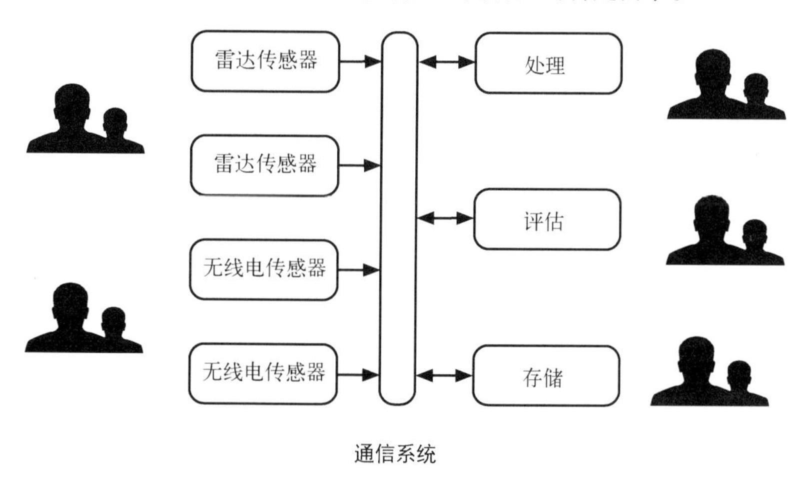

图 2-3　信号系统概览

采用微服务的原因

整个系统由运行在不同计算机上的不同组件构成。传感器分布在整个监控区域，并配备有各自的服务器。然而，其硬件并不具备处理和存储数据的能力，且出于数据保密性的考虑，所以这些计算机不会对数据做进一步的处理或存储。

分布式系统

由于上述的原因，这个系统必然是一个分布式系统。系统的不同功能分布在网络中，各个部件及部件间的通信可能会失效，因此这个系统具有潜在的不可靠性。

我们可以在一个单体部署中开发该系统的大部分功能。但进一步考虑，系统不同部分的需求差异性很大。数据处理需要大量的 CPU 计算资源，其方案需要使用大量算法进行数据处理。针对这样的需求，需要一套从数据或事件流中读取并处理事件的解决方案。数据存储的关注点则完全不同。首先，数据必须维护在一个适合各种数据分析需求的数据结构。现代的 NoSQL 数据库就很合适。其次，当前数据比旧数据更重要。访问当前数据必须很快，而旧数据在超出特定时间后甚至可以被清除。为了便于数据专家的分析，还需要从数据库中读出数据并进行处理。

不同团队，不同技术栈

上述各个任务带来了不同挑战。因此，各个工作不仅需要一个合适的技术栈，还需要一支由特定领域的技术专家构成的专业团队。另外，Signal 公司还需要决定推向市场的产品功能，并定义系统的新需求。处理系统和传感器是不同的产品，都可以独立上市。

与其他系统的集成

采用微服务的另一个原因是便于与其他系统集成。传感器和计算单元是由其他公司提供的。客户端项目需要频繁地集成新的解决方案。采用微服务有利于集成其他系统，集成不同的分布式部件已经是微服务架构的一个核心特性。

考虑上述原因，Signal 公司的架构师决定实现一个分布式系统。每个团队必须在若干个小型微服务中实现各自的领域。这种方式保证了微服务可被方便地替代，集成其他系统也更加简单。

只有全部服务共享的通信设施才是预先确定的。该通信技术支持多种编程语言和平台，因此不会限制具体采用的技术。为了保证完善的通信，微服务之间的接口必须有明确的定义。

挑战

微服务之间通信失败是一个严峻的挑战。即便网络失效，系统也要保持可用。解决这个问题需要采取相应的技术手段，但仅仅通过技术手段无法解决该问题。在进行用户需求分析时，必须明确系统失效时应该采取的措施。举个例子，如果旧数据足够系统使用，那么数据缓存就能派上用场。另外，也可以采用不向其他系统发起请求的简单算法。

技术复杂度高

整个系统的技术复杂度很高，不同部件的需求要采用不同技术来实现。负责不同系统的团队有很独立的技术决策权，因此他们可以采用最适合的解决方案。

不幸的是，这也意味着开发人员再也不能方便地在不同团队间调动。例如，当数据存储团队需要大量人力时，其他团队的开发人员可能帮不上忙，因为他们很可能不熟悉数据存储团队所用的编程语言以及某些技术，如所用的数据库。

运行这样一个由如此多种技术构建起来的系统是一个挑战。因此，在该领域有一个标准：所有的微服务必须能以一种基本相同的方式运行。这种方式就是虚拟机，使得安装这些微服务变得相当简单。此外，监控决定数据格式以及所用技术，而监控是标准化的，因此可以实现集中式的应用监控。除了典型的运维监控外，应用特定的数据监控以及日志文件分析也有相应的标准。

优势

在本案例中，采用微服务的主要优势是对系统分布式特性的良好支持。传感器位于不同地点，因此采用集中式系统是不明智的。通过将系统进一步划分为分布在网络中的小型微服务，架构适应了实际情况，增强了微服务的可替代性，也更符合该系统技术多样性的特点。

在本案例中，上市时间没有电商案例中那么重要。由于系统是为不同客户安装的，且不容易重新安装，实现会较为困难。不过其中也用到了持续交付的一些思想，例如基本一致的安装方式以及集中监控。

小结

微服务是适合该案例的架构模式。在构建微服务的过程中，还解决了该系统的主要问题，如技术复杂性和平台运维问题。

但这个案例并没有直接和“微服务”一词相关联。我们可以得出如下结论。

- 微服务的应用远比我们最初所认为的要广泛。除了基于 Web 的业务模型外，微服务还能解决很多问题，即使这些问题完全不同于 Web 公司遇到的问题。
- 不同领域的很多项目其实已经应用了基于微服务的方案，即使开发人员没有使用这个词，或者只是部分实现了微服务。
- 借助微服务，这些项目可以采用目前微服务领域正在创造的新技术。另外，这些项目还可以受益于该领域其他开发人员的经验，例如架构方面的经验。

2.3 总结

本章介绍了两个区别很大的案例，它们分别来自完全不同的业务领域：一个是注重上市时间的 Web 系统，另一个是本质上是分布式的信号处理系统。尽管采用微服务的原因各不相同，这两个系统的架构原理是非常相似的。

另外，这两个案例有一些共同的做法，其中包括根据微服务构建团队，对基础设施自动化的要求，以及其他团队组织话题。但在其他方面，这两者也有区别。对信号系统项目来说，系统采用不同的技术非常关键，因此架构必须允许采用不同的技术实现。对 Web 系统来说，这方面就没那么重要。独立开发、快速简便部署，以及尽快上市才是关键因素。

要点

- ❑ 微服务有很多优势。
- ❑ 对 Web 应用来说，采用微服务的主要动机是持续交付和更短的上市时间。
- ❑ 有一些完全不同的应用场景，也非常适合采用微服务作为分布式系统。

第二部分

微服务是什么，用还是不用

第二部分从多个方面探讨微服务架构，介绍微服务的各种可能性，并指出微服务的优缺点，以便读者评估采用微服务的收益，以及在实践中要注意的地方。

第 3 章详细解释了**微服务**一词。这一章从不同角度剖析了这个概念，这对深入理解微服务方案是至关重要的。其重点包括微服务的大小、影响团队组织的康威定律，以及领域驱动设计（尤其是领域角度的**限界上下文**）。此外，这一章还探讨了微服务是否应该包含用户界面的问题。

第 4 章主要关注微服务的优点，从技术、团队组织以及业务的角度进行分析。

第 5 章主要探讨如何应对微服务在技术、架构、基础设施以及运维方面的挑战。

第 6 章比较了微服务与面向服务的架构（SOA）之间的区别。这一章通过对比来重新认识微服务，从而进一步阐明微服务的理念，毕竟人们一直以来都将 SOA 与微服务相提并论。

第3章 什么是微服务

1.1 节初步定义了微服务一词。但从不同方面考虑，微服务也有多种不同的定义，分别从不同角度说明了采用微服务的优点。学完本章，读者应该对微服务的定义有自己的见解——这取决于各自的项目应用场景。

本章从如下方面探讨了微服务一词。

- 3.1 节重点关注微服务的大小。
- 3.2 节用康威定律解释了微服务、架构和团队组织之间的关系。
- 3.3 节分析了一个基于领域驱动设计（DDD）和限界上下文的微服务领域架构。
- 3.4 节中，innoQ 的 Stefan Tilkov 将分享关于标准数据模型（CDM，canonical data model）的经验，告诉我们为什么应该远离标准数据模型。
- 3.5 节解释了为什么微服务应该包含一个用户界面（UI）。

3.1 微服务的大小

从“微服务”的名字可知，服务的大小很重要，微服务显然应该是“微小”的。

衡量微服务大小的一种方法是统计代码行数（LOC，lines of code），但是这种方法有如下一些问题。

- 代码行数取决于所用的编程语言。即便是实现相同的功能，有些语言要比其他语言使用更长的代码。而微服务显然不应限定所采用的技术栈。因此，用这个指标来定义微服务并不是很靠谱。
- 其次，微服务代表的是一种架构方式。架构应该依据领域的具体情况而定，而不应局限于代码行数之类的技术指标。因此，对于这种用代码行数来衡量微服务大小的做法，我们应该辩证地看待。

撇开上述的批评，代码行数还是可以作为衡量微服务的一个指标。然而，问题仍然亟待解决：微服务理想的大小是什么。一个微服务可以有多少行代码，尽管没有绝对的行数标准，但还是有一些因素影响着微服务适合的大小。

模块化

模块化是其中一个因素。开发团队将软件模块化，是为了应对复杂性。借助模块化思想，开发人员不再需要理解整个软件包，只要理解正在开发的模块以及与其他模块间的交互即可。这是开发团队有效应对常见软件系统的复杂性的唯一途径。在开发中经常出现的问题是模块变得远远大于最初的规划。这让模块变得难以理解和维护，因为要先理解了整个模块后才能改动。因此，明智的做法是让微服务保持尽可能小。另一方面，不同于其他模块化方式，微服务是有开销的。

分布式通信

微服务以独立进程的形式运行。因此，微服务之间的通信是基于网络的分布式通信。“分布式对象设计第一准则”适用于这类系统。该准则认为，应该尽量避免将系统设计成分布式。这是因为，通过网络调用另外一个系统，要比进程内的直接调用慢好几个数量级。除了延迟时间外，参数和返回结果的序列化及反序列化也很耗时。这个过程不仅会花费很长时间，还消耗 CPU 计算资源。

此外，由于网络不可用或被调用的服务器不可达，例如程序崩溃所导致的问题，分布式的调用可能会失败。调用者必须合理地修正这些错误，从而增加了实现分布式系统的复杂性。

实践经验[1]告诉我们：尽管有这些问题，但微服务架构仍然是可行的。如果微服务设计得非常小，则会增加所需的分布式通信，导致整个系统变慢。这是支持较大的微服务的原因之一。如果一个微服务包含用户界面，并且完整地实现了相关领域的特定部分，由于这部分领域的所有组件都在一个微服务内实现，大部分情况下该微服务都不需要调用其他的微服务。减少分布式调用是根据领域来构建系统的另一个原因。

可持续开发的架构

微服务架构将系统拆分为多个分布式的微服务，有助于项目的持续开发，原因是调用微服务比引入一个类要难得多。开发人员必须采用分布式技术来调用微服务接口。另外，开发人员可能还要准备调用的微服务或测试桩（stub）以便测试。最后，开发人员还要和负责该微服务的团队保持沟通。

在单体部署中，使用一个类就简单得多，即便这个类属于单体中由另外一个团队负责的其他

---

① 参见 Martin Fowler 的文章，*Microservices and the First Law of Distributed Objects*。

部分。然而，在单体部署中两个类之间的依赖太容易建立，会导致不必要的依赖很容易越积越多。在微服务之间建立依赖就相对困难，因而能防止建立不必要的依赖。

重构

微服务之间的界限有时会成为挑战，例如在重构的过程中。如果一个功能明显不适合放在当前的微服务中，那就必须移动到另外一个微服务。如果移动目标的微服务是用另外一种编程语言来编写的，那就不可避免地要重新实现该功能。而在微服务内部移动功能时，是不会出现这样的问题的。这方面的考虑可能会为支持更大的微服务提供论据，7.3 节重点关注了这个话题。

团队人数

微服务的独立部署以及团队分工，最终决定了微服务大小的上限。一个团队应该能独立实现一个微服务的功能，并将其独立部署到开发环境。保证了这一点后，架构就能实现开发上的伸缩，团队之间也无须做过多的协调。

一个团队必须能独立实现功能。因此，乍一看微服务似乎应该设计得非常大，以便实现不同的功能。如果微服务比较小，那么一个团队可以负责几个微服务，这几个微服务共同实现一个领域。因此，独立部署和团队划分并不能决定微服务大小的下限。

不过，这决定了微服务大小的上限：如果一个微服务大到单个团队无法开发的程度，那就是太大了。团队人数应该符合敏捷过程的要求，通常是 3~9 个人。因此，一个微服务不应该大到 3~9 人的团队无法继续开发的程度。除了大小外，微服务中实现的功能数目也很重要。如果要在短时间内对一个微服务做大量修改，那就很容易导致开发团队不堪重负。12.2 节重点介绍了让几个团队共同开发同一个微服务的方案。但一般来说，一个微服务不应大到需要几个团队来开发。

基础设施

影响微服务大小的另一个重要因素是基础设施。每个微服务都必须能够独立部署。在生产环境和各个测试阶段，都需要持续交付流程以及运行微服务的基础设施。数据库和应用服务器可能也算基础设施。此外，微服务的构建系统也不可或缺。微服务之间的代码版本要保持独立，因此要为每个微服务在版本控制系统中创建一个项目。

微服务的最佳大小会因其基础设施不同而有所区别。如果微服务设计得比较小，系统功能分散在很多微服务中，那它所需的基础设施就比较多。如果微服务设计得比较大，系统中的微服务就会比较少，那它所需的基础设施就比较少。

微服务的构建和部署一定要自动化，否则为微服务准备基础设施的工作将会非常费力。一旦实现了基础设施的自动化配置，就可以降低为新的微服务配置基础设施的成本。因此，自动化有助于进一步缩小微服务。那些长期采用微服务架构的公司，通常会利用基础设施的自动化来简化新的微服务的创建过程。

另外，有些技术能够减少基础设施的开销，从而允许我们进一步缩小微服务。但这种情况有一些限制。第 14 章中将介绍这样的纳米服务技术。

可替代性

微服务应该尽可能地容易替代。如果微服务的实现技术已经过时或代码质量太差，以至于难以继续开发，那么将其替换掉是明智之举。单体应用几乎难以替代；与之相比，可替代性是微服务的一个优势。如果一个单体无法继续合理地维护，那就勉强地以高成本维护，或者以同样高昂的成本进行迁移。一个微服务越小，用一个新实现来替换也就越容易。超过一定大小的微服务会遇到和单体一样的问题，同样会导致难以替换。由此可见，可替代性限制了微服务的大小。

事务与一致性

事务具有所谓的 ACID 特性，列举如下。

- **原子性**（atomicity）表示一个事务要么执行完成，要么完全没有执行。一旦出错，则所有的修改都会回滚。
- **一致性**（consistency）表示在事务执行前后，数据都是一致的。例如，没有违反数据库约束。
- **隔离性**（isolation）表示不同的事务操作之间相互分隔。
- **持久性**（durability）表示永久性：对数据的修改都将被存储，并且即使服务崩溃或出现其他中断，数据也仍然可用。

在单个微服务内，我们能在事务中修改数据，并且数据的一致性也很容易保证。多个微服务之间就很难保证数据的一致性，并且还需要团队间的协调。当事务回滚时，所有微服务所做的全部修改都要逆转。这很难实现，原因是逆转修改的指令必须保证成功送达，而网络通信是不可靠的。除非某个更改确定生效，否则要禁止继续修改该数据。这是因为，一旦发生了其他的更改，那么某个特定的更改可能就无法逆转。但如果微服务在一段时间内暂停数据的修改，那么系统吞吐量将会降低。

不过，如果通过消息系统来通信的话，事务是有可能实现的（见 8.4 节）。通过这种方式，微服务之间无须建立紧密关联，也能实现事务。

一致性

除了事务以外，数据一致性也很重要。例如，订单也要作为收入信息来记录。这样，收入和订单信息才会一致。数据一致性只能通过紧密协调来达成。不同的微服务之间很难保证数据一致性。但这并不意味着没记录下来订单的收入数据，而是说，由于网络通信慢而且不可靠，收入数据的记录可能不在同一时间点发生，甚至可能在订单处理一分钟之后才记录。

仅当要处理的数据全部都在一个微服务中时，才有可能在事务中修改数据并保证数据的一致性。因此，数据修改决定了微服务大小的下限。如果事务需要多个微服务来处理，数据一致性需要多个微服务来保证，那就说明微服务设计得太小了。

跨微服务的补偿事务

对于事务有一种替补解决方案：如果数据修改最终必须回滚，那么可以采用补偿事务（compensation transaction）来实现。

一个典型的分布式事务案例是旅行预订，包括订旅馆、租车、订机票这3个部分。要么全部都订好，要么全部都不订。在实际系统中，这些功能差别太大，因此是划分到3个微服务中的。预订时分别向3个系统发送查询，查询有没有所需的旅馆房间、租赁车和机票。如果都有，就全部预订。假如旅馆房间突然没有了，那预订的机票和租赁车也要一同取消。但实际上，相关的公司通常会收取订单取消费。因此，取消流程不仅是后台的事务回滚之类的技术处理，它同时也是一个业务流程。这用补偿事务来实现就容易得多。跨微服务的事务也可以通过这种方式实现，无须建立起密切的技术关联。补偿事务只是一种普通的服务调用。考虑到技术和业务的原因，让微服务采用补偿事务之类的机制会比较合理。

小结

总体来说，以下因素影响着微服务的大小（见图3-1）。

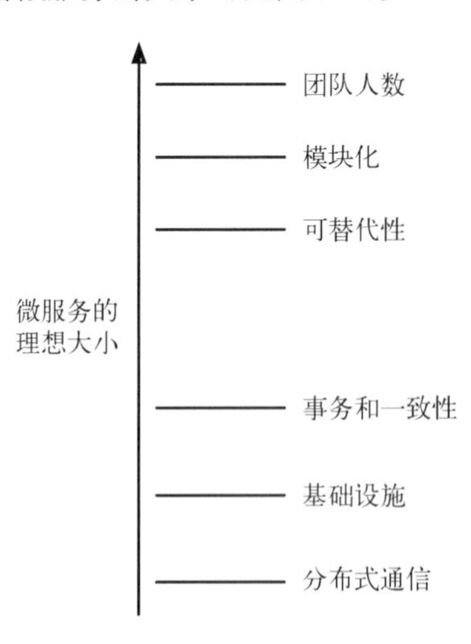

图3-1　影响微服务大小的因素

- 团队的人数决定了上限。一个微服务不应该大到需要一个很大的团队或几个团队来开发。最终，所有团队都要独立开发，并将软件独立部署到生产环境。为此，每个团队必须分别开发一个单独的可部署单元，也就是一个单独的微服务。当然，一个团队也可以开发多个微服务。
- 模块化进一步限制了微服务的大小：微服务的大小最好能允许开发人员理解它的方方面面，同时还能够继续开发。从这个角度看，微服务当然越小越好。这个限制低于团队人数所设的限制：只要有一个开发人员能理解，那么这个团队就应该能继续开发。
- 微服务越大，它的可替代性就越低，因此可替代性会影响微服务大小的上限。这个限制的优先级低于模块化所设的限制：开发人员决定替换一个微服务之前，首先必须理解这个微服务。
- 基础设施设定了一个下限：如果为一个微服务提供基础设施非常费劲，那就应该减少微服务的数量。这导致每个微服务将会变大。
- 同理，微服务数量越多，分布式通信的开销就越大。因此，微服务的大小不应设置得太小。
- 只有在单个微服务内，才能保证数据一致性和事务。因此，微服务不应该设置得太小，以至于必须要跨多个微服务来保证一致性和事务。

上述这些因素不仅影响着微服务的大小，还反映了微服务的一些理念。根据这些理念，微服务的主要优势是独立部署和不同团队的独立工作，以及微服务的可替代性。微服务的最佳大小可以根据这些特性推导出来。

但采用微服务还有一些其他原因。假如是为了独立伸缩而采用微服务，那么微服务的大小必须能保证每个微服务是一个独立伸缩的单元。

微服务的大小不能仅由上述标准来决定，还取决于所用的技术，尤其是为微服务提供基础设施的难度，以及所用技术的分布式通信。第 14 章研究了一些能够开发非常小的服务的技术，即纳米服务。相比于采用第 13 章中的技术实现的微服务，这些纳米服务有优势也有劣势。

因此，没有绝对完美的大小。微服务的实际大小要看技术条件和各个微服务的应用情景。

动手实践

对于你所用的语言、平台、基础设施而言，部署一个微服务需要花费多少精力？

- 微服务是一个简单的进程，还是一个包含应用服务器或其他基础设施元素的复杂基础设施？
- 为了让微服务变得更小，如何降低部署的难度？

基于这些信息，你可以定义微服务大小的下限。由于上限取决于团队的大小和模块化，你也可以从这些方面考虑一个合理的上限。

3.2　康威定律

康威定律[①]（Conway's Law）由美国计算机科学家 Melvin EdwardConway 提出，内容表述如下：

任何组织所设计的（广义上的）系统，其结构均会复制其组织的沟通结构。

该定律不仅适用于软件领域，还适用于任何类型的设计，这点很重要。康威所提及的沟通结构不一定与团队的组织结构图完全相同，因其通常还要考虑非正式的沟通结构。另外，团队的地理分布也会影响沟通。毕竟，比起跟不同城市甚至不同时区的同事交流，跟同一房间或办公室内的同事交流要简单得多。

康威定律的诞生

在现实中，每个组织单位会负责设计架构的一部分，这就是康威定律的来源。如果架构的两个部分之间有一个接口，那么开发人员就需要对这个接口进行协调，因此负责架构相应部分的组织单位之间就产生了沟通关系。

根据康威定律，可以推断模块化设计是明智的做法。只有借助模块化设计，才能保证团队成员之间的协调不至于太频繁。开发同一模块时可以紧密合作，而开发不同模块时只需就接口进行协调——甚至协调也仅限于接口外部特征的设计。

不过，沟通关系不仅限于此。比起跟不同城市、不同国家、不同时区的团队合作，跟一幢建筑内的其他团队合作要容易得多。因此，如果架构中有大量相互通信的部分，那么最好交由地理上比较靠近的团队来实现，因为这些团队之间更容易沟通。总之，康威定律关注的并不是团队组织结构图，而是实际的沟通关系。

顺便提一下，康威假定大型组织内部有很多的沟通关系，会导致沟通越来越困难，甚至无法沟通。因此，沟通对架构的影响会越来越严重，甚至最终导致其崩溃。总之，太多的沟通关系才是项目真正的风险。

康威定律：制约

康威定律通常被视为一种制约，尤其是在软件开发方面。假设某个项目从技术角度划分成了三大模块（见图 3-2）。UI 相关开发人员组成第一个团队，后台相关开发人员组成第二个团队，数据库专家组成第三个团队。这种划分方式的优点如下：三个团队分别由同类的技术专家构成；团队的构建简单而透明；团队的划分方式也合乎逻辑；便于团队成员之间相互帮助，也便于技术交流。

---

① 参见 Melvin E. Conway 的文章，*How Do Committees Invent*。

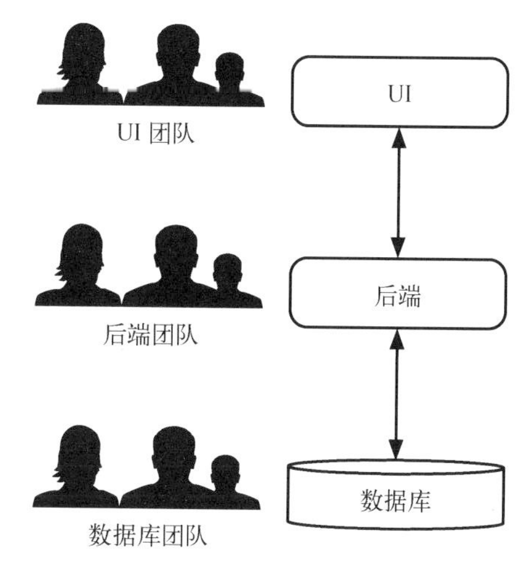

图 3-2　根据技术来划分团队

根据康威定律，这样分组的结果是三个团队将分别实现三个技术分层：UI、后台、数据库。这样分组符合组织结构，其实是合理的。但这样划分有个致命的缺点。实现一个常见的功能，通常要修改 UI、后台和数据库。UI 要为客户端呈现新的功能，后台要实现对应的逻辑，数据库必须创建用于存储相应数据的结构。这导致了如下问题。

- 如果有人要实现某个功能，就必须和三个团队都沟通。
- 团队间要进行协调，还要增加新的接口。
- 团队间要进行协调，以确保工作产出能够暂时配合。例如，后端团队的工作离不开数据库团队的产出，UI 团队的工作也离不开后端团队的产出。
- 如果团队正处于冲刺周期（sprint）中，这种依赖关系就会耽误时间：在第一个冲刺周期中，数据库团队修改了数据库；在第二个冲刺周期中，后端团队实现了逻辑；UI 团队要等到第三个冲刺周期才能工作。也就是说，一个功能的实现耗费了三个冲刺周期。

这种工作方式最终将导致团队间产生大量的依赖，以及高昂的沟通和协调开销。如果你的目标是要尽快实现新功能，那么这种组织方式是不靠谱的。

采用这种组织方式的团队，大多都还没意识到组织方式对架构的影响，当然也就不会进一步深究此方面。他们的着眼点在于将技能相似的开发人员分到同一组。这种组织方式将会给领域驱动开发造成障碍，例如微服务的开发，这种按技术分组的做法就不适合。

康威定律：推动

康威定律也可以用来支持微服务等架构。如果目标是让开发团队尽可能相互独立地开发各自的组件，那么整个系统就可以划分成多个领域组件（domain component），然后在这些领域组件的基础上组建团队。图 3-3 体现了这个理念：商品搜索、客户服务及订单处理分别由各自的团队负责。这些团队负责开发各自的构件，这些组件从技术角度可分为 UI、后端及数据库。领域组件的名字并未在图中单独标明，原因是组件名就是团队名，组件与团队是一一对应的。这种组织方式符合所谓的跨职能团队（cross-functional team）理念，是 Scrum 等软件开发方法所倡导的。这些团队应该包含各类角色，以便完成各种任务。只有依照这种理念组建的团队，才能负责一个组件——从需求工程到实现，再到运维。

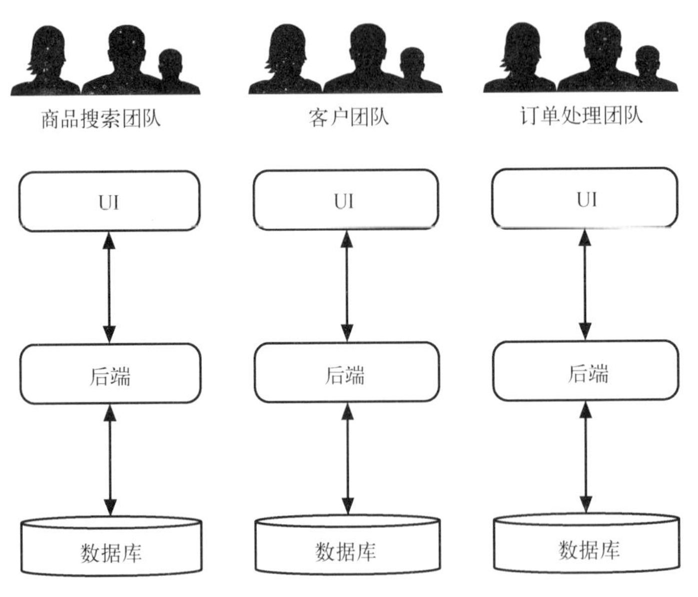

图 3-3　根据领域来设计

于是，构件的划分以及构件之间的接口就能在团队内部确定。最简单的情况下，开发人员只需要和坐在旁边的开发人员交流即可。而团队间的协调就复杂得多。但理想情况下，功能都是由一个独立团队负责实现的，因此团队间的协调并不常见。另外，这种方式使得组件之间的接口更为灵活，从而避免了团队间费力地协调接口的定义。

总之，康威定律的关键在于：架构和组织只是一个硬币的两面。如果我们能洞悉其本质并灵活运用，那么将会设计出明确且有效的项目架构。架构与组织的共同目标是保证团队能够顺畅无阻地工作，并尽量减少协调开销。

将功能明确划分为组件的做法也方便了维护。各个功能和组件都有对应的团队负责，而这个关系是长期稳定的，因此整个系统将保持可维护状态。

团队在需求分析的基础上进行开发。这也就意味着团队需要联系定义需求的人。由于需求来自企业的其他部门，这将影响到项目以外的组织。根据康威定律，企业其他部门也将与项目内的团队结构以及领域架构产生关联。康威定律能够超越软件开发，延伸到整个组织的沟通结构，还包括用户。反之，企业部门的组织也能影响项目内的团队结构，进而影响微服务系统架构。

康威定律与微服务

上文仅从整体上探讨了架构与项目组织之间的关系。可想而知，即便不用微服务，也可以根据功能来设计架构和划分团队，让每个团队负责单个功能。这会使得项目成为一个包罗全部功能的单体部署系统，而微服务能提供更好的支持。3.1 节已经探讨过微服务之间的技术独立性。结合领域的划分，团队相互之间会变得更加独立，所需的协调也会更少。技术上以及不同领域的协调会减少到最低限度。这使得大量功能的并行开发以及部署到生产环境变得更加容易了。

作为一个技术架构，微服务尤其适合基于康威定律的设计——根据功能来划分团队。实际上，这正是基于微服务的架构的本质特征。

然而，依据沟通结构确定架构，意味着如果两者中任意一方发生变化，则另一方也要相应变化。这会导致微服务间的架构更难以改变，从而降低了整体流程的灵活性。一旦某个功能从一个微服务迁移到另外一个，从此另外一个团队就要负责这个功能。这种组织上的变化会导致软件修改更加复杂。

本章接下来将介绍根据领域进行拆分的最佳实践。领域驱动设计（DDD）对此很有帮助。

> **动手实践**
>
> 想一想你所了解的一个项目。
>
> - 这个团队的结构是什么样的？
>   - 是根据技术来划分的，还是根据领域来划分的？
>   - 为了实现一个微服务方案，一定要调整团队结构吗？
>   - 如果是的话，团队结构要做什么样的改变？
> - 有没有一个合理的方案，能将架构划分给不同团队，使每个团队负责一个独立的领域组件，且能实现相关的功能？
>   - 架构上需要哪些改变？
>   - 这些改变实现起来有多难？

3.3 领域驱动设计与限界上下文

Eric Evan 在其著作《领域驱动设计：软件核心复杂性应对之道》[1]中将领域驱动设计（DDD，domain-driven design）总结成模式语言。DDD 包含了一系列相互关联的设计模式，尤其适用于面向复杂领域的软件开发。下文将用**黑体**表示 Evans 书中的设计模式名字。

---

① 该书已由人民邮电出版社出版，参见 https://www.ituring.com.cn/book/106。——编者注

利用 DDD 能够对大型系统进行结构化的模型设计，提供给各个微服务使用，因此 DDD 对于理解微服务是至关重要的。每个微服务应该对应一个领域，当需要增加或改动功能时，只要修改一个微服务即可。DDD 有助于实现微服务功能的独立开发并减少协调需求，从而充分发挥多个团队独立开发的优势。

通用语言

DDD 是设计领域模型的基本原理。**通用语言**（ubiquitous language）是 DDD 的重要基础，其核心理念是，软件所使用术语应该与领域专家所用的完全相同。通用语言适用于各个层面，包括代码、变量名、数据库模式，确保软件涵盖并实现了关键的领域元素。举个例子，在电商系统中有加急订单。一种做法是在订单表格中增加一个名为“fast”的 Boolean 类型字段，用来表示订单是否加急。但这样做也有问题：领域专家不得不将他们的日常用语“加急订单”翻译成“带有特定 Boolean 值的订单”，而他们甚至都不知道什么是 Boolean 值。这会导致讨论模型变得更加困难，因为术语要不断地解释和翻译。一种较好的做法是在数据库模式内增加一个名为“加急订单”的表格，这样系统中领域术语的实现就非常清楚了。

构造块

为了便于领域模型的设计，DDD 定义了如下的基本模式。

- **实体**（entity）是一个带有个体标识（identity）的对象。例如在电商应用中，客户和商品都是实体。实体通常存储在数据库中，但这只是实体概念的技术实现。实体与其他 DDD 概念一样，本质上属于领域模型。
- **值对象**（value object）没有自己的标识。地址就是值对象的一个例子，地址仅在特定客户的上下文中才有意义，因此没有独立的标识。
- **聚合**（aggregate）是多个领域对象的复合。利用聚合可便于处理不变性（invariant）以及其他限制条件。例如，一个订单可以是多条订单记录（order line）的聚合，用于限制新客户的订单不超出特定的金额。可以通过叠加多条订单记录的金额，利用订单聚合来满足该限制条件。
- **服务**（service）包含了业务逻辑。DDD 主要将业务逻辑建模成实体、值对象及聚合。但有些需要访问多个上述对象的逻辑难以合理地建模成上述对象，这种情况就要用服务来处理。例如，订单处理就可以是一个服务，因为它需要访问商品、客户及订单实体。
- **资源库**（repository）用于存取特定类型的实体，通常采用数据库等持久化技术来实现。
- **工厂**（factory）主要用于生成复杂的领域对象，尤其是当这些对象之间有很多关联时。

在微服务架构中，聚合尤其重要：聚合必须要保证一致性。为了保证一致性，必须要控制聚合内的并行修改，否则一致性可能会被破坏。例如，如果将两个订单款项（order position）并行加入同一个订单，那么可能会破坏一致性。假设订单的金额目前是 900 欧元，订单上限是 1000

欧元。如果两个金额为 60 欧元的订单款项同时加了进来，根据初始的 900 欧元，两次算出来的总金额都将是可接受的 960 欧元。但订单实际金额为 1020 欧元，已经超出了上限，因此修改聚合的操作必须要串行化，而且不能将一个聚合分布在两个微服务中，否则将无法保证一致性。总之，聚合不能划分到多个微服务。

限界上下文

对于很多人来说，DDD 的核心就是诸如聚合之类的构造块。实际上，DDD 以及策略设计（strategic design）共同阐述了不同领域模型之间的交互方式，以及如何构建复杂系统。DDD 在这方面发挥的作用可能比构造块更加重要。毕竟，是 DDD 的理念在影响着微服务。

限界上下文（bounded context）是策略设计的核心，因为任何领域模型一旦脱离了系统的特定上下文，都将变得毫无意义。例如在电商系统中，配送所关心的是订单商品的数量、大小、重量，因为这些因素影响着配送路线和运费。对于会计来说，最重要的则是价格和税率。复杂系统由多个限界上下文构成，这类似于复杂的生物有机体由单个细胞构成，而各个细胞同样是具有生命的独立实体。

限界上下文：示例

下面以电商系统中的客户为例，介绍限界上下文的概念（见图 3-4）。各个限界上下文包括订单、配送、账单。订单组件负责订单处理，配送组件负责配送处理，账单组件负责账单生成。

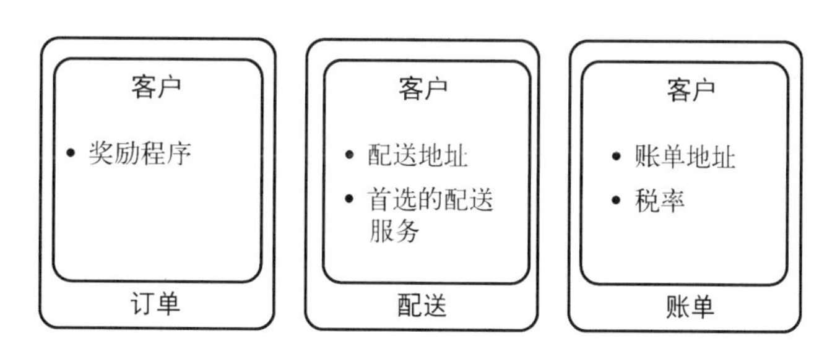

图 3-4　根据领域来设计

各个限界上下文需要不同的客户数据。

- 下订单时，奖励程序会奖励客户一定的积分。在这个限界上下文中，奖励程序必须要知道客户的数量。
- 配送关注的是配送地址和首选的配送服务。
- 最后，账单生成必须知道账单地址和客户的税率。

> 通过这样的方式，每个限界上下文都有其各自的客户模型，因此各个微服务能够独立地修改。例如，假设账单生成需要更多的客户信息，那么只需修改账单的限界上下文即可。
>
> 可以将客户的基本信息存储在某个限界上下文中。假如多个限界上下文都需要客户的基本信息，那么这些限界上下文是可以协作的。
>
> 采用一个通用的客户模型通常是不合理的，因为这样的通用模型包含了客户的全部信息，所以非常复杂。而且各个上下文对客户信息做的任何改动，都将影响到这个通用模型。这导致修改非常复杂，而且可能会永久地改变模型。

系统中不同限界上下文之间的关系可以用**上下文映射图**（context map）来表示（见7.2节）。每个限界上下文可在一个或多个微服务中实现。

限界上下文间的协作

各个限界上下文是如何关联的呢？下面列出了多种方案。

- **共享内核**（shared kernel）表示领域模型之间共享一些公共元素，其他元素则各不相同。
- **客户/供应商**（customer/supplier）表示通过一个子系统为调用者提供领域模型。在这种情况下，调用者就是客户，能决定模型的具体构成。
- **追随者**（conformist）则完全不同：调用者采用子系统的模型，也就是说，调用者使用他人提供的模型。这种方案较为简单，原因是不需要经过转化。例如某个领域的一款标准软件，该软件的开发商熟知用户需求，对该领域了如指掌，因此调用者可以直接使用这款软件提供的模型，并受益于模型中的领域知识。
- **防腐层**（anticorruption layer）负责将一个领域模型转化成另外一个，以实现完全解耦。集成遗留系统时可以利用防腐层实现新旧模型的转化，从而避免了接管遗留系统的领域模型，因为遗留系统通常并不重视数据建模。
- **隔离通道**（separate ways）表示两个系统不进行集成，而是保持相互独立。
- **开放主机服务**（open host service）将大家都能调用的特殊服务放入限界上下文。在这种方案中，任何人都可以将自己的服务集成进去。如果需要集成大量的其他系统而且集成非常困难，就可以采用这种方案。
- **发布语言**（published language）可取得类似的效果：限界上下文之间以某个领域模型作为公共语言。发布语言一旦被广泛使用，往后就很难修改。

限界上下文与微服务

每个微服务应该针对一个领域进行建模，这样功能的新增或改动在一个微服务内即可完成。可以基于限界上下文来设计模型。

一个团队的工作可以基于一个或多个限界上下文，而每个限界上下文也可以作为一个或多个微服务的基础。功能的新增或改动最好只涉及一个限界上下文，因此也只涉及一个团队，这是为了确保团队尽可能独立工作。如果理由充足的话，一个限界上下文也可以划分到多个微服务中，其原因包括技术方面的考虑。例如，限界上下文的某个部分可能比其他部分扩容（scale up）的幅度更大，因此将这部分划分到一个独立的微服务中，以便于扩容。但一个微服务应该尽量避免包含多个限界上下文，因为可能会出现一个微服务需要同时实现多个不同的新功能的情况，而这会影响到功能的独立开发。

不过，有些特殊的需求有可能会涉及多个限界上下文。这种情况就需要更多的协调和沟通。

采用不同的协作方案，不仅能调控团队间的协调，还会对团队间的独立性造成不同的影响。隔离通道、防腐层、开放主机服务会增强团队间的独立性。追随者和客户/供应商方案则导致领域模型紧密连结在一起。采用客户/供应商方案时，供应商需要理解客户的需求，团队间必须紧密协调。而采用追随者方案时，一个团队定义模型，其他团队只管使用模型即可，因此团队间就不需要协调（见图 3-5）。

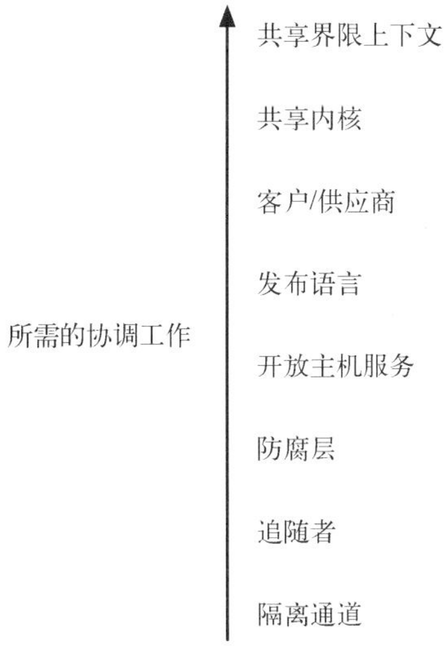

图 3-5　不同协作方式所需的沟通成本

根据 3.2 节中探讨过的康威定律，组织和架构显然是紧密关联的。如果拆分领域后，只需修改架构的特定部分就能实现某个新功能，那么这部分就能划分给另一个团队，并且这个团队的工作将很大程度上独立于其他团队。DDD，尤其是限界上下文，告诉我们如何去做这样的划分，以及各部分应该如何协作和协调。

大比例结构

通过大比例结构（Large-Scale Structure），DDD 回答了一个问题：从涉及微服务的限界上下文角度是如何看待整个系统的。

- **系统隐喻**（system metaphor）能用来定义整个系统的基础结构。例如，一个电商系统可以根据购物流程来定位其自身：客户从查找商品开始，然后对比商品，选定要购买的商品，最后下订单。这就产生了三个微服务：搜索、比较、订单。
- **职责分层**（responsibility layer）是将系统划分成职责不同的分层。各层只能调用其下面的层级。这并不是指根据技术来划分数据库、UI 和逻辑。例如，在电商系统中，领域分层可能是商品目录、订单处理、账单生成。商品目录可以调用订单处理，订单处理可以调用账单生成。但调用顺序反过来则是不允许的。
- **演化秩序**（evolving order）认为整体结构不应太死板。秩序应该是逐步从各个独立组件中产生。

这些方案能够为如何组织微服务系统架构提供思路（见第 7 章）。

动手实践

想一想你所了解的一个项目。

- 你能找出哪些限界上下文?
- 以上下文映射图的形式画出限界上下文的概览。请与 7.2 节进行对比。
- 这些限界上下文是通过何种方式进行协作的？（防腐层、客户/供应商等。）将这些信息添加到上下文映射图中。
- 在某些地方有没有更合适的方案？为什么？
- 为了将功能交给独立的团队来实现，如何将限界上下文合理地划分给团队？

以上问题可能很难回答，因为这要求你从一个全新的角度来看待整个系统以及系统中领域的建模。

3.4　为什么要远离标准数据模型

作者：Stefan Tilkov，innoQ

近期，我又参与了一些企业级的架构项目。如果你从未涉足这一领域，也就是说你到目前为止仅关注个体系统，那我就来告诉你这是一种什么样的体验。你要开很多会，开非常多的会，开更多的会，其间充斥着大量的幻灯片，塞满了文字和图表——当然没有一个报告是废话啦。有各种角度的概念性的架构框架，指导原则和架构参考，企业级的分层方案，以及一点点的 SOA、EAI、ESB、门户和（最近开始）附送的 API 介绍。经销商、系统集成商，当然还有咨询师，纷纷寻求影响决策的机会，以求让他们的产品或他们自身融入公司的未来发展策略。这是一种令人沮丧但又（至少有时候）收获颇丰的体验：做起来很难，但一旦成功了，影响就很显著。

在构建大型系统时会惊讶地发现，在企业级别有许多顽固的问题会反复出现（我们通常不出错……但如果出错就是个大错）。我最喜欢的一个想法就是为所有接口建立一个标准数据模型（CDM，canonical data model）。

如果你以前没有听说过这个想法，这里就简单概括一下：无论你采用什么技术（ESB、BPM平台，或者仅仅是各种服务的整合），你都会把交换的业务对象的数据模型标准化。在极端情况下（这种情况非常普遍），你的Person、Customer、Order、Product等模型都只能有一个，且模型的ID、属性、关联是每个人都认同的。不难理解为什么这种做法会具有如此大的吸引力。毕竟，就连非技术型的经理都明白，假如系统间的每次通信都要进行数据模型的转换，那完全是浪费时间。标准化显然是个好主意。如果数据模型和规范化模型不同，那就要实现一次模型的相互转换，而新系统可以直接使用CDM。然后所有人就可以相互通信，永远没有这个烦恼啦！

事实上，这是个糟糕透顶的馊主意。千万不要这样做。

Eric Evans在其著作《领域驱动设计：软件核心复杂性应对之道》中命名了一个概念：**限界上下文**。这个概念对于曾经成功开发过大型系统的人是显而易见的。这是一种结构化的机制，防止所有应用采用一个巨大的模型，原因如下：（1）会导致模型无法管理；（2）没有任何意义。限界上下文认为，在**概念层面**，一个Person或一个Contract在不同上下文中是不同的事物。这不是实现问题，而是现实本身。

相信我，这对大型系统来说是千真万确的，对企业级架构来说更是如此。你也可以反驳说，采用CDM只是标准化了接口层，但这已经无关紧要。你仍旧试图让所有人认同一个概念的含义，而我的观点是，你应该意识到并非所有系统的需求都是一样的。

但这些东西难道不是空洞的纯理论吗？不过，管它呢！有趣的是，组织非常善于基于错误的假设来制造大量问题。CDM（依照我在此处所描述的形式）需要对所有在接口中使用了特定对象的开发人员进行协调（除非你相信这些人自己就能琢磨出正确的设计，但这即便是你自己也做不到）。你将会跟一些企业架构师以及某些系统的代表们一起开会，争取在如何定义“客户”这个问题上达成共识。最终，你的模型加入了大量可选属性，因为所有与会者都坚持要满足他们的需求。此外，一同加入的还有大量奇奇怪怪的属性，因为它们反映了各个系统的内部约束。最后，你花费了大量时间，终于让大家达成了共识，但你的接口模型已经惨不忍睹，让所有用户嗤之以鼻。

那么，CDM通常是个馊主意吗？是的，除非你采用不同的方案。多数情况下，我首先会怀疑CDM的价值，并认为你应该提出一种侵入性更小的方案。但如果你真的想采用CDM，那么以下是一些你需要事先想清楚的事情。

- 让单独的部分单独设计。如果只有一个系统使用了某个数据模型，那么请将这个数据模型交由这个系统的开发人员来设计。别让他们参加会议。如果你不确定他们设计的数据模型跟其他组的设计有没有重合，那么很可能就是没有。

- 将格式或数据模型片段标准化。不要试图创建全局一致的模型，而要创建一些小的构件。我考虑的是标准化少量的属性（我拒绝将其称为业务对象）的微格式（microformat），例如小的XML或JSON片段。
- 最重要的是，不要试图将你的模型从中心团队向下推广，或向外推广到其他团队。相反，应该是这些团队认为这些模型有价值，然后自行决定将其加入到自己的上下文中。起关键作用的人并不是你（“我很重要”是企业架构师头衔带来的一种常见的幻觉）。如果有必要的话，搜集各个团队提供的核心数据模型，并使其便于浏览和搜索。（考虑提供一个弹性的搜索索引，而非UML模型。）

作为一个企业架构师，你真正要做的就是“别挡路”。很多情况下，关键在于尽量避免集中化。你的目标不应该是让所有人做相同的事情。你的目标应该是建立尽可能少的规则，让每个人尽可能相互独立地工作。而我在上文所提到的CDM却反其道而行。

3.5　微服务要不要包含UI

本书建议微服务应包含UI在内，而且UI应该向用户提供微服务的功能。如此一来，一组功能的所有修改都能在一个微服务内实现——无论涉及的是UI、逻辑，还是数据库。至于UI是否需要集成到微服务中，目前仍然没有一致的观点。归根结底，微服务不宜太大。如果逻辑要被多个前端所调用，那么只包含纯逻辑的、不包含UI的微服务就较为合理。另外，逻辑和UI可以由同一个团队在两个不同的微服务中分别实现，这样功能的实现就无须经过跨团队的协调。

包含UI的微服务要求微服务依据领域逻辑来划分，而不是依据技术领域来划分。领域架构对微服务架构是非常重要的，但许多架构师对其并不熟悉。包含UI的微服务设计将有助于提高对领域架构的关注度。

技术方案选择

技术上，微服务中的UI可以采用Web UI来实现。如果微服务提供了RESTful-HTTP接口，那么Web-UI和RESTful-HTTP接口比较类似，因其都使用了HTTP协议。主要区别在于，RESTful-HTTP接口向外交付JSON或XML，而Web UI向外交付HTML。如果UI是一个单页应用（single-page application），那么JavaScript可以通过HTTP传递，并通过RESTful-HTTP与后台逻辑通信。手机客户端的技术实现较为复杂，本书将在8.1节详细介绍。技术上来讲，一个可部署构件可以通过HTTP接口、JSON/XML及HTML来交付，从而实现了UI，并让其他微服务访问后台逻辑。

自包含系统

上述方案除了可以称作“包含UI的微服务”外，还可以称作“自包含系统”（SCS，self-contained

system）。SCS将微服务的大小定义为100行代码左右，但整个项目可能多于100行代码。

一个SCS包含多个这样的微服务以及一个UI。理想情况下，一个功能仅用一个SCS实现，因此SCS之间不需要相互通信。如果有通信的必要，SCS将采用异步通信的方式。另一种方案是在UI层面集成多个SCS。

整个系统中，通常只有5~25个这样的SCS。一个SCS是很容易由一个团队操控的。SCS内部还可以划分成多个微服务。

我们可以得出如下的定义。

- SCS由团队开发，并代表领域架构的一个单元，例如订单处理或注册。SCS能实现某个合理的功能，团队也可以为SCS增加新功能。SCS的另一种叫法是垂直系统（vertical）。与水平设计相比，SCS根据领域来划分架构，因此是一种垂直设计。水平设计则是对系统分层，例如UI层、逻辑层、持久层，这属于技术驱动的做法。
- SCS由微服务构成。构成SCS的微服务是能独立部署的技术单元，符合本书对微服务的定义。而从服务大小的角度，构成SCS的微服务则更贴近本书对纳米服务的定义（见第14章）。
- 本书将纳米服务定义为：为了进一步缩小其规模，而在技术上做了一定的权衡的可部署单元。因此，纳米服务与微服务的技术特征并不完全相同。

本书提出的微服务定义受到了SCS的启发。比起UI的集成，微服务的大小和可维护性更加重要。为了避免微服务变得太大，应该将UI划分到另外一个组件中，但UI和逻辑应该由同一个团队来实现。

3.6　总结

微服务是一种模块化方案。为了加深对微服务的理解，本章探讨了微服务各方面的特征。

- 3.1节的重点是微服务的大小。经过进一步研究，我们发现微服务的大小虽然有一定影响，但并没有那么重要。不过，这方面的探讨让我们对微服务是什么有了初步的认知。微服务大小的上限由团队规模、模块化及可替代性来决定。微服务大小的下限则由事务、一致性、基础设施及分布式通信来决定。
- 康威定律（见3.2节）揭示了架构与组织之间的密切联系——实际上，两者基本上是等同的。微服务能够进一步提高团队之间的独立性，因此能够为追求独立开发功能的架构设计提供完美的支持。每个团队负责一个微服务，即负责领域的一部分，因此涉及新功能的实现时，团队之间的工作也基本是相互独立的。至于领域逻辑，团队之间基本不需要协调。由于微服务的技术独立性，团队间在技术上的协调同样能降到最低限度。

- 在 3.3 节中，领域驱动设计（DDD）告诉我们项目中领域应该如何划分，以及各部分之间应该如何协调。每个微服务可以代表一个限界上下文，作为含有独立领域模型的、自包含的领域逻辑。限界上下文之间有多种协作方式。
- 在 3.4 节中，标准数据模型方案试图建立一套全局通用的数据模型，但实际上违背了限界上下文设计理论（模型设计应基于限界上下文）。另外，标准数据模型将给微服务引入依赖关系，影响微服务的独立性。
- 最后，3.5 节论证了一个观点：为了在一个微服务内实现功能的改动，微服务应该包含 UI。UI 与微服务不必在同一个部署单元中，但它们应该由同一个团队来负责。

以上各方面的讨论为微服务的构成及其作用方式提供了较为客观而全面的解释。

要点

换句话说，一个成功的项目由以下三部分构成：

- 组织（由康威定律支撑）；
- 技术方案（可以是微服务）；
- 基于 DDD 或限界上下文的领域设计。

对长期维护的项目而言，领域设计尤其重要。

动手实践

想一下微服务的三种定义方式：微服务大小、康威定律、领域驱动设计。

- 1.2 节介绍了采用微服务最重要的优势。以上三种定义方式分别对应哪些优势？例如，DDD 和康威定律有助于缩短上市时间。
- 在你看来，这三种定义方式，哪个是最重要的？为什么？

第4章 采用微服务的原因

微服务有许多优势，这正是本章讨论的主题。详细地了解这些优势，能帮助我们判断特定情景下是否适合采用微服务。本章延续了 1.2 节的讨论，并更详细地解析了这些优势。

4.1 节解释了微服务在技术上的优势。4.2 节探讨了微服务对团队组织的影响。最后，4.3 节从业务角度分析了微服务的优势。

4.1 技术优势

微服务是一种有效的模块化技术。开发人员需要有意识地编写网络通信的代码来调用另外一个微服务。因为开发人员必须利用通信基础设施来调用，所以调用绝不会在无意间发生。因此，微服务之间的依赖不会在无意间混入，它们必须由开发人员显式地引入。如果不用微服务，那么开发人员很容易就能使用另外一个类，从而在不经意间引入预期之外的依赖。

举个例子，假设在一个电商应用中，商品搜索能够调用订单处理，但订单处理不能反过来调用商品搜索。订单处理没有使用商品搜索，因此可以保证在不影响订单处理的前提下改动商品搜索。现在假设商品搜索和订单处理之间引入了依赖关系。例如，开发人员发现一个功能，对两个模块都有用。结果，商品搜索和订单处理现在相互依赖，只能一起改动。

一旦系统中开始混入不必要的依赖，更多的依赖就会迅速增加，应用架构就会腐化。这种腐化通常只能通过架构管理工具来阻止。这些工具带有预期架构的模型，能够发现开发人员所引入的不必要依赖。于是，开发人员就能立即移除这个依赖，以免影响架构或造成其他危害。7.2 节介绍了一些合适的工具。

在一个基于微服务的架构中，商品搜索和订单处理分别是不同的微服务。微服务之间的依赖关系需要开发人员利用通信机制显式地建立。这为引入依赖设立了相对较高的门槛，因而即便没有架构管理工具，也不会在无意间引入依赖，这样就降低了因微服务相互依赖而导致架构腐化的可能性。微服务的边界就像是防火墙，阻止了架构的腐化。因为模块间的边界更难以跨越，所以微服务架构的模块化也更强。

替换微服务

维护遗留软件系统是一项极具挑战性的任务。由于代码质量问题，这类系统可能已经很难继续开发，而软件的替换通常是有风险的。另外，遗留系统可能已经很庞大，其运作原理也难以梳理清晰。软件系统越庞大就越难替换。如果遗留软件包含了关键业务流程，那么它几乎是不可能改动的。这些业务流程的故障可能会造成严重的负面影响，而且每次改动都会有失败的风险。

尽管软件替换是一个基本问题，但大部分软件架构的设计并未考虑到这一点。不过，微服务架构却支持软件替换：微服务是微小的独立部署单元，因此可以逐个进行替换。为软件替换做好技术准备工作是明智的，因为最终并不需要整体替换一个大型软件系统，只需替换一个小小的微服务即可。微服务可以在任何必要的时候进行替换。

采用微服务后，开发人员能够自由地选择其他开发技术，而不必被绑定在遗留项目的技术栈上。如果微服务在领域方面也是独立的，那么它的逻辑会比较容易理解。开发人员无须理解整个系统，只需理解单个微服务的功能即可。拥有领域相关的知识是成功替换微服务的先决条件。

另外，当一个微服务失效时，其他微服务仍然可以照常工作。尽管替换一个微服务可能会导致该服务暂时失效，但整个系统仍可继续运行。这就降低了功能替换的风险。

可持续的软件开发

一个新项目起初是简单的，因其代码量较小、代码结构也清晰，开发人员也可以对其大幅度地改进。但架构会随着时间而腐化，开发也会随着复杂度的增加而变得越来越困难。在某个时间点，这个软件将成为一个遗留系统。正如前文所述，微服务可阻止架构腐化。当一个微服务变成遗留系统后，就可以将其替换。这意味着微服务让软件能够持续开发，同时也提高了长期开发的效率。但在基于微服务的系统中，大量代码可能需要频繁重写，这反而会降低效率。

处理遗留项目

仅当系统已经采用微服务方案后，才能替换微服务。已有的遗留系统则可以通过微服务来替换或改进功能。遗留应用只需提供一个与微服务通信的接口，不需要大幅度地修改旧代码或向系统中集成新的组件，也就是说可以避免代码层面的集成。在遗留系统中，这样的集成是一个大挑战。无论是对网页的 HTTP 请求还是 REST 调用，微服务都可以将其拦截并自行处理，因此修改系统会特别容易。

在这种情况下，微服务可以作为遗留系统的补充，具体方式有多种。

- 微服务处理特定的请求，将其他请求留给遗留系统。

❑ 或者，微服务可以修改请求，然后将其转发给实际处理的应用。

这种方式类似于集成多个应用的 SOA 方案（见第 6 章）。当应用被分割成服务后，服务将被重新编排（orchestrate），因此微服务也能够代替单个服务。

微服务与遗留系统的示例

某项目的目标是实现一个已有的 Java 电商应用的技术更新。其中涉及新技术的引入，例如引入新框架来提升软件开发的效率。一段时间后，开发人员发现很难将新旧两种技术集成到一起。由于新旧代码必须要相互调用，这就要求在技术上全方位地集成。事务和数据库连接需要共享，安全机制也需要集成。这样的技术集成导致新软件的开发变得更复杂，从而影响了整个项目。

图 4-1 展示了最终的解决方案：新系统与遗留系统彼此完全独立。唯一的集成是将某些请求链接到了遗留系统，例如，向购物车添加商品。另外，新系统与遗留系统共享同一个数据库。目前看来，共享数据库并不是一个好主意，因为数据库是遗留系统数据的一种内部表现形式。如果数据的表现形式被另外一个系统主宰，那就违反了封装原则（见 9.1 节）。而且新系统和遗留系统都依赖于公共的数据结构，会导致公共数据结构难以改动。

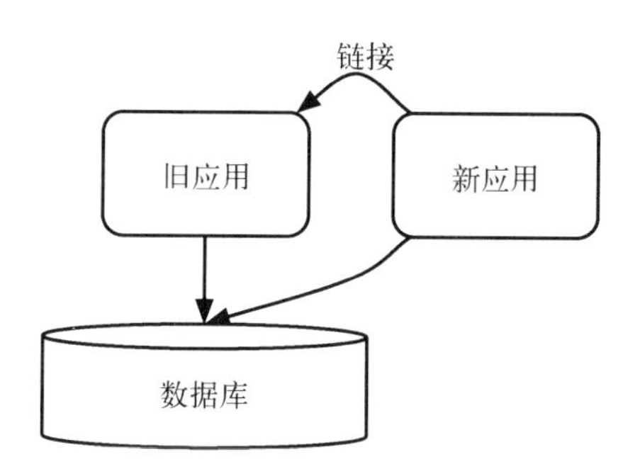

图 4-1　集成遗留系统的示例

两个系统分别独立开发的做法基本上解决了集成问题。开发人员可以采用新技术方案，而无须考虑旧代码和旧方案。这是一种更加优雅的解决方案。

持续交付

持续交付通过简单、可重现的流程，将软件定期部署到生产环境。它通过持续交付流水线来实现（见图 4-2）。

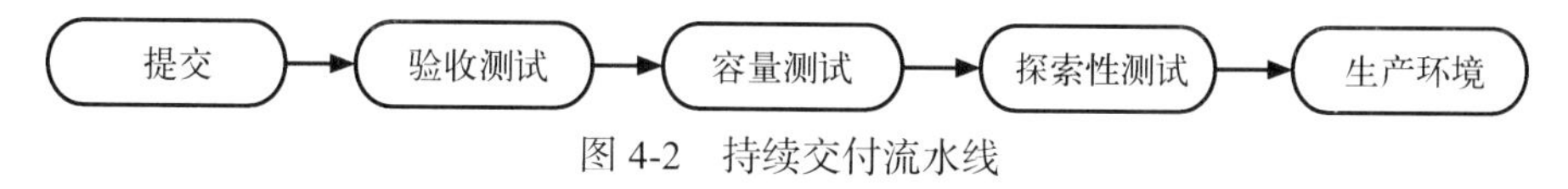

图 4-2　持续交付流水线

- ❑ 在提交（commit）阶段，进行软件编译，执行单元测试，还可能执行静态代码分析。
- ❑ 自动化的验收测试（acceptance test）阶段保证软件符合业务需求，并能被客户接受。
- ❑ 容量测试（capacity test）检查软件能否支持预期的用户数量。容量测试也是自动进行的。
- ❑ 探索性测试[①]（exploratory test）则是手动操作的，目的是测试系统的特定部分，例如新功能或软件安全等方面。
- ❑ 最后，软件被部署到生产（production）环境。理想情况下，该流程也是自动化的。

软件开发要依次通过上述的各个阶段。例如，某次构建成功通过了接收测试，但在容量测试阶段发现软件达不到预期的负载。在这种情况下，软件将无法进入后续的阶段，例如探索性测试和生产。

最理想的情况是持续交付流水线能实现完全自动化。但因为软件需要部署到生产环境，所以还是有必要对流程一个个进行优化。

微服务尤其容易实现持续交付。微服务是独立的部署单元，因而能够独立于其他服务部署到生产环境，这对持续交付流水线有如下显著影响。

- ❑ 由于只需对小的微服务进行测试并部署到生产，软件开发会较快通过流水线，这也就加快了反馈，而快速反馈是持续交付的主要目标之一。假如开发人员数周后才得知代码在生产环境出现的问题，那么重新熟悉代码并分析问题将会很麻烦。
- ❑ 微服务降低了部署的风险。由于部署单元很小，出现问题后回滚会更容易。此外，微服务系统对单个微服务的故障具有容错性，即使单个微服务部署失败也不会影响到整个系统的运行。
- ❑ 微服务部署单位更小，容易采取措施，从而进一步降低了风险。例如，采用蓝绿部署（blue/green deployment）时，每次发布都会建立全新的环境。这类似于金丝雀发布（canary releasing）：为软件的每个新版本都提供一个单独的服务器。仅当这个服务器在生产环境成功运行后，新版本才会被发布到其他服务器。对于单体部署而言，由于建立大量的环境需要消耗大量的资源，这种方式几乎是不可能实现的。但对于微服务而言，所需的环境就小得多，这个步骤就比较容易实现。
- ❑ 测试环境带来了其他挑战。例如，当需要一个第三方系统时，测试环境也要包含这个第三方系统的测试版本。部署单元越小，对环境的要求就越低。微服务的测试环境只需集成各个微服务所需的第三方系统。借助第三方系统的 mock 也可以测试整个系统。这种方式有助于单独测试各个微服务。

持续交付是采用微服务最有力的理由之一，许多项目迁移到微服务中，就是为了便于实现持续交付流水线。

但持续交付也是实践微服务的一个先决条件。要求运维人员手动将大量微服务快速部署到生

① 类似于黑盒测试。——译者注

产环境是不实际的，因此需要自动化的方式。微服务与持续交付是互惠互利的。

可伸缩性

微服务提供了基于网络访问的接口，能通过 HTTP 或消息方案等途径来访问。每个微服务能在一到多台服务器上运行。如果服务在多台服务器上运行，那么负载会分摊到这些服务器上。各个微服务可以分别运维，并且独立地扩容或缩容。

此外，微服务之前可以增加缓存。基于 REST 的微服务采用通用的 HTTP 缓存即可，能大大降低实现缓存的难度。HTTP 协议为缓存提供了全面的支持，对微服务非常有帮助。

还可以将微服务安装在网络的多个位置，使其更靠近调用者。在遍布全球的云环境中，微服务在哪个计算中心运行已经不重要了。如果微服务的基础设施包含多个计算中心，并且总是让离调用者最近的计算中心来处理请求，那就能显著减少响应时间。静态内容也可以通过内容分发网络（CDN，content delivery network）来分发，CDN 的服务器位置通常离用户更近。

然而，可伸缩性的提升和对缓存的支持并未创造奇迹，因为微服务毕竟是一个分布式系统，网络调用比本地调用慢得多。从性能角度来看，结合使用多个微服务或采用那些以本地调用为主的技术可能会更好（见第 14 章）。

稳健性

理论上，微服务架构的可靠性低于其他架构方案。微服务毕竟是分布式系统，除了常见的错误原因外，还有网络失效的风险。另外，微服务运行在多台服务器上，这又增加了硬件失效的可能性。

为了保证高可用性（high availability），微服务系统的设计必须要合理。微服务之间的通信必须设计为某种防火墙，以免其中一个微服务的错误导致整个系统失效。

为此，当一个微服务失效时，调用该微服务的其他微服务必须能够继续工作。一种方案是设定一些默认值。另一种方案是，当微服务失效后，系统能够优雅降级（graceful degradation），例如实现某种降级服务。

如何在技术层面处理微服务失效是很重要的。例如，操作系统级或 TCP/IP 的超时时间通常设置为 5 分钟。假设某个微服务的失效导致请求超时，那么线程会被阻塞 5 分钟。于是，在某个时刻，所有线程都会被阻塞。如果发生了这种情况，那么调用方的系统也可能会失效，因为系统只能等待直到超时，此外什么都不能做。通过设置一个较短的调用超时时间，可以避免这种情况。

其实相关的理念远比微服务出现得早。《发布！软件的设计与部署》[①]一书详细论述了这类问

① 该书第 1 版已由人民邮电出版社出版（参见 https://www.ituring.com.cn/book/1606），第 2 版预计于 2019 年年底前出版。——编者注

题及其解决方案。微服务系统采用这些解决方案后，即使整个微服务系统失效也不会崩溃，远比单体部署系统更加稳健。

与单体部署相比，微服务的另外一个优势是将系统分布到多个进程中，因为进程之间的隔离性更好。而单体部署只启动一个进程，假如发生了内存泄漏，或某些功能耗尽了计算资源，都可能导致整个系统失效。通常这类问题都是由程序上的错误导致的。将系统分布到多个微服务中能避免这种问题发生，因为在这种情况下只有一个微服务会失效。

自由选择技术

微服务解放了技术选择。微服务之间只通过网络方式进行通信，因此只要保证能与其他微服务通信，微服务就能够采用任何语言或平台来实现。技术的自由选择，能让我们在不冒太大风险的前提下测试新技术。作为测试，我们可以仅在单个微服务中采用新技术。如果新技术无法达到预期效果，那么只需重写这一个微服务即可。此外，服务失效导致的问题也能得到控制。

自由选择技术意味着开发人员可以在生产环境中真正采用新技术。这对提升开发人员积极性以及招聘都有好处，因为开发人员通常都喜欢用新技术。

这同样有助于为每个问题选择最合适的技术。系统的特定部分可以采用特定的编程语言或框架来实现，个别微服务甚至可以采用特定的数据库或持久化技术，但这就要考虑数据备份和灾难恢复机制如何实现。

技术自由是微服务提供的一个可选项，它不是必选的。项目组也可以硬性规定项目中的各个微服务所采用的技术，这样每个微服务都会采用相同的技术栈。这跟单体部署不一样，单体部署本身就限制了开发人员的技术选择。例如 Java 应用中，每个类库只允许采用一个版本。这就意味着，单体部署中不仅要限定类库，还要限定类库的版本。而微服务架构并不会在技术上强加这样的限制。

独立性

技术上的决策以及生产环境的版本更新通常只涉及单个微服务。这使得微服务之间非常独立，但也有一些共同的技术基础。微服务的安装应该自动化，因此每个微服务都要有一条持续交付流水线。另外，每个微服务都应该遵循监控系统的规格说明。不过，即使有这些约束，微服务事实上可选择的技术方案也并无限制。技术上的自由同时也减少了微服务间的协调。

4.2　组织上的优势

微服务是一种架构方式，因此人们通常只会想到微服务在软件开发和系统结构方面的优势。但根据康威定律（见 3.2 节），架构同样影响着团队沟通，进而影响着组织架构。

如4.1节所述，微服务架构能够实现高度的技术独立性。如果组织内的一个团队完全负责某个微服务，那么这个团队就能充分发挥其技术独立性。如果在生产环境中这个微服务出现问题或失效了，那么这个团队也要相应地负全部责任。

因此，微服务支持团队的独立性。微服务的技术基础允许多个团队分别开发不同的微服务，其中仅需要少量的协调，从而为团队的独立工作提供了基础。

在非微服务架构的项目中，技术和架构需要统一选择，原因是受到技术限制的影响，各个团队和模块都会受限于这个选择。单体部署系统可能无法采用两个不同的类库，甚至同一类库的不同版本，因此必须要统一协调。微服务的情况则不同，它允许高度独立的组织。但有时候统一协调也是合理的，例如，当某个类库发现安全问题时，公司能够执行全部组件的升级。

开发团队将设计其负责的微服务的架构，因此责任更重大。开发团队无法将架构交由核心架构组来设计，这就意味着他们要承担设计决策的后果，因为他们是负责这个微服务的。

Scala 的决策

在一个采用微服务架构的项目中，核心架构组有一个任务：决定某个团队能否采用 Scala 编程语言。架构组要判断这个团队使用 Scala 到底会更高效地解决问题，还是反而会产生更多问题。最终，决定权交给了开发团队，因为开发团队才是负责该微服务的。如果 Scala 不能满足开发需求，或者不能应付高效的软件开发，那么开发团队就要对此承担后果。他们首先要熟悉 Scala，然后才能估计这个付出到底值不值得。同样，如果突然间所有 Scala 开发人员离开了项目或转到其他团队，那么也会出现问题。严格来说，让核心架构组来负责这个决策是不现实的，因为决策后果并不会对他们造成直接的影响。因此，团队必须自己做决定。团队的决策必须考虑所有团队成员，其中包括产品所有者，因为如果决策导致生产效率低下，他们也会受牵连。

上述做法跟传统的组织形式有显著的区别。在传统组织中，核心架构组统一规定了所有人都必须使用的技术栈，各个开发团队并不负责决策或非功能性的需求，例如可用性、性能及扩展性。在传统架构中，非功能性的内容只能通过整个系统的公共基础来实现，因此必须集中处理。微服务不再需要强加一个公共的基础，而是交由各个团队自行决定，因而加强了团队间的独立性。

更小的项目

微服务架构将大型项目拆分成多个小项目。各个微服务很大程度上是相互独立的，因此减少了集中协调的需要，从而降低了大型项目集中式管理沟通的成本。微服务架构可以将大型组织划分成多个小组织，因此减少了沟通的需要，从而让团队可以集中精力来实现需求。

比起小项目，大型项目更可能会失败，因此大型项目划分成多个小项目会更好。由于各个项目范围较小，项目预估会更准确，有助于安排计划和降低风险。即使预估错了，影响也比较小。微服务的灵活性再加上较低的风险性，有助于更快更好地做出决策。

4.3　业务方面的优势

组织上的优势会有利于业务。具体来说，项目的风险更低，团队间的协调更少，可以提高团队工作效率。

并行实现

系统划分成多个微服务后，就可以并行实现多个用户故事（见图 4-3）。每个团队仅须处理与其负责的微服务相关的用户故事，因此各个团队可以独立工作，整个系统可以在各处同时扩展。这最终将扩展敏捷流程。但扩展并不是在开发流程中发生的，而是由架构和团队独立性带来的。各个微服务的变化和部署不需要经过复杂的协调，因此团队可以独立工作。即使某个团队进度落后或遇到障碍，也不会对其他团队造成负面影响，因此也就进一步降低了项目的风险。

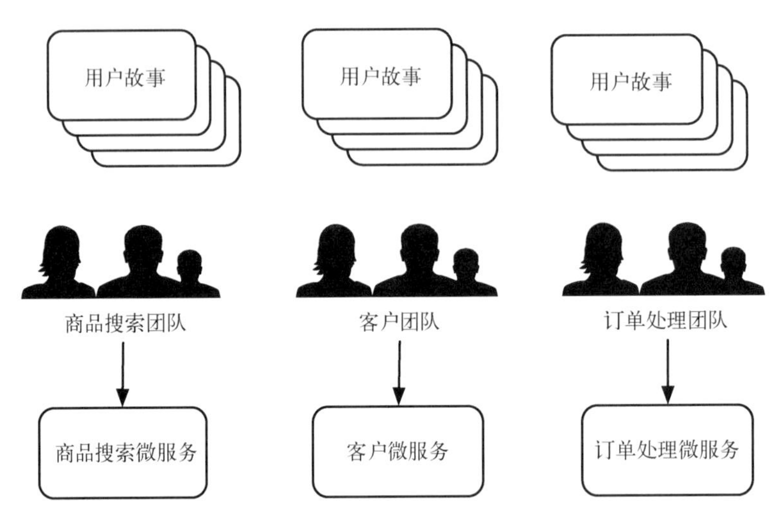

图 4-3　传统集成方式示例

基于领域的明确划分，再加上每个开发团队负责一个微服务。在此基础上，只需增减团队数量，就能实现开发和项目组织的伸缩。

有些改动可能会影响到多个微服务和团队。举个例子，某些商品仅限特定的客户才能购买，例如年龄限制。在图 4-3 的架构中，需要修改所有微服务才能实现这个功能。客户服务需要存储客户是否达到合法年龄的数据。商品搜索服务需要向低龄客户隐藏或标记这些商品。订单处理服务则要阻止低龄客户购买这些商品。这些修改要通过协调来实现。当一个微服务需要调用其他微服务时，协调就特别重要。在这种情况下，必须先改动被调用的微服务，然后调用者才能使用这个新功能。

这个问题当然可以解决，但上述的架构也许并非最优。如果架构是面向业务流程的，那么改动就可以仅限于订单流程，只需禁止下单，而无须限制搜索。判断某个客户是否允许下单的功能，应该由订单处理服务内部来实现。具体功能划分到哪个架构，并由哪个团队负责，是由需求、微服务及相关团队决定的。

如果架构选择得当，那么各个微服务就能够对敏捷开发提供良好的支持。从业务方面来看，这当然是采用微服务架构的一个很好的原因。

4.4 总结

总体来说，微服务有如下的技术优点（见 4.1 节）。

- **模块化强**，能够保证微服务之间不会轻易地混进依赖。
- 微服务很**容易替换**。
- 微服务较强的模块化和替换性能够保证**持续的开发进度**。架构能够保持稳定，无法再维护的微服务可以替换掉。系统能够长期保持高品质和可维护状态。
- **遗留系统**能用微服务作为一个补充，而无须触碰到遗留系统中累积的陷阱。因此，微服务架构擅长于处理遗留系统。
- 微服务都是小型的可部署单元，比较容易建立起**持续交付流水线**。
- 微服务能够独立地**伸缩**。
- 如果微服务采用了已有的一些预防措施，系统的**稳健性**会更好。
- 各个微服务可以采用不同的编程语言以及不同的**技术**来实现。
- 因此，在技术层面，微服务之间很大程度上是**相互独立**的。

技术上的独立性影响了组织（见 4.2 节），因为团队可以独立工作，这减少了集中协调的需要。这意味着大型项目可以用一组小型项目来代替，从而同时降低了风险和协调的需要。

从业务角度考虑，仅仅是降低风险就已经很有吸引力（见 4.3 节）。另外，微服务架构还能实现敏捷过程的伸缩，而不需要过多的协调和沟通。

要点

- 微服务架构有诸多技术优点，包括扩展性、稳健性、持续开发等。
- 组织层面也受益于技术独立性，团队因此而变得更独立。
- 技术和组织上的优势，最终使业务层面受益：更低的风险以及更多功能的更快实现。

动手实践

想一想你所了解的一个项目。

- 在这个项目中，微服务为什么是有用的？请给微服务带来的好处打分（1=没什么好处；10=极大的好处）。本章总结部分列出了一些可能的好处。
- 假设这个项目采用微服务，或不采用微服务，那么分别会怎么样？
- 从架构师、开发人员、项目主管以及客户的角度，探讨采用微服务的好处。开发人员和架构师更关注技术上的好处，而项目主管和客户会更关心组织和业务上的好处。对于不同群体，你更看重哪个优点？
- 将你的项目或产品的领域设计画成设计图。
  - 各个团队分别负责项目的哪个部分？有哪些部分是重叠的？
  - 为了保证各个团队尽可能地独立工作，各个功能和服务应该如何分配？

第5章 挑战

如果将系统分成多个微服务，那么系统整体上将更加复杂。这将带来技术层面的挑战（见5.1节），例如网络的延迟时间过长以及服务调用失败。其次，架构层面还有一些需要考虑的问题，例如在不同微服务之间移动功能会比较难（见5.2节）。最后，独立交付组件的增加，将导致运维和基础设施变得更复杂（见5.3节）。采用微服务必须要考虑这些问题，余下章节也会介绍如何应对这些挑战。

5.1 技术挑战

微服务系统是一个分布式系统，微服务之间通过网络相互调用，这对微服务的响应时间和延迟时间都可能产生负面影响。根据前文提过的分布式对象第一准则，对象应该尽量避免采用分布式设计（见3.1节）。

图5-1解释了原因。调用要经过网络到达另一个服务器，并在那里被处理，然后再返回到调用者那里。在同一个计算中心内，网络通信的延迟大约是0.5毫秒（请参考Jeff Dean的文章，*Designs, Lessons and Advice from Building Large Distributed Systems*）。在这个时间周期内，一个3GHz的处理器大约能处理150万条指令。如果要将计算分配给另外一个结点，那应该先考虑本地处理这个请求是否更快。由于要对调用参数和调用结果进行封送（marshal）和解封（unmarshal），延迟会变得更长。将结点连到同一台交换机或进行网络优化，都有助于降低延迟。

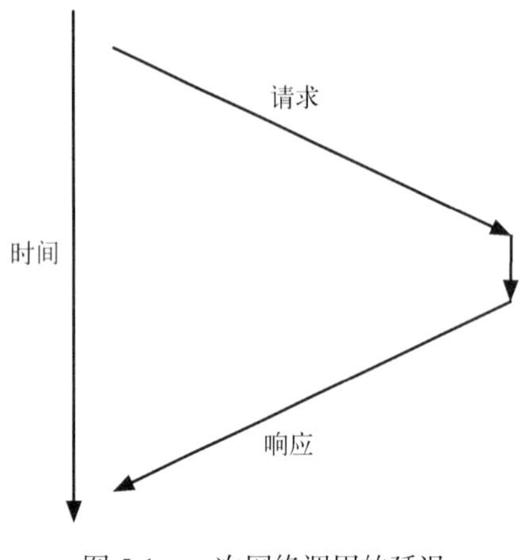

图 5-1　一次网络调用的延迟

分布式第一准则以及对网络延迟的警告要追溯到 21 世纪初，那时候公共对象请求代理体系结构（CORBA，common object request broker architecture），以及企业级 JavaBean（EJB，enterprise JavaBean）正流行。分布式三层架构（distributed three-tier architectures）通常都采用这些技术（见图 5-2）。在三层架构中，对于每个客户请求，Web 层仅提供用于渲染页面的 HTML；另外一台服务器负责逻辑处理，需要通过网络调用；数据存储在数据库中，通常也在另外一台服务器中处理。对于单纯的数据显示，中间层并不需要做什么，因为数据只需要转发而不需要处理。考虑到性能和延迟，最好将逻辑和 Web 层放在同一台服务器上。将各个层划分到不同服务器上是为了让中间层能够独立伸缩，但如果中间层要做的事情太少，那么整个系统的性能并不会因此得到提升。

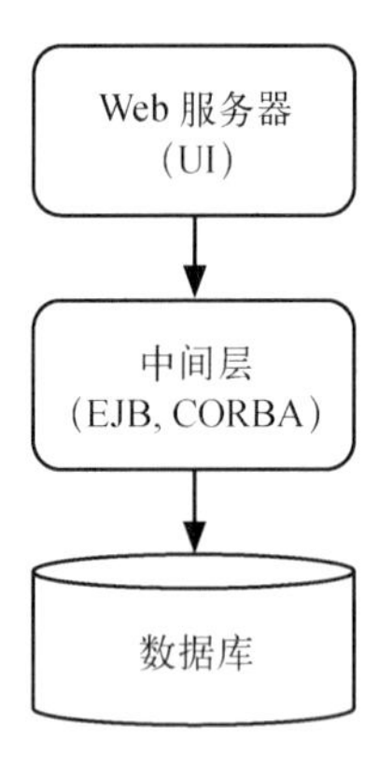

图 5-2　三层架构

微服务可以包含 UI，因此情况和分布式三层架构有区别。仅当需要使用其他微服务提供的功能时，微服务之间才会相互调用。如果这种情况经常发生，那就表明架构设计可能有问题，因为微服务应该很大程度上是相互独立的。

尽管分布式会带来上述的挑战，但微服务架构仍然是可行的[1]。然而为了提升性能和减少延迟，微服务间的通信不应过于频繁。

代码依赖

微服务架构的一个显著的优势是各个服务能够独立部署，但这一优势会被代码依赖所破坏。如果多个微服务使用了同一个类库，当这个类库推出新版本时，这些微服务就需要通过协调来部署——这种情况是应该避免的。如果不同版本的二进制依赖互不兼容，就很容易出现这样的问题。为了让所有微服务以特定的时间间隔以及确定的顺序来发布，部署过程要定时。涉及的所有团队都要优先更新微服务的代码依赖。二进制层面的依赖是非常紧密的技术耦合，这会导致非常紧密的组织耦合。

因此，微服务应该坚持“无共享”（shared nothing）的原则，即不共享代码。相反，微服务应该接受代码冗余，抵御代码复用的诱惑，以免产生过于紧密的组织关联。

代码依赖在特定情况下是可以接受的。例如，为了方便其他人调用，微服务可以提供一个客户端类库，这种做法未必会产生负面影响。这个类库依赖于微服务的接口，如果接口的修改能保持向后兼容，那调用者通过旧版的客户端类库仍然能够调用该微服务，因此部署并不会产生耦合。但这个客户端类库可能会成为代码依赖的开端。例如，客户端类库如果包含了领域对象，那就是一个问题。事实上，如果客户端类库中某些领域对象代码与微服务内部的实现完全相同，那内部模型的改动将会影响到客户端，导致微服务需要重新部署。如果这个领域对象包含了逻辑，那只有重新部署全部客户端才能更改这些逻辑，这同样违背了微服务部署的独立性。

代码依赖的后果

下面的例子探讨了代码依赖所造成的后果。用户认证（user authentication）是所有服务都会用到的一个核心功能。某个项目开发了一个实现用户认证的服务。目前已经有实现这种功能的开源项目（见 7.14 节），因此基本上没有自行实现的必要。在这个项目中，为了更方便地调用认证服务，每个微服务都使用了一个类库。也就是说，所有微服务都对认证服务产生了代码依赖。认证服务发生改动后，这个类库可能要重新发布，因而所有的微服务都可能要改动并重新发布。而且其他微服务的部署要与认证服务进行协调，这通常就会花费十个以上的工作日。代码依赖也导致认证服务变得难以修改。假如认证服务能够快速部署，而且也不存在造成部署耦合的代码依赖，那这个问题就解决了。

[1] 参见 Martin Fowler 的文章，*Microservices and the First Law of Distributed Objects*。

不可靠通信

微服务间的通信要经过网络，因此是不可靠的。另外，单个微服务有可能会失效。为了避免单个微服务的失效拖累整个系统，其余的微服务必须进行补救，以便让系统继续运行。为此，可能要降低服务的质量，例如采用默认值或缓存值，或者限制可用的功能（见9.5节）。

这个问题在技术层面无法彻底解决。举个例子，采用高可用性的硬件可以提高一个微服务的可用性。这增加了开销，却无法彻底解决问题，从某些方面来看反而可能会增加风险。假如有个微服务虽然使用了高可用性的硬件，但仍然失效了，那么会影响到整个系统，造成全系统的失效。因此，微服务仍然要弥补高可用性微服务的失效。

另外，问题会同时涉及技术和领域两方面。以自动柜员机（ATM）为例，当ATM无法获取客户的账户余额时，有两种处理方案。ATM可以拒绝提款请求，尽管这个方案很安全，但可能会惹恼客户并减少收益。另一个方案是ATM可以出钞，但可能设置了一定的上限。具体采用哪个方案则属于业务决策：到底是宁可损失收益并惹恼客户也要保证资金安全，还是冒可能支付过多的资金的风险。

技术多元化

微服务的技术自由允许项目采用多种技术。微服务不局限于单一技术，但各个微服务采用互不相同的技术会增加整个系统的复杂度。虽然每个团队掌握着自己的微服务所用的技术，但大量的技术和方案会增加系统的复杂度，甚至到了没有任何人或团队能够理解整个系统的地步。虽然每个团队只需要理解自己负责的微服务，通常并不需要这样全局的理解，但一旦需要从特定角度（例如运营）理解整个系统时，系统的复杂性就会成为一个问题。在这种情况下，合理的对策是统一（unification）。但并不是说整个技术栈都要完全统一，而是统一特定的部分或各个微服务的外部表现。例如，统一日志框架，或者仅统一日志记录的格式，这样各个微服务可以采用不同的日志框架记录统一格式的日志。出于运营的考虑，也可以限定某些公共的技术基础，例如统一采用Java虚拟机（JVM），但不限制编程语言。

5.2　架构

微服务系统架构根据领域将功能划分到各个微服务中。为了在这个层面理解架构，必须要了解微服务之间的依赖和通信关系。但分析通信关系是很难的。对于大型的单体部署系统，有一些工具可以读取源代码，甚至还可以读取可执行文件来生成模块和关系的图表。这有助于验证架构的实现，向原计划的架构靠拢，以及跟踪架构的演化。这些概览图是架构工作的中心，但由于缺乏相关的工具，微服务系统很难生成这样的图表，但也有解决的办法。7.2节将详细探讨这些内容。

架构=组织

构成微服务基础的一个关键概念是，组织和架构是等同的。合理的组织结构能有利于架构的实现，微服务充分利用了这一优点。但这样做的缺点是架构的重构需要调整组织，这导致架构的改动变得更困难。康威定律（见 3.2 节）适用于所有项目，因此这并不是微服务的问题。不过，非微服务架构的项目通常不会意识到康威定律的存在及其影响，因此它们既不能有效地利用该定律，也不能预估架构调整所带来的组织问题。

架构与需求

架构同样影响着各个微服务的独立开发以及用户故事的独立实现。如果微服务并未依据领域进行最优划分，那么一个需求可能会影响到多个微服务，进而影响其背后的多个团队。这增加了团队及微服务间的协调需求，因而将对生产效率造成负面影响，而提升生产效率正是引入微服务的主要原因之一。

微服务架构影响的不仅是软件质量，还有组织以及团队独立工作的能力，进而还影响到生产效率。架构设计上的错误将会造成深远的影响，因此设计一个最优的架构尤其重要。

许多项目并未对领域架构给予足够的关注，其关注程度通常远低于对技术架构的关注。大部分架构师在领域架构方面的经验通常不如在技术架构方面的经验。在实现微服务方案时，对领域架构的忽视可能会导致严重的问题，因为将功能划分到各个微服务中，进而划分给各个团队，都要根据领域准则。

重构

微服务很小，所以对单个微服务进行重构、替换或重新实现都非常简单。

在微服务之间进行重构，情况就不一样了。将功能从一个微服务移动到另一个微服务是困难的，因为相比于同一个单元内的功能移动，跨部署单元的功能移动要困难得多。不同的微服务采用的技术可能不同，可能用了不同的类库，甚至不同的编程语言。在这种情况下，就要用另一种技术重新实现这个功能，然后将其移入该微服务，这就比在同一微服务内移动代码要复杂得多。

敏捷架构

微服务能让产品新功能更快地交付给最终用户，并能让开发团队保持可持续的开发速度。当难以预测的需求大量涌现时，微服务架构就特别有用，而这也正是最适合微服务的情形。单个微服务的改动是很简单的，但系统架构的调整，例如功能的移动，就不是那么简单了。

初次设计的系统架构通常不是最优的。在实现过程中，团队将了解到大量的领域知识，第二次尝试时才更有可能设计出更合适的架构。大部分让项目饱受困扰的糟糕的架构，起初看上去其实还不错。但随着项目的进展，才发现当初对需求理解错了，而此时最初的架构已经无法适应新的需求。如果不对架构进行修改，问题将层出不穷。如果项目继续使用这个越来越不适合的架构，那么总有一天架构会变得彻底不适用。通过逐步调整架构并适应基于当前认知状态的需求，我们可以避免这个问题，关键在于改变和调整架构以适应新需求的能力。虽然微服务内部的修改非常简单，但在整个系统层面改动架构却是微服务的弱项。

小结

架构影响着组织以及独立开发需求的能力，因此架构对于微服务而言尤其重要。同时，当需求不明确且架构需要应对变化时，采用微服务会有许多优势。但不幸的是，微服务采用分布式通信，导致微服务的划分非常严格，因此微服务之间的交互是很难改变的。另外，由于不同的微服务能够采用不同的技术来实现，微服务之间的功能移动可能会比较困难。另 方面，单个微服务的改动或替换却非常简单。

5.3 基础设施与运维

微服务应该相互独立地部署到生产环境，并能够使用各自的技术栈。因此，每个微服务通常都有单独的服务器，这是保证彻底的技术独立性的唯一途径。如果用硬件服务器来部署微服务，那么很难满足系统数量上的需求。即便采用虚拟化技术，管理大量的虚拟机仍然会非常困难，而且虚拟机数量很可能会超出 IT 部门为业务所能提供的数量。如果有数百个微服务，那就需要数百个虚拟机，并且其中一些虚拟机还要负责多个微服务实例的负载均衡。这就需要能生成大量的虚拟机的基础设施以及自动化运维。

持续交付流水线

除了生产环境的基础设施外，每个微服务还需要其他的基础设施：微服务需要自己的持续交付流水线，以便独立地部署到生产环境。也就是说，微服务需要合适的测试环境和自动化脚本。大量的流水线带来的另一个挑战是流水线的建立和维护。为了降低成本，这些流水线大多数是标准化的。

监控

要监控每一个微服务，监控是在运行期间诊断问题的唯一途径。监控单体部署系统是比较简单的：出现问题时，管理员可以登入系统，利用某些工具进行错误分析。但微服务系统包含太多的子系统，这种方式已经不再适用。因此，必须要有一个监控系统负责将所有服务的监控信息聚合到一块。监控信息应该包括典型的操作系统信息、硬盘和网络的 I/O，以及各个应用的指标概览。这是开发人员找到应用有待优化的地方以及目前存在的问题的唯一途径。

版本控制

最后，各个微服务要独立地存储在版本管理系统中。只有单独版本化的软件，才能独立地部署到生产环境。如果两个软件模块是一起版本化的，那它们就应该一起部署到生产环境。否则，一个改动可能会影响到两个模块，也就是说两个服务都要重新交付。如果生产环境中已经存在某个服务的旧版本，那就无法确定新版本到底有没有改动、到底要不要升级，因为新版本中有可能只是另外一个微服务发生了改动。

对单体部署系统而言，为了降低复杂度，有必要减少服务器、环境，以及版本控制系统中项目的数量。而在微服务环境中，对运维和基础设施的要求就高得多。引入微服务架构时，最大的挑战就是应对其复杂性。

5.4 总结

本章探讨了与微服务架构相关的挑战。在技术层面（见 5.1 节），主要的挑战是，由于微服务是分布式系统，导致系统性能和可靠性难以保证。其次，采用多种技术可能会增加技术复杂性。另外，代码依赖会影响微服务的独立部署。

微服务系统的架构（见 5.2 节）极其重要，因为架构影响着组织以及并行实现多个用户故事的能力。同时，我们很难改变微服务间的交互，也很难将功能从一个微服务转移到另一个。在项目内部可以利用一些开发工具来实现类的移动，但在微服务中则要手动实现。代码的接口从本地调用变成了微服务之间的通信，这增加了所需的工作量。最后，各个微服务能用不同的编程语言来编写，这种情况下，移动代码就意味着重写。

由于需求不明确，系统架构经常需要修改。即便需求很明确，但随着团队对系统和领域的认知逐渐加深，也需要对系统架构进行调整。这种情况下要求系统架构易于改动，微服务由于能够快速独立地部署，优点非常突出。微服务内部的改动确实简单，但微服务之间的改动却非常困难。

最后，大量的服务需要更多的服务器、版本控制项目，以及持续交付流水线，这会增加基础设施的复杂度（见 5.3 节）。这是采用微服务架构的一个主要挑战。

本书第三部分将介绍应对这些挑战的方案。

要点

- 微服务是分布式的系统，具有技术上的复杂性。
- 一个好架构非常重要，因为架构影响着组织。微服务内部的改动是很容易实现的，但微服务之间的交互却很难改变。
- 微服务的数量增加了对基础设施的需求，包括服务器环境、持续交付流水线、版本控制项目等。

动手实践

- 从第 2 章中选择一个案例，或者选择一个你了解的项目。
    - 项目最可能会遇到什么样的挑战？评估一下这些挑战。本章总结部分简要列出了各类挑战。
    - 哪个挑战的风险最高？为什么？
    - 采用微服务时，有没有办法将微服务优点最大化，并将其缺点最小化？例如，能不能避免采用不同的技术栈？

第6章 微服务与SOA

乍一看，微服务和面向服务的架构（SOA，service-oriented architecture）似乎有许多共同点，因为两个方案的核心都是将大型系统模块化成服务。那么 SOA 与微服务实际上是不是一样的呢？这个问题有助于加深我们对微服务的理解，而且 SOA 领域中的一些概念对微服务架构而言是有趣的。从 SOA 迁移到微服务架构是比较方便的，因为 SOA 将应用划分到服务中，而这些服务可以用微服务来代替或完善。

6.1 节将介绍 SOA 的定义，以及 SOA 中服务的定义。6.2 节将重点分析 SOA 与微服务之间的区别。

6.1 什么是 SOA

SOA 与微服务有一个共同点：两者都没有明确的定义。本节只介绍其中一种定义。有的定义认为，SOA 与微服务是完全相同的，因为两者归根结底都基于服务，并将应用划分成服务。

“服务”是 SOA 的核心。

SOA 的服务有如下特点。

- 服务应该实现某单个领域。
- 服务应该能够独立使用。
- 服务应该能够通过网络来访问。
- 每个服务都有一个接口。仅需了解接口即可使用该服务。
- 能在不同平台上通过多种编程语言来调用服务。
- 为了方便调用，服务将注册到一个目录上。客户端在运行时搜索该目录来定位和调用服务。
- 为了减少依赖，微服务应该是粗粒度的。与其他服务一起使用时，小型服务只能用来实现有用的功能。因此，SOA 主要关注较大的服务。

SOA 不需要重新实现，它通常已经存在于企业的应用中。引入 SOA 需要让这些服务在应用以外也能够访问。将应用划分成多个服务，能让服务被其他地方调用。这能提升信息系统的整体灵活性，也是 SOA 的目标。通过将应用划分成多个服务，实现业务流程时就能复用这些服务，只需将各个服务编排好即可。

图 6-1 是一个 SOA 架构示例。与之前的例子类似，这也是一个电商领域的示例。该 SOA 架构包含多个系统。

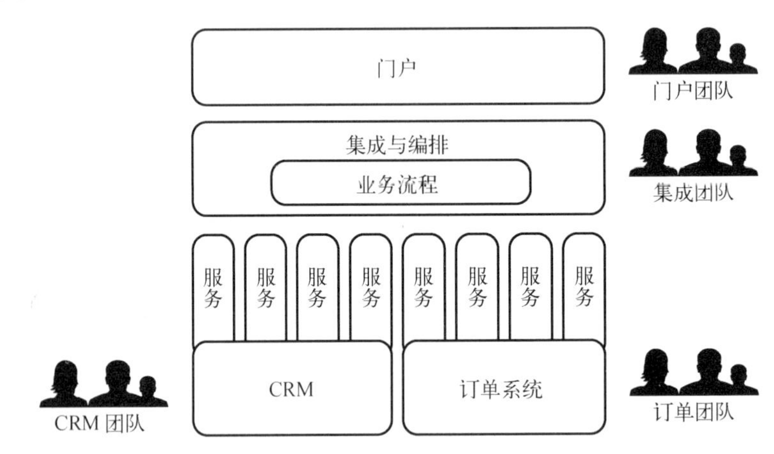

图 6-1　SOA 架构示例

- **客户关系管理**（CRM，customer relationship management）是一个存储客户基本信息的应用。这些信息不仅包括联系方式，还包括该客户的全部交易记录——通话记录、邮件、订单等。CRM 对外提供服务，例如创建新客户、提供客户信息、生成全部客户的报告等。
- **订单系统**负责订单处理。该系统能够接收新订单，提供订单状态信息，以及取消订单。该系统通过多个服务对外提供多组功能。这些服务可能是订单系统的第一个版本上线后才作为接口加进来的。
- 图 6-1 中仅列出了 CRM 和订单系统。实际上还有其他系统，例如提供商品目录的系统。但我们的目的是分析一个 SOA，因此这两个系统就足够了。
- 系统之间通过一个**集成平台**（integration platform）来相互调用。该平台让服务之间能够相互通信，并通过编排整合各个服务。集成平台为业务流程建模，并调用各个服务来执行流程，以及控制编排过程。
- 因此，**编排**（orchestration）负责服务之间的协调。该基础设施是智能化的，能对不同信息做出合适的反应。它还包含了业务流程的模型，因此也是业务逻辑的重要部分。
- SOA 系统能通过一个**门户**（portal）来访问。门户为用户访问服务提供界面。有多个不同的门户，例如，有客户使用的，有业务支持的，还有内部员工使用的。系统也可以通过富客户端应用或移动应用来访问。从架构角度看，这些门户并无本质区别：都是用户用来访问服务的，本质上都是用于访问 SOA 服务的通用 UI。

这些系统每一个都能够由独立的团队开发和运营。在这个例子里，一个团队负责 CRM，另外一个团队负责订单系统。还有一些团队分别负责各个门户，最后有一个团队负责集成和编排。

图 6-2 展示了一个 SOA 架构的通信结构。用户通常通过门户与 SOA 进行交互。之后业务流程将初始化，并在编排层实现。流程将使用这些服务。从单体迁移到 SOA 后，用户通过用户界面所调用的可能仍然是一个单体应用。但 SOA 通常以一个门户作为主要的用户界面，并通过一个编排层来实现流程。

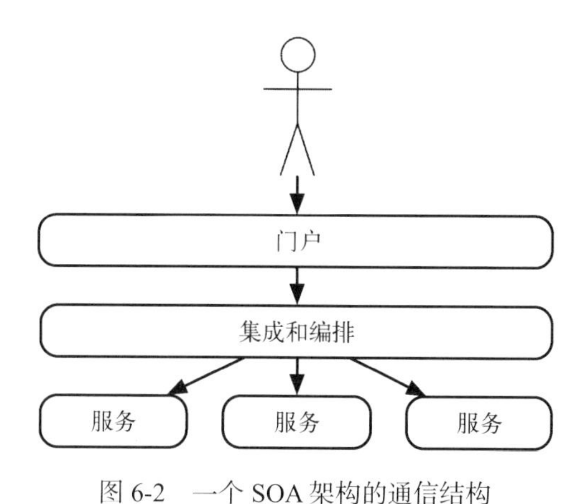

图 6-2　一个 SOA 架构的通信结构

引入 SOA

引入 SOA 是一个会涉及不同团队的策略，其最终目标是将公司的整个信息系统划分成多个服务。一旦划分开来，各个服务就能以一种全新的方式来构建新的功能和流程。但这意味着必须要改动组织的全部系统。仅当可用的服务足够多时，业务流程才能通过简单的编排来实现。这时候，SOA 的优势才能充分展现出来。因此，整个系统都要采用集成和编排技术来实现服务通信和集成。由于需要改变整个信息系统的架构，投入成本会很高。这也是 SOA 被诟病的原因之一。

服务可以通过互联网或私有网络提供给其他公司或用户。因此，SOA 非常适合为基于服务外包或外部服务的业务概念提供支持。例如，在一个电商应用中，通过外部服务程序（external provider）可以提供地址检查之类的简单服务，或信用核查之类的复杂服务。

SOA 的服务

在旧系统中引入 SOA 时，SOA 服务就是大型单体部署系统的接口。一个单体系统提供许多的服务，这些服务是建立在已有应用的基础上的。通常无须对系统内部进行调整，即可提供服务。这些服务通常没有 UI，仅仅为其他应用提供接口而已。全部系统有一个 UI。这个 UI 是独立的，而不是某个服务的一部分，例如作为一个独立的门户服务。

另外，SOA 中可以实现较小的部署单元。在微服务架构中，各个部署单元的大小是微服务定义的一个特征。SOA 则不一样，SOA 服务的定义并不限制部署单元的大小。

接口与版本化

SOA 服务的版本化是一个特殊的挑战。服务的改动要和服务的用户进行协调，因此服务接口的改动会很困难。服务的用户如果并不能受益于新接口，那就不太可能愿意调整他们的软件。因此，旧接口的版本通常也要支持。这意味着，如果一个服务被许多客户端所使用，那可能就要支持大量的接口版本。这增加了软件的复杂度，导致改动更加困难。软件每次发布新版，都要保证旧接口能够正常提供服务。增加新数据会带来挑战，因为旧接口并不支持新数据。数据读取通常没有问题，但在写入数据时，由于旧接口不提供这些新数据，如何创建数据集就成了问题。

外部接口

如果有公司的外部用户使用服务，那么改动会变得更加困难。最糟糕的情况下，如果服务可以通过互联网匿名使用，那么服务提供方甚至不知道谁在使用服务。这种情况下协调改动会非常困难，因此也很难关闭旧版本服务。这导致接口版本越来越多，服务的改动也越来越难。微服务同样也会出现这样的问题（见 8.6 节）。

接口的用户同样面临着挑战：如果需要改动某个接口，那就要与提供服务的团队进行协调。然后，这些修改请求还要参照其他修改及其他团队的需求来安排优先级。正如上文所述，接口的修改并不容易实现，在改动完成之前要花费很长的时间。这将进一步阻碍系统的开发。

接口让部署变得更难协调

当接口被修改后，服务的部署需要重新协调。首先，服务需要重新部署，以便提供新版本的接口。接口更新完成后，调用新接口的服务才能部署。在 SOA 架构中，应用通常是单体部署应用，因此多个服务也许只能一起部署，这让服务的协调变得更加复杂。另外，由于修改范围太过广泛，发布一个单体将花费很长时间，而且难以回退，部署的风险也会增加。

协调与编排

在集成层通过编排对一个 SOA 系统进行协调会带来一系列的挑战。所有业务流程均反映在编排上，因此就形成了一个单体。与一般的单体相比，该单体甚至更加复杂，因为其使用了企业信息系统中的所有系统。在极端情况下，所有服务均只完成数据管理，而所有逻辑均通过编排来实现。于是，整个 SOA 将退化成一个将所有逻辑集中在编排层的单体。

然而，即便是在其他情况下，SOA 仍然是不易改动的。领域被划分到各个系统的服务中，而业务流程被划分到编排中。如果功能修改涉及服务或用户界面，那么情况会变得更复杂。修改业务流程相对简单，而修改服务就必须修改代码并重新部署提供服务的应用。代码修改和部署的过程可能会非常烦琐，因此 SOA 就失去了简单的服务编排所带来的灵活性。用户界面的调整要通过修改门户或其他用户界面系统来实现，因此同样需要重新部署。

技术

SOA 是一个架构方案，因此与具体的技术无关。然而，与微服务一样，SOA 系统同样需要用于服务间通信的技术。另外，还需要一种实现服务编排的技术。通常采用 SOA 后会引入用于服务集成和编排的复杂技术。某些产品可为 SOA 提供全方位的支持。然而，这些产品往往非常复杂，而且其功能极少能被充分利用。

因此，技术很快就会成为瓶颈。虽然 SOA 可以选用多种技术实现，但这些技术的许多问题归咎于 SOA。其中一个问题是 Web Services 协议太过复杂。SOA 本身非常简单，但与 WS-*[①]环境相结合后产生了一个复杂的协议栈。WS-*是事务、安全，以及其他扩展所需要的。复杂的协议降低了互操作性，而互操作性是 SOA 的前提。

用户界面的动作必须由编排和各个服务来处理。通过网络进行的分布式调用会带来相应的开销和延时。更糟糕的是，通信是通过集中式的集成和编排技术进行的，因此集成和编排层必须处理大量的调用。

6.2 SOA与微服务的区别

SOA 与微服务存在关联：两者的目标都是将应用划分成服务。在这两种架构方案中，服务之间都会通过网络交换信息。因此，仅从网络角度通常难以区分 SOA 和微服务。

通信

与微服务类似，SOA 也能基于异步或同步的通信方式来工作。通过发送“新订单”之类的事件，SOA 能够解耦。在这种情况下，各个 SOA 服务对于同一个事件可以采取不同的处理逻辑。某个服务可以写入一个账单，而另一个服务可以发起配送流程。各个服务仅仅响应事件，而并不知道事件的触发者，因此各个服务间的耦合度极低。通过响应这样的事件，新服务可以轻松地集成到系统中。

编排

在集成层面，SOA 与微服务之间的区别就显现出来了。SOA 的集成方案要负责服务的编排，因为业务流程是由服务构成的。而在微服务架构中，集成方案并不具备任何的智能，微服务各自

① Web Services 的标准名字大多以“WS-”为前缀（如安全标准 WS-Security 等），统称为 WS-*。——译者注

负责与其他服务之间的通信。SOA 尝试通过编排来提升实现业务流程的灵活性。仅当服务和用户界面都已经稳定且无须频繁改动时，这才是可行的。

灵活性

微服务容易改动和部署到生产环境的特点为微服务带来了灵活性。在 SOA 中，如果业务流程的灵活性不足，SOA 就要强制将服务改成单体部署，或将用户界面改成一个额外的单体部署。

微服务尤其强调隔离性：理想情况下，一次用户交互是完全在一个微服务内处理的，无须调用其他微服务。因此，增加新功能仅须改动单个微服务。SOA 则将逻辑分布到门户、编排，以及各个服务中。

微服务：项目层面

但 SOA 与微服务最重要的区别是在架构目标的层面。SOA 考虑整个企业，定义了整个企业中的大量系统是如何交互的。微服务则代表单个系统的架构，也是其他的模块化技术的一个替代方案。可以利用其他模块化技术来实现一个微服务系统，并将该系统部署到生产环境，而不将其分布到多个服务。SOA 架构横跨整个企业信息系统，需要考虑多个不同系统，因此分布式方案是无法替代的。因此，微服务的引入可以仅限于单个项目，而 SOA 的引入和实现则关系到整个企业。

图 6-1 所描述的微服务案例，如果用微服务来实现（见图 6-3），则架构将完全不同。

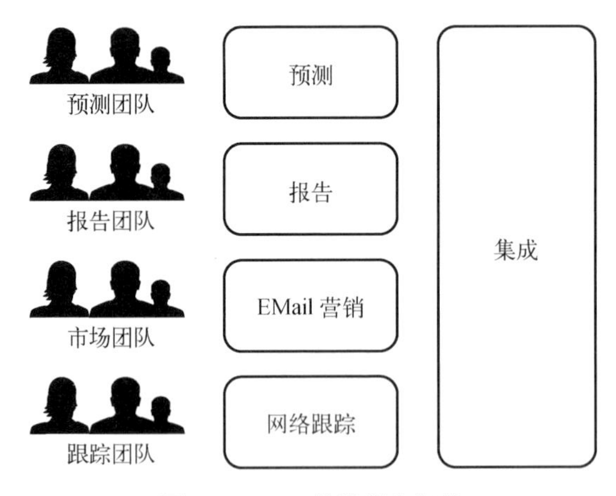

图 6-3 CRM 的微服务架构

- 微服务仅涉及单个系统，因此架构可以限制于单个系统，而无须牵扯到整个信息系统的各个系统。图 6-3 中的系统就是 CRM。因此，微服务的实现相对简单，成本也相对较低，因为只需实现单个项目，而无须改动企业的整个信息系统。

- 相应地，微服务架构无须在全公司范围内引入统一的集成技术。具体的集成和通信技术仅限于微服务系统，甚至还可以采用多种方案。例如，大数据集的高性能存取可以通过数据库的数据复制来实现。访问其他系统时，则可以采用其他技术。而在SOA中，整个公司的所有服务都要通过一种统一的技术来访问，这就需要统一的技术栈。微服务关注较简单的技术，这些技术不必满足SOA套件的复杂需求。
- 另外，微服务之间的通信不同于SOA。微服务采用简单的、无任何智能的通信系统，并且微服务之间相互调用或发送消息。微服务的集成技术没有任何编排，因为一个微服务可以调用多个其他的微服务，自行实现编排。这种情况下，编排的逻辑存在于微服务中，而不是在集成的层面。在微服务中，集成方案与业务逻辑无关，因为微服务源于不同的领域。SOA的集成方案要负责服务的编排，这与微服务架构旨在依据领域进行服务划分的做法是背道而驰的。
- 集成的使用也完全不同。由于微服务是基于领域进行划分，因此微服务架构可通过将UI集成到服务中来避免与其他微服务通信。SOA则主要关注通信，其灵活性是通过编排来实现的，即通过服务之间的通信来实现。而在微服务中，不一定要通过消息或REST进行通信，也可以在UI层面或通过数据复制来实现集成。
- 在微服务架构中，CRM已经不再作为单个完整的系统，而是作为多个微服务而存在，每个微服务覆盖特定的功能，例如报告或预测交易量。
- 采用SOA架构时，CRM系统的所有功能都在单个部署单元中。采用微服务架构时，每个服务则都是一个独立的部署单元，能够独立地部署到生产环境中。服务甚至能比图6-3中所示的更小，这取决于实际的技术基础设施。
- 最后，微服务和SOA对UI的处理方式不同：对微服务而言，UI是微服务的一部分；SOA仅提供服务，供门户进行调用。
- SOA将UI与服务分离，这带来了深远的影响：在SOA中，实现一个包含UI的新功能，至少要改动服务并调整UI，而这至少需要两个团队进行协调。如果要调用其他应用的服务，那就会涉及更多的团队，导致更多的协调需求。另外，还要对编排进行改动，而这又要由另外一个团队来实现。微服务架构则最大限度地保证了单个团队能够实现新功能，且团队之间的协调需求能够最小化。采用微服务架构时，各个分层之间的接口原本是在团队之间，现在则是在团队内部。这方便了具体实现的改动，因为改动可以在团队内部实现。如果还涉及其他团队，那么这个改动的处理就要优先于其他需求。
- 每个微服务可以由同一个团队来开发和运维。这个团队负责特定的领域，能够完全独立地增加或改动功能。
- SOA与微服务的目标也有区别。SOA只是在已有服务之上引入了一个新的分层，以便用新的方式整合各个应用。SOA的目标是以一种灵活的方式整合已有的应用。微服务则是为了改变应用自身的结构，使得应用的改动更加容易。

图6-4展示了微服务之间的通信关系。用户和UI进行交互，UI是由不同微服务实现的。另

外，微服务相互之间也进行通信。其中没有集中的 UI 或编排。

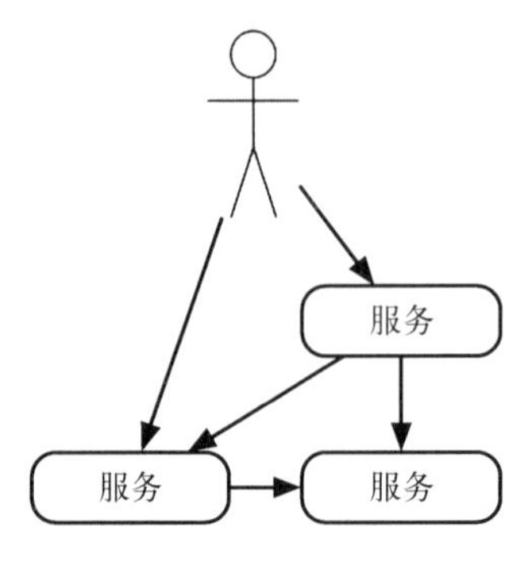

图 6-4　微服务的通信

协同

微服务和 SOA 在某些方面的确能够协同(synergy)。两种方案最终都是为了将应用划分成服务，而这有助于把应用迁移到微服务。如果应用划分成多个 SOA 服务，那么各个服务就能用微服务来代替或补充。微服务可以处理一部分调用，而其他调用则仍交给应用来处理。这样可以一步步将应用迁移到微服务实现。

图 6-5 展示了一个例子：微服务补充了图中 CRM 最上方的服务。这个微服务可以处理所有调用，必要时还能调用 CRM。第二个 CRM 服务则完全被一个微服务取代了。通过这样的方式，可以为 CRM 增加新功能，同时还不必重新实现整个 CRM 系统，因为微服务可以增强系统的指定部分。7.6 节将介绍利用微服务替换遗留系统的另外一种方式。

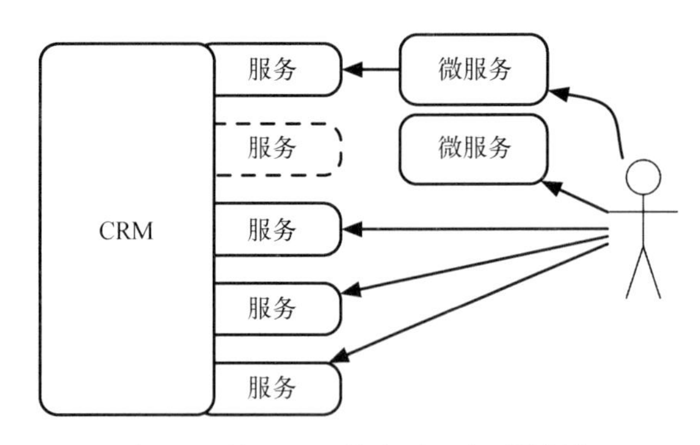

图 6-5　利用 SOA 将应用迁移到微服务

6.3　总结

表 6-1 总结了 SOA 与微服务之间的区别。

在组织层面，两种方案区别很大。SOA 强调整个企业信息系统的结构，而微服务可以应用于单个项目。在采用 SOA 的组织中，后台服务与 UI 分别是由不同团队负责的。在微服务架构中，一个团队应实现所有功能，以便沟通并加快功能的实现，但这并不是 SOA 的目标。在 SOA 中，一个新功能可以涉及大量的服务，因此需要许多团队之间的通信，但这是微服务希望避免的。

表 6-1 SOA 与微服务之间的区别

	SOA	微服务
范围	企业级架构	单个项目的架构
灵活性	灵活性来自编排	灵活性来自各个微服务的快速部署，以及快速而独立的开发
组织	各个服务由不同组织单位分别实现	服务由同一项目下的多个团队实现
部署	多个服务构成的单体部署	各个服务能够各自部署
UI	门户作为所有服务的统一 UI	服务包含 UI

两者在技术层面有相似之处：都是基于服务，而服务的粒度可以相似。这些技术上的相似之处使得 SOA 与微服务不易区分。但从概念、架构和组织角度而言，两种方案有非常大的区别。

要点

- SOA 与微服务都是将应用划分成多个可通过网络访问的服务。为了实现这个目标，有多种技术可供选择。
- SOA 的目标是通过服务的编排来提升企业信息系统层面的灵活性。这个过程非常复杂，只有当服务无须改动时才能实现。
- 微服务主要关注单个项目，目标是实现多个服务的并行开发和便捷的部署。

动手实践

- 图 6-1 所示的 SOA 架构中需要增加一个新功能。CRM 系统并不支持电子邮件营销，因此需要实现一个电子邮件营销系统。我们希望创建两个服务，一个用于营销活动的创建和执行，另一个用于营销效果的评估。

  某个架构师要回答如下的问题。

  - SOA 的基础设施需要集成这两个新服务吗？营销效果评估服务需要处理大量的数据。
  - 访问大量数据时采用哪种方案比较好，是数据复制、UI 层集成，还是服务调用？
  - 以上集成方式中，SOA 通常提供哪种？
  - 服务的 UI 是集成到已有的门户还是独立提供？两种选择各有何好处？
  - 新功能应该由 CRM 团队来实现吗？

第三部分

微服务的实现

第三部分将展示微服务的实现方式。学习完这部分的内容后，读者应该能够设计和实现微服务架构，并能够评估微服务对其组织产生的影响。

第 7 章将介绍基于微服务系统的架构，主要关注微服务之间的交互。

领域架构以领域驱动设计作为微服务架构的基础，提供衡量架构好坏的指标。维护大量微服务构成的架构难度颇高，因此架构管理是富有挑战性的。但通常只需要理解特定功能的实现，以及特定场景下微服务间的交互就足够了。

实际上，所有的信息系统或多或少都有改动的需要。因此，微服务系统架构必然要演化，而系统则要进行持续的开发。在此过程中必然要克服一些困难，当采用单体部署架构时是不会遇到这些困难的。例如，虽然各个微服务很容易改动，但微服务的整体划分却很难改动。

另外，微服务系统需要与遗留系统进行集成。微服务可以将遗留系统当作黑盒子对待，因此集成是相当简单的。通过微服务替换单体部署系统时，可将功能逐渐转移到微服务，而无须深入理解遗留系统的代码及其内部结构。

技术架构是实现微服务的主要挑战。大部分情况下，微服务系统都需要集中式的配置和协调。此外，还需要负载均衡器将负载分发给微服务的各个实例。安全架构必须要允许系统中的各个微服务能够自行实现授权，同时还要保证用户只需登录一次。最后，微服务应该能够以文档和元数据的形式返回其自身的信息。

第 8 章将介绍微服务间集成和通信的多种方案。集成可分为如下 3 个层面。

- 微服务可以在Web层面集成。这种情况下，每个微服务交付一部分Web UI。
- 在逻辑层面，微服务可通过REST或消息进行通信。
- 数据复制也可作为一种集成方案。

微服务通过这些技术为其他微服务提供内部接口，而系统作为整体对外提供统一的接口。改动两类不同的接口会带来不同的问题，因此本章也将介绍接口的版本化及其影响。

第9章研究单个微服务的架构方案。单个微服务有多种架构方案可供选择。

- CQRS将读/写访问划分成两个单独的服务，使两个服务能够保持更细的粒度，并能独立地伸缩。
- 事件溯源利用事件流管理微服务的状态，通过事件流可以推导出微服务的当前状态。
- 在六边形架构中，每个微服务拥有一个内核。该内核可通过不同的适配器进行访问，还可通过适配器与其他微服务或基础设施进行通信。

每个微服务可以采用独立的架构。

所有微服务都要应对诸如容错性（resilience）及稳定性（stability）等技术挑战，这些挑战需要通过技术架构来解决。

第10章主要关注测试。测试也要考虑微服务相关的挑战。

这一章首先分析测试的必要性，以及系统原则上应该如何测试。

微服务是小型的部署单元，因此部署的风险相对较低。除了测试外，部署的优化也有助于降低风险。

由于每次只能有一个微服务通过整体测试阶段，微服务系统的整体测试较为特殊。如果每次测试耗时1小时，那么每个工作日只能安排8次部署。如果微服务多达数十个，那么测试的速度就太慢了，因此必须尽可能减少这类整体测试。

微服务通常被用来替代遗留系统。微服务和遗留系统（以及它们之间的交互）都要通过测试。因此，微服务的测试与其他软件系统的测试在某些方面有显著的区别。

消费者驱动的契约测试是微服务主要的测试方式。这类测试方式针对微服务接口的预期进行测试，因此无须对微服务进行整体集成测试，即可保证微服务之间交互的正确性。微服务通过测试定义其对接口的需求，而被调用的微服务则执行该测试。

在监控和日志方面，微服务必须遵循特定的标准。可以通过测试来验证微服务是否遵循这些标准。

第11章主要关注运维和持续交付。引入微服务后，基础设施将成为主要挑战。所有微服务的日志和监控应该统一实现，否则将带来过高的开销。另外，部署方式也应该统一。最后，微服务的启动和停止也应采用一种统一而简单的方式。对于上述方面，本章将介绍具体的技术和方案。

另外，本章还介绍了一些能为微服务运维提供便利的基础设施。

最后，第 12 章探讨微服务对组织的影响。借助微服务，任务能够方便地分给独立的团队，从而实现功能的并行开发。任务最终都要分给团队，然后团队才能对微服务进行改动。新功能可能会涉及多个微服务，因此团队可能要向其他团队提需求，而这一过程通常需要大量的协调，并会延迟新功能的实现。因此，最好允许团队修改其他团队的微服务。

微服务将架构分为微观架构和宏观架构：对于微观架构，各个团队能够独立做出决策；而宏观架构需要所有微服务统一定义和规范。运维、架构、测试等领域，既可以归为微观架构，也可以归为宏观架构。

作为一种组织形式，DevOps 非常适合微服务。运维和开发的紧密合作能发挥巨大的作用，尤其是对基础设施密集型的微服务（infrastructure-intensive microservice）而言。

各个独立团队有其独立的需求，这些需求最终都从领域中衍生。因此，微服务也将影响这些方面。

代码复用同样是一个组织问题：应如何协调各个团队对公共组件的不同需求？这个问题可参考开源项目的解决方案。

最后，还有一个问题：能否在不影响组织结构的前提下采用微服务。毕竟，团队的独立性是采用微服务的主要原因之一。

第 7 章 微服务系统架构

本章探讨微服务的外部行为，以及如何开发整个微服务系统。第 8 章的内容覆盖了各种通信技术，这是微服务系统中相当重要的技术。第 9 章主要关注单个微服务的架构。

7.1 节介绍微服务系统的领域架构。7.2 节介绍管理架构的可视化工具，7.3 节介绍如何逐步调整微服务架构。仅当软件架构能够持续演化时，系统才能长期保持可维护和可开发的状态。7.4 节探讨保持微服务可持续开发的目标与方案。在 7.5 节中，GmbH 公司的 Lars Gentsch 通过一个示例介绍防止微服务架构退化的方法。

接下来本章介绍微服务系统的一些架构方案。7.6 节探讨借助微服务增强或替换遗留应用时会遇到的一些挑战。在 7.7 节，GmbH 公司的 Oliver Wehrens 通过示例介绍微服务在数据库层面潜在的依赖。7.8 节介绍事件驱动架构，这是一种耦合非常松散的架构。

最后，7.9 节探讨微服务系统架构的相关技术。以下章节会详细介绍其中的一些技术：协调与配置机制（见 7.10 节）、服务发现（见 7.11 节）、负载均衡（见 7.12 节）、可伸缩性（见 7.13 节）、安全（见 7.14 节），最后是文档与元数据（见 7.15 节）。

7.1 领域架构

微服务系统的领域架构决定系统中各个微服务实现哪个领域。领域架构定义了领域整体将如何划分，各个部分分别由哪个微服务以及哪个团队实现。领域架构设计是引入微服务的一个主要挑战。毕竟，采用微服务的一个重要原因就是为了让领域的改动能够仅仅通过一个团队修改一个微服务来实现，也就是让跨团队的协调以及沟通最小化。正确地设计领域架构，能保证大型团队只需少量沟通即可高效工作，从而支持微服务软件开发的伸缩。

为此，微服务的领域架构设计是至关重要的，因为合理的领域架构设计能让改动限制于单个微服务以及单个团队内部。如果微服务的划分无法做到这一点，那么改动就需要额外的协调以及沟通，从而无法发挥微服务方案的优势。

策略设计与领域驱动设计

3.3 节探讨过基于策略设计的微服务划分，策略设计是来自领域驱动设计（DDD）的一种理念，其关键在于将微服务划分到上下文中，也就是按照功能划分。

架构师通常基于领域模型的实体来设计微服务架构。特定的微服务实现特定类型实体的逻辑。例如，通过这种方法，可为客户、商品、配送分别设计一个微服务。但这种方法与**限界上下文**的理念是冲突的。根据限界上下文，数据建模是不可能统一的。另外，这种方法难以隔离改动。如果一个流程发生改动，那实体也要进行调整，改动会扩散到多个微服务中。因此，订单流程的改动会影响客户、商品、配送的实体建模。除了订单流程微服务外，这些实体对应的三个微服务都要修改。为了避免这种情况，将客户、商品、配送的部分数据保存在订单流程微服务中是合理的。通过这种方案，当订单流程的改动需要修改数据模型时，只需改动订单微服务本身即可。

当然，这并不妨碍系统中某些服务专注于某些实体的管理，因为可能会有必要在一个服务中管理特定业务实体的基础数据。例如，可将大部分客户数据交由某个服务专门管理，而将特定的客户数据（如奖金数）交由了解该数据的其他微服务（如订单流程微服务）进行处理。

Otto 商店示例

下面以 Otto 商店的架构[1]为例来解释领域架构的概念。Otto GmbH 是一家大型电商公司。在 Otto 的架构中，既有面向数据的服务（如用户、订单、商品），也有面向功能而非数据的服务（如追踪、搜索和导航，以及个性化）。这正是微服务系统领域设计应该追求的目标。

设计领域架构需要对领域有着精准的认知。领域架构设计不仅包括将系统划分成微服务，还包括依赖关系。如果一个微服务使用了另一个微服务，例如调用了该微服务，使用了该微服务的 UI 元素，或复制了该微服务的数据，那么就形成了依赖关系。这样的依赖关系意味着改动微服务时可能会影响到依赖于它的其他微服务。例如，如果微服务修改了接口，那么依赖于它的微服务就必须进行相应的改动。同理，如果新需求影响了依赖方的微服务，那么被依赖的微服务也要修改其接口。如果依赖方的微服务需要其他数据来实现新需求，那么其他微服务也必须调整接口，以便提供这些数据。

对微服务而言，这种依赖所带来的问题已经超出软件架构的范畴：如果微服务的改动要由其他团队来实现，那就需要耗时而艰难的跨团队合作。

管理依赖

管理微服务间的依赖是系统架构的核心。过多的依赖会妨碍微服务的独立改动，因其与微服务独立开发的目标是相冲突的。下面是良好架构设计的两条基本原则。

---

① 具体架构参见 https://dev.otto.de/2016/03/20/why-microservices/。

- 组件（如微服务）间应该是**松耦合**的。也就是说，每个微服务与其他微服务之间只应存在少量的依赖。这使得微服务更容易改动，因为修改只涉及单个微服务。
- 组件（如微服务）内部的各部分应该紧密协作。这就是所谓的**高内聚**。这能保证微服务内部各部分确实是属于一个整体。

如果这两个先决条件无法满足，微服务将难以单独改动，且需要多个团队、多个微服务协调完成改动，而这正是微服务架构所要避免的。但这通常只是表象，问题的根本在于如何基于领域对微服务的功能进行拆分。显然，原本应该放在一个微服务中的功能被划分到多个微服务中。例如，假设订单流程微服务要生成一个账单，但这两部分功能差别很大，因此应划分到至少两个微服务中。但如果订单流程的每次改动都要影响生成账单的微服务，那么领域模型显然就没有最优化，因而应该进行调整。正如我们所说的，微服务的这些功能需要重新进行划分。

意外的领域依赖

除了依赖的数量，还有其他方面也可能会出现问题。某些领域依赖是完全不合理的。举个例子，在电商系统中，如果商品搜索微服务与订单微服务之间突然蹦出来一个接口，那将让人感到非常意外，因为从领域架构的角度这是不合理的。然而，在领域建模时常常出现这样的问题。如果某个依赖在领域架构的角度是无意义的，那么微服务的功能可能就存在问题——某个微服务可能实现了本属于其他微服务的功能。商品搜索微服务可能需要客户评分，而该功能是在账单微服务中实现的。这种情况下，应该考虑微服务功能的划分是否正确。为了让系统保持长期可维护性，我们应该质疑这样的依赖，并在必要时将其从系统中移除。例如，将客户评分功能移入一个新的、独立的微服务，或将其移入一个已有的微服务。

循环依赖

循环依赖也会给整体架构带来问题。假设订单流程微服务调用了账单微服务（见图 7-1），而账单微服务从订单流程微服务获取数据。如果订单流程微服务发生改动，那么账单微服务也可能要修改，因为该微服务从订单流程微服务中获取数据。相反，修改账单微服务的同时也需要修改订单流程微服务，因为订单流程微服务调用了账单微服务。循环依赖导致组件再也无法独立修改，这恰恰背离了分成单独组件的初衷。微服务非常强调独立性，而上述例子却违背了独立性。此外，除了修改需要协调，部署也需要协调。如果微服务存在循环依赖，当一个微服务发布新版本时，另一个微服务也必须要同步发布新版。

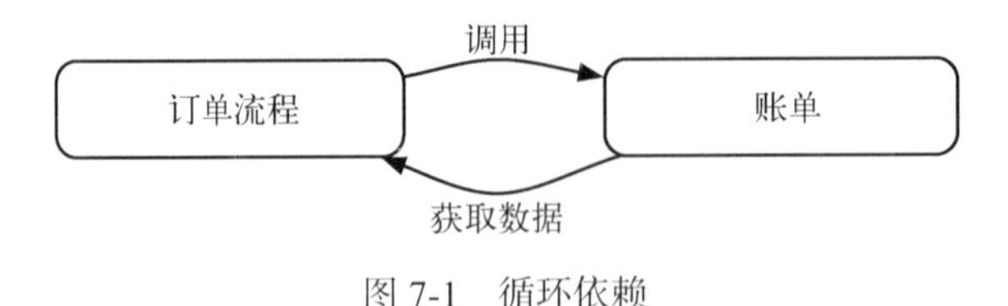

图 7-1　循环依赖

本章接下来会展示如何构建领域设计合理的微服务架构。通过高内聚和松耦合等指标可以衡量架构是否合理。当采用事件驱动架构（见 7.8 节）时，微服务之间仅进行消息通信，几乎没有任何直接的技术依赖。根据代码将很难判断消息由谁发出、由谁处理，因此指标看起来可能相当好。但从领域角度来看，微服务之间的领域依赖难以通过这些指标进行衡量，所以系统仍然可能会过于复杂。这是因为，两个微服务一旦产生消息的交换，就会产生领域依赖，但这样的依赖难以通过代码分析来确定，因此指标会显得相当好。所以，指标只能大致指出问题所在。如果仅仅优化这些指标，系统表面上被优化，但潜在的问题仍然无法得到解决。即便指标相当好，系统仍然可能存在架构问题。因此，指标就失去了评价软件系统质量的意义。

微服务架构特有的一个问题是，微服务之间的依赖会影响微服务的独立部署。如果一个微服务使用了另一个微服务的新版本（如某个新版本的接口），那么部署过程也将存在依赖：被调用的微服务要先完成部署。在极端情况下，大量微服务都要通过协调方式进行部署，而这正是需要避免的。微服务的部署应该相互独立。因此，与单体部署的模块依赖相比，微服务之间的依赖可能会带来更严重的问题。

7.2 架构管理

对领域架构而言，关键在于存在哪些微服务，以及微服务间的通信关系如何。类似地，对其他系统而言，组件间的关系也至关重要。当领域组件映射到模块、类、Java 包、JAR 文件或 DLL 时，可通过特殊的工具分析组件间的关系，并使其遵循特定规则。这可以通过静态代码分析来实现。

架构管理工具

如果一个架构没有得到妥善的管理，那么意外的依赖就会迅速蔓延。架构会变得越来越复杂，也越来越难以理解。只有借助架构管理工具，开发人员和架构师才能理解整个系统。在开发环境中，开发人员通常只关注到单个类。类之间的依赖关系深埋在源代码中，并且不容易辨别。

图 7-2 展示了借助架构管理工具 Structure101 分析一个 Java 项目。该工具以层次结构图（LSM，levelized structure map）的形式展示类以及包含类的 Java 包。LSM 中位置较高的类和包使用了位置较低的类和包。为了简化图表，这种关系并未在标示在图中。

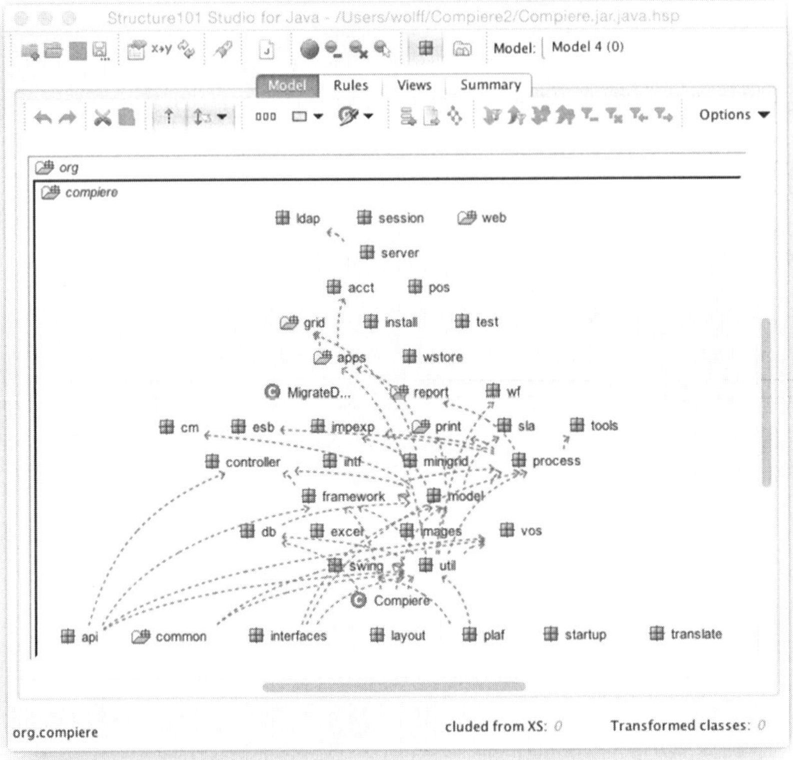

图 7-2 架构管理工具 Structure 101 截图

解除循环依赖

架构中不应出现循环依赖。循环依赖意味着两个构件互相依赖于对方。在截图中，依赖关系以虚线标示，正常依赖的方向总是从下到上，而循环的依赖关系则是从上到下（图中并未标示）。

除了循环依赖，该工具还能分析出位置错误的包。例如，名为 util 的包应该包含一些工具类。但这个包并不在图的最底部，也就是说该包还依赖于更底层的包或类——这是不合理的。工具类应该独立于其他系统组件，因此应该位于 LSM 图的最底部。

Structure 101 等架构管理工具不仅能用于架构分析，还能供架构师用来定义包或类之间关系的禁止规则。违反规则的开发者将收到错误提示，提醒其修改代码。

借助 Structure 101 等工具，可以方便地将系统架构可视化，只需将编译好的代码加载到工具中进行分析即可。

微服务与架构管理

微服务的架构管理更困难，因为微服务间的关系不像代码组件间的关系那么容易确定。毕竟，微服务甚至可以采用不同技术来实现，而且微服务间只通过网络进行通信。微服务间的关系只是间接体现在代码中，因而不利于代码级别的架构管理。但如果不知道微服务间的关系，架构管理将无从谈起。

以下是微服务架构管理和可视化的方法。

- 每个微服务可以通过文档（见 7.15 节）列出所用到的所有微服务。文档必须遵守约定的格式，以便于实现可视化。
- 通信基础设施应提供必要的数据。如果使用了服务发现（见 7.11 节），那服务发现就应该知道所有的微服务，以及微服务之间的访问关系。这些信息都可用于微服务关系的可视化。
- 如果微服务间的访问受防火墙保护，那么防火墙的规则至少也可以详细说明每个微服务能与哪些微服务进行通信。这也可以作为关系可视化的基础。
- 网络流量也可揭示微服务之间的通信关系。Packetbeat 等工具（见 11.3 节）在网络流量分析方面可发挥重要的作用。这些工具可根据网络流量的记录，将微服务间的关系可视化。
- 微服务的划分对应于团队的划分。如果两个团队无法独立工作，那可能是架构的问题：两个团队所负责的微服务间依赖太强，以至于只能一起修改。由于沟通开销的增加，相关团队可能已经意识到哪些微服务出现了问题。虽然通过架构管理工具或可视化工具可以验证架构存在的问题，但有时候人工收集的信息可能就足够了。

工具

有多款工具可用于依赖关系的评估。

- Structure 101 有些版本可以使用自定义数据结构作为输入。用户需要编写一个合适的导入器（importer），然后 Structure 101 就能识别出循环依赖，并将依赖以图形化的方式显示。
- Gephi 能生成复杂的图表，有助于微服务依赖的可视化。该工具同样需要用户编写一个自定义的导入器，以便将微服务间的依赖关系导入 Gephi。
- jQAssistant 是基于图数据库 neo4j 开发的。jQAssistant 可以通过自定义导入器进行扩展，然后就能根据规则来检查数据模型。

以上工具均需要定制开发，而无法直接对微服务架构进行分析，因此使用这些工具都需要付出一些努力。微服务间的通信无法标准化，因此定制开发是无法避免的。

架构管理的重要性

架构管理是防止微服务间关系出现混乱的唯一途径，因此很重要。微服务在架构管理方面面临着特有的挑战：现代化的工具可以便捷地分析单体部署系统，但对于微服务架构，还没有能够方便地分析整体结构的工具。开发团队首先要为架构分析做必要的准备。正如下一节要讲的，微服务间的关系是很难改变的。因此，更重要的是不断对微服务的架构进行审查，以便尽早纠正问题。微服务架构的优势之一是架构会体现在组织上，因此沟通的问题能反映架构的问题。所以，即便没有正式的架构管理，架构问题也常常是显而易见的。

另一方面，经验告诉我们，在复杂的微服务系统中，没有人能理解整个架构。当然，由于大多数改动仅限于单个微服务，因此也不一定要理解整个架构。即使改动涉及多个微服务，也只需了解涉及的微服务以及微服务间的交互即可。得益于微服务的独立性，全面理解架构并不是必需的。

上下文映射图

上下文映射图是理解微服务系统架构的一种方法[①]。上下文映射图展示了领域模型被哪些微服务所使用，从而将限界上下文可视化（见 3.3 节）。限界上下文不仅影响微服务的内部数据呈现，而且还影响微服务之间的调用，而微服务通过调用进行数据交换。数据需符合特定的模型。然而，通信所用的数据模型可能不同于内部表示所用的模型。举个例子，假设某个微服务的作用是为电商客户推荐商品，其内部所用的模型以及数据关联方式可能非常复杂，其中包含客户、产品和订单的大量信息，但其外部模型可能就非常简单。

图 7-3 是上下文映射图的一个示例。

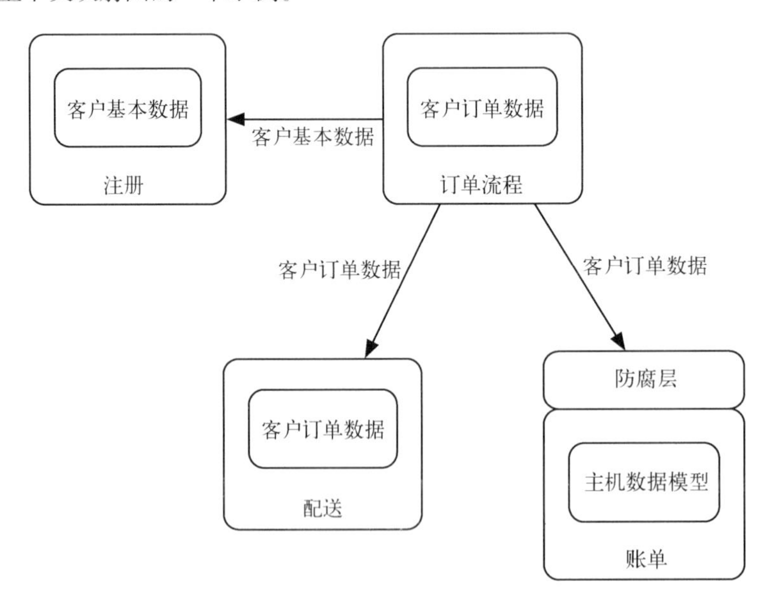

图 7-3 上下文映射图的示例

① 参见 Eric Evans 的著作《领域驱动设计：软件核心复杂性应对之道》。

- ❑ 注册微服务负责客户基本信息的注册。订单流程也使用该数据格式与注册微服务进行通信。
- ❑ 订单流程将客户的基本信息与账单和配送地址等信息结合起来，生成客户订单数据。这种就是**共享内核**方式（见 3.3 节）。订单流程与注册流程共享客户数据的内核。
- ❑ 配送与账单微服务使用客户订单数据进行通信，配送微服务还将其用作客户数据的内部表示。该模型被用作客户数据通信的标准模型。
- ❑ 账单使用了古老的主机数据模型。因此，账单微服务使用客户订单数据与外部通信，借助**防腐层**与内部表示进行解耦。由于其主机数据模型的抽象非常糟糕，应避免影响到其他微服务。

注册服务中的内部数据表示显然传播到了订单流程，因此成为了客户订单数据的基础。另外，该模型被配送服务用作内部数据模型，并用于与账单服务和配送服务的通信。该模型被多个服务所使用，因此很难修改。如果要修改该模型，就必须同时修改这些服务。

但这种做法也有优点。如果所有这些服务都要对数据模型进行相同的修改，那么只需修改一次，即可更新所有微服务。然而，这种做法违背了每个变化只应影响一个微服务的原则。如果改动仅限于模型，那么模型的共享是有利的，因为所有微服务都将使用最新的模型。但如果模型影响到微服务的实现，那么各个微服务都要修改，并且要一起部署到生产环境。这违背了微服务独立部署的原则。

动手实践

- ❑ 下载一款架构分析工具。可以选择 Structure 101、Gephi 或 jQAssistant。使用该工具分析一个已有的代码库。如何将自己的依赖关系图导入该工具？这样你就能够使用该工具分析微服务架构的依赖关系。
- ❑ spigo 是一款能模拟微服务间通信的软件。借助该软件可以分析更复杂的微服务架构。

7.3 调整架构的技术

微服务架构适合需要频繁改动的软件。由于划分成多个微服务，系统也就分成多个可独立开发的部署单元。这意味着各个微服务可以实现独立的用户故事或需求流程，因此就可以同时并行处理多个改动而无须协调。

经验告诉我们，系统的架构可能会随时变化。基于领域的组件划分在现阶段可能是合理的。但随着架构师对领域理解的加深，可能会提出更好的划分方案。旧架构是针对过去的需求而设计的，因此难以满足新的需求。这在敏捷流程中尤其常见，因为敏捷流程的规划更少而灵活性更强。

糟糕架构的根源

通常一个系统的架构之所以糟糕，并不是因为一开始就选择了一个糟糕的架构。根据项目一开始时所掌握的信息，架构通常是设计良好的。问题通常在于架构需要调整时却没有调整。上一节中已经提到了类似的情况：架构已经无法支持新功能的快速实现，于是不得不进行调整。如果架构调整被长期忽视，那么架构最终将彻底过时。为了保持架构的可维护性，关键在于持续不断地对架构进行调整和修改。

本节会介绍一些改变微服务间交互方式的技术，以达到调整系统架构的目的。

单个微服务的改动

在一个微服务内部进行调整是很简单的。微服务很小而且易于管理，因此调整结构是轻而易举的。由于微服务不大，如果某个微服务的架构完全无法满足需求，那么可以选择重写。在一个微服务内部，移动组件或重构代码都非常简单。“重构”[1]是一种改进代码结构的技术。许多重构方式可以借助开发工具自动化完成，因此可以方便地调整微服务的代码。

整体架构的调整

但如果微服务间的功能划分无法满足需求，那么仅改变一个微服务是不够的。为了对整体架构进行必要的调整，需要在微服务间移动功能，以下是这样做的一些原因。

- 微服务太大，以至于必须拆分。微服务太大的迹象包括微服务变得难以理解，或单个团队难以继续开发。另一个迹象是微服务包含了多个限界上下文。
- 某个功能本应属于另一个微服务。迹象可能是微服务的某些部分与另一个微服务频繁地通信。这种情况下，微服务间不再是松耦合。频繁的通信可能意味着该组件属于另一个微服务。同样，微服务的内聚性较低表明微服务可能应该拆分。这种情况下，微服务内部各部分间的依赖很少，因此并不一定要在一个微服务中。
- 一个功能被多个微服务所使用。例如，当开发新功能时，如果一个微服务必须使用另一个微服务的逻辑，那么就可能有调整架构的必要。

调整架构主要面临三个挑战：微服务必须拆分；代码必须从一个微服务转移到另一个微服务中；多个微服务要使用相同的代码。

共享库

如果两个微服务使用了相同的代码，那么共享的代码可以转移到共享库中（见图7-4）。共享代码将从所在的微服务中移出，并打包成一种能被其他微服务使用的形式。这种做法的前提是微

① 参见 Martin Fowler 的著作《重构：改善既有代码的设计》。

服务所用的实现技术能使用该共享库，例如各个微服务使用同一种编程语言或至少使用同一个运行平台，如 Java 虚拟机（JVM）或.NET 通用语言运行时（CLR）。

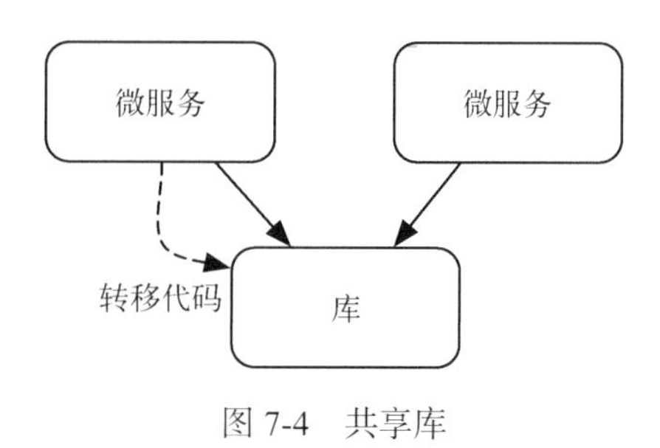

图 7-4　共享库

共享库将导致微服务相互依赖。共享库的开发必须协调一致。共享库要实现各个微服务的功能。为了某个微服务对共享库进行修改，会影响其他所有的微服务。这可能导致程序出错，因此团队必须协调共享库的开发。在某些情况下（例如共享库修复了某个安全漏洞），共享库改动后，微服务需要重新部署。

共享库还可能导致微服务依赖于第三方库的代码。例如，JVM 中的第三方库只能存一个版本，如果共享库需要某个第三方库的特定版本，那么微服务也必须使用该版本，而不能使用其他版本。此外，共享库通常采用特定的编程模型。例如，提供可调用的代码，或能够集成和调用自定义代码的框架。另外，共享库可能会采用异步模型或同步模型。对于不同的微服务，共享库模型的适应性可能会有所不同。

微服务并不关注代码的复用，因为代码复用会导致微服务间产生新的依赖。微服务的一个重要目标是独立性，因此代码复用所带来的问题可能比其解决的问题还多，这是对代码复用的否定。传统开发人员仍会寄希望于通过代码复用来提高开发效率。当然，共享库也有优点——代码错误和安全漏洞只需修复一次。如果微服务始终使用最新版本的共享库，那么就能自动修复共享库的错误。

代码复用的另一个问题是要求开发者详细了解代码，特别是需要再框架中嵌入自定义代码的情况下。这类复用被称为白盒复用（white-box reuse）：不仅要了解接口，还必须要了解代码的内部结构。这类复用需要详细理解复用的代码，因此给代码复用造成了很大的障碍。

举个例子，账单微服务具有给系统监控生成指标的功能。由于其他团队也想使用，因此将代码提取为共享库。这是技术层面的代码，无须根据领域层面进行修改，因此该共享库不会影响微服务的独立部署以及领域功能的独立开发。这个共享库适合转为内部的开源项目（见 12.8 节）。

但将领域代码提取为共享库是有问题的，因为这可能会给微服务的部署带来依赖关系。例如，假如客户模型在共享库中实现，那么该数据结构的每个更改都将传递给所有的微服务，从而导致所有微服务都需要重新部署。此外，由于限界上下文的缘故，对数据结构（如客户数据）进行统一建模是非常困难的。

转移代码

另一种调整架构的方法是在微服务之间转移代码（见图 7-5）。如果转移代码能加强整个系统的低耦合性和高内聚性，那代码转移就是合理的。如果两个微服务之间的通信非常频繁，那么两者间的耦合可能就过于紧密。把与其他微服务频繁通信的部分转移出去，问题就会得到解决。

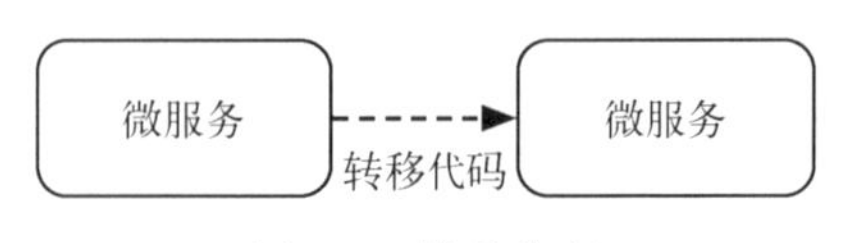

图 7-5　转移代码

在微服务间转移代码类似于提取共享库。然而，转移代码不会产生公共依赖，因此解决了微服务间的耦合问题。在代码转移后，为了能够使用功能，微服务之间可能会产生一个公共接口。这种做法属于黑盒依赖：只需知道接口，而无须了解代码的内部结构。

此外，将代码转移到另一个微服务的同时，原本的微服务中也可以保留一份。这种做法的缺点是代码冗余，发现的错误要在两个版本中分别进行修复，而且两个版本的开发可能从此就分道扬镳；优点是能够确保微服务间的独立性（尤其是在部署方面）。

转移代码所面临的技术限制与共享库类似——微服务必须采用相似的技术，否则代码就无法转移。当然，必要时也可以用新的编程语言或编程模型重写代码。微服务不是很大，而且需要重写的也仅仅是微服务的部分代码，因此工作量是可控的。

但问题是，转入代码的微服务会变大。因此，随着时间的推移，该微服务有变成一个单体的风险。

下面举个例子。为了计算配送费用，订单流程微服务需要频繁地调用账单微服务。这两个微服务是用同一种编程语言编写的。从领域的角度来看，配送成本的计算应属于订单流程微服务，因此将代码从账单微服务转移到订单流程微服务。只有两个服务使用同一种平台和编程语言时，才能够转移代码。代码转移后，微服务间的通信将变成微服务内部的本地通信。

复用还是冗余

除了将共享代码划给某个微服务，还可以在两个微服务中分别维护。乍一看，这种做法似乎很危险，毕竟两处代码是冗余的，而且 bug 要分别在两处修复。大多数开发人员都会试图避免这种情况。“不要重复自己”（DRY，don’t repeat yourself）是一个众所周知的最佳实践。每个条件判定乃至每行代码只能在系统中出现一次。但在微服务架构中，冗余有一个至关重要的优点：冗余有助于让微服务保持独立，包括独立部署和独立开发。这样就能保持微服务的核心特征。

是否应该追求没有任何冗余的系统？这是应该质疑的。尤其是在面向对象设计兴起之初，为了降低重复开发的开销，许多项目花费极高的成本将共享代码转移到共享框架和共享库中。但事实上，这种为了复用而开发的代码通常很难理解，因此也就很难使用。不同项目的冗余实现可能是一个更好的选择。与设计和使用可复用的代码相比，重复实现代码会更简单。

当然，复用代码也有成功的案例：当今几乎所有项目都会采用的开源共享库。这个层面的代码复用会一直存在，也应成为微服务间复用代码的典范。但这种做法仍会对组织产生影响。12.8节将讨论其对组织的影响，以及如何通过开源社区的做法进行代码复用。

共享服务

除了将代码转移到共享库中，也可以将其转移到新的微服务中（见图 7-6）。这样能够发挥微服务架构的典型优势：无论新的微服务采用何种技术实现，只要使用统一指定的通信技术，就能与其他微服务并存——无论其内部结构如何，采用何种编程语言。

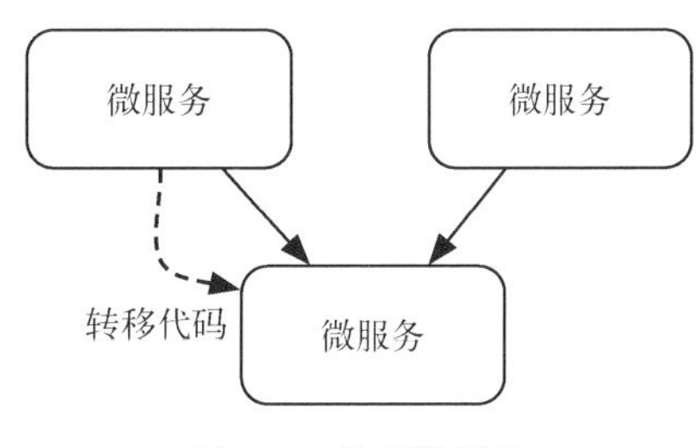

图 7-6 共享微服务

调用微服务比使用共享库更简单，因其只需了解微服务的接口，而不必关心内部结构。将代码移动到新微服务中，可以减少微服务的平均大小，从而让微服务保持清晰的结构以及可替代性。不过，代码转移后，本地调用将变成网络调用，而新功能的改动可能不再限于单个微服务内。

在软件开发中，模块太大经常会带来问题。将代码转移到新的微服务中是缩小模块的好方法。新的微服务可以继续由原先的团队开发，只需在团队内部沟通，这有利于新旧微服务的密切协调。

将模块分成两个微服务后，原先由单个微服务处理的请求，可能会变成由多个微服务共同处理。这些微服务互相调用，其中一些微服务是没有 UI 的纯后端服务。

为了说明这一点，让我们再来看一下订单流程。订单流程频繁调用账单微服务来计算配送成本。配送成本的计算本身也可以单独划分成一个微服务。即使账单微服务和订单流程微服务采用不同的平台和技术，这也是可行的。但必须创建一个新接口，以便新的配送成本微服务与账单服务的剩余部分进行通信。

孵化新的微服务

此外，微服务的部分代码可以孵化成新的微服务（见图 7-7）。这种做法的优缺点与将代码转移到共享微服务是相同的，但出于不同的目的：为了缩小微服务以便提高其可维护性，或将某一功能交给其他团队开发。新孵化的微服务不应被其他微服务所共享。

举个例子，注册服务变得过于复杂，因此将其拆分为多个服务，每个服务负责处理特定的用户群体。新的微服务可采用不同的技术路线，例如采用 CQRS（见 9.2 节）、事件来源（见 9.3 节）或六边形架构（见 9.4 节）。

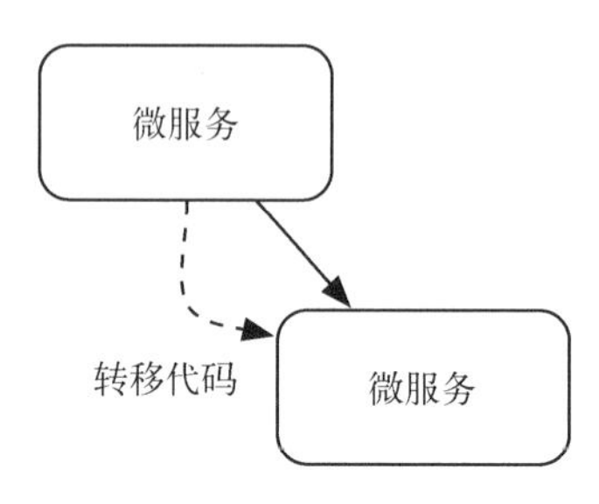

图 7-7　孵化新的微服务

重写

最后，处理结构过时的微服务的另一种做法是重写。得益于微服务的大小以及接口调用方式，重写微服务比其他架构更容易实现：只需重写其中一部分，而无须重写整个系统。新的微服务可以用另一种更适合的编程语言来实现。重写微服务也是有益的，因为新的微服务更贴近我们对领域的最新理解。

微服务数量的增加

使用微服务系统的经验告诉我们，在项目运行期间还将不断加入新的微服务。随着部署的服务数量持续增加，基础设施和系统运维会变得越来越困难。对传统项目而言，服务数量持续增加是不正常的，甚至会带来问题。但正如本节所述的，增加新的微服务是逻辑共享以及维持系统持续开发的最佳选择。总之，越来越多的微服务确保了各个微服务的平均大小维持不变，从而维持了微服务的优势。

新增的微服务应尽可能简单，以便保持微服务系统的特性。可以优化的地方包括：为新的微服务建立持续交付流水线、构建基础设施及所需的服务器。流程一旦实现自动化，增加新的微服务就会非常方便。

微服务系统整体架构难以改变

本节已经表明，微服务系统的整体架构是很难调整的。增加新的微服务必要改变基础设施并增加新的持续交付流水线，而通过共享库来共享代码并不是明智的做法。

在单体部署架构中，这样的更改很容易实现：借助集成开发环境通常能够自动完成代码转移或其他结构上的调整。自动化使得改动更容易，且不容易出错。在单体部署架构中，改动并不会影响基础设施和持续交付流水线。

由于微服务间难以转移功能，系统层面的改动是困难的。这正是微服务的优势之一，即“强模块化”（见 1.2 节）带来的后果：微服务间的界限难以跨越，微服务间的架构也将长期保持不变。也就是说，架构在这一层面很难调整。

动手实践

- 开发人员编写了一个工具类，用来与一个日志框架进行交互。其他团队也使用了这个日志框架。该工具类并不很大也并不复杂。
  - 其他团队应该使用这个类吗？
  - 该工具类应该变成一个库，还是一个独立的微服务？或者简单地复制其代码即可？

7.4 增长的微服务系统

在需求不断变化的情况下，微服务的优势尤其明显。微服务可以独立部署，因此团队能够并行开发不同的功能，而无须过多的协调。当功能尚不明确，或需要市场进行验证时，微服务的优势尤其明显。

架构规划

在这种情况下，很难一开始就将领域逻辑完美地划分到微服务中。架构需要不断进行调整。

- 与传统架构相比，对微服务系统进行领域划分更显重要。这是因为领域划分将影响团队划分，从而影响团队的独立工作，而这正是微服务的主要优势（见 7.1 节）。
- 7.2 节表明，对于微服务架构，架构管理工具并不容易使用。
- 如 7.3 节所述，与单体部署架构相比，对微服务系统架构进行改动是更困难的。
- 在需求变动的情况下，尤其适合采用微服务架构。在需求持续变化的情况下，很难一开始就设计出良好的架构。

架构必须是可改动的。但由于技术限制，实现的难度是很高的。本节将一步步展示对微服务系统架构进行改动和持续开发的方法。

由大到小

其中一个思路是从数个大型系统开始，逐步划分成微服务（见图 7-8）。3.1 节定义了微服务大小的上限，即一个团队能够处理的代码量的上限。在项目之初，微服务的代码量基本不会超出上限。其他上限（模块化和可替代性）也是如此。

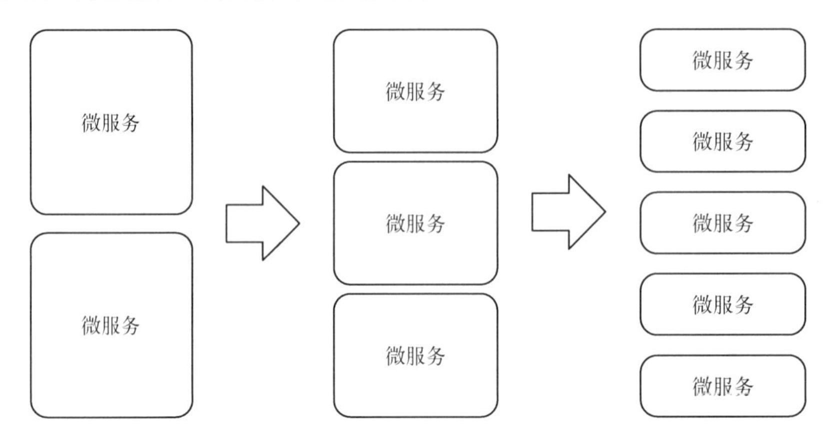

图 7-8　由大到小：少数微服务逐步拆分成更多的微服务

如果整个项目仅由一个或少数几个微服务构成，那么大部分情况下功能移动仅发生在单个服务内，而不是在服务之间，因此功能移动还是比较容易实现的。随着项目组人数增加，越来越多的团队逐渐组建起来。同时，系统逐步划分成更多的微服务，以便团队能够独立工作。从组织的角度来看，团队可以在这一过程中逐步组建起来，因此逐步拆分也不失为一种好方案。

当然，也可以从一个单体部署系统开始。但这样做有一个缺点：架构容易混入依赖和隐患，导致后续的拆分变得困难。另外，因为仅有一条持续交付流水线，所以单体拆分成微服务后，团队要创建新的持续交付流水线。如果单体的持续交付流水线是手动创建的，那么为微服务创建持续交付流水线会非常麻烦，因为新的持续交付流水线很可能也要手动创建。

如果项目从多个微服务开始，那么这个问题就能避免，因为后续不需要对单体进行拆分，而且必定有一种创建新的持续交付流水线的方案。因此，团队从一开始就能独立开发各自的微服务，而且随着项目的进展，最初的微服务会被拆分成更多的小型微服务。

由大到小的前提是假定微服务的数量随着项目的进展而增加。因此，从少量较大的微服务开始，逐步孵化新的微服务，是一种合理的方案。项目最新的需求可以整合进各个微服务中。但在项目之初是不可能设计出完美的架构的。相反，团队应根据最新的情况以及理解，逐步调整架构，大胆地进行改动。

这种方案统一了技术栈，因此方便了运维和部署。对开发者而言，转向开发其他微服务也变得更加方便了。

由小到大

在项目之初也可以将系统划分成众多的微服务，以这样的结构为基础进行进一步的开发。但采用这种方案，服务的划分会很困难。《微服务设计》[1]这本书中有一个示例，示例中某个团队的任务是开发一款为微服务系统提供持续交付支持的工具。由于该团队非常熟悉该领域，并且已经开发过产品，因此一开始就将系统划分成许多的微服务。但新产品要运行在云端，而架构因为某些微妙的原因并不合适。改动变得很困难，因为功能改动牵涉到多个微服务。为了解决该问题，让软件更易于改动，微服务被重新整合成一个单体。一年后，团队确定了最终的架构，并重新将单体拆分成微服务。该示例充分说明，即使团队对领域非常熟悉，过早拆分微服务仍然可能会带来问题。

技术限制

归根到底，这个问题是一个技术限制。如果微服务之间能够方便地移动功能（见 7.4 节），那么就能够调整微服务的划分。那么从一开始就划分成小型微服务的风险就小得多。如果所有微服务都采用同种技术，那么在微服务之间转移功能就容易得多。第 14 章将探讨纳米服务的实现技术，纳米服务在微服务基础上做出了妥协，使服务变得更小且功能更容易转移。

可替代性作为质量评价标准

微服务的优势之一是其可替代性。但只有当微服务的大小及内部复杂度维持在一定范围内时，微服务才具备可替代性。保持微服务的可替代性是微服务开发的目标之一。如果微服务的结构太差以至于无法继续开发，那么就能用一个新的微服务将其替换。另外，保持微服务的可替代性是让微服务易于理解和维护的有效途径。如果某个微服务无法被替代，那么该微服务很可能已经难以理解和继续开发。

成为单体的万有引力

一个问题是，大型微服务会吸引改动和新功能。由于大型服务已经包含许多功能，因此新功能很可能会被顺理成章地加入到该服务。除了大型的微服务外，单体部署应用也具有这种万有引力。如果微服务架构是用于替代一个单体的，那么由于单体已经包含了太多的功能，要注意不应对单体做过多的修改。为此，可以创建新的微服务，即使这个新的微服务一开始几乎没有什么功能也没关系。不断地修改和扩展会让单体变得更加难以维护，这正是单体被微服务所取代的原因。

持续拆分

正如前文所述，大多数项目的架构一开始都非常合理，问题是架构跟不上环境的变化。微服务架构也必须不断地调整，否则最终会无法满足需求。架构的调整包括微服务的领域划分，以及各个微服务大小的调整。只有这样，才能维持微服务架构的优势。由于系统的代码量会一直增加，

---

① 该书已由人民邮电出版社出版，参见 https://www.ituring.com.cn/book/1573。——编者注

微服务的数量也应该增加，让微服务的平均大小维持不变。因此，微服务数量的增加不是问题，反而是良好的信号。

全局架构

除了微服务的大小，微服务之间的依赖也应该引起关注（见 7.1 节）。大部分情况下，微服务的开发团队要调整存在不合理依赖关系的微服务。糟糕的架构迫使相关开发团队在开发过程中频繁地协调，因此开发团队往往也是问题的发现者。通过调整架构可解决这些问题，这种情况并不需要全局的依赖管理。大量的依赖关系或循环依赖只是存在问题的指标之一，只有相关团队才能判断这些指标的背后是否真的存在问题。如果存在问题的组件将来不需要继续开发，那么这些指标就无关紧要。另外，只有在各个团队紧密合作的前提下，全局的架构管理才能发挥作用。

7.5　别错过出口：如何避免微服务的退化

作者：Lars Gentsch，E-Post Development GmbH

实际上，开发一个微服务并不太困难。但如何保证微服务最终不会退化成单体呢？下面通过一个例子说明，在什么情况下微服务会朝着错误的方向发展，以及我们可以采取什么措施来避免微服务的退化。

假设有一个用于客户注册的小型 Web 应用。几乎所有 Web 应用都会遇到类似的情况，例如客户需要再网店（Amazon、Otto 等）上购物或注册视频点播门户（Amazon Prime、Netflix 等）。该应用首先会引导客户完成注册流程。在这一步，客户填入用户名、密码、电子邮件，以及住址。用户注册是一个自包含的小功能，因此非常适合作为微服务。

在技术层面，该服务的结构非常简单，其中包含两到三个 HTML 页面或一个 AngularJS 单页应用，少量的 CSS，一个 Spring Boot 应用（采用 Maven 构建），以及一个 MySQL 数据库。

服务收到数据后，会对数据进行验证，并将其转成领域模型，然后持久化到数据库中。那么，这样的微服务怎么会一步步退化成单体呢？

合并新功能

只有成年用户才被允许在商店购物或在视频点播网站上观看视频，因此需要对客户的年龄进行验证。一种解决方案是将客户的出生日期与其他数据存储在一起，然后增加一个外部服务用于年龄验证。

因此，服务的数据模型中要增加出生日期。由于加入了一个外部服务，需要编写该外部 API 的客户端，而且客户端要应对服务提供者不可用等异常情况。

因为年龄验证功能很可能是一个异步流程，所以我们的服务可能要实现回调接口。因此，微服务需要保存流程的状态信息。什么时候发起年龄验证流程？是否有必要通过电子邮件通知客户？如何判断验证流程是否成功？

微服务究竟发生了什么改动

注册微服务发生了如下的改动。

- 客户数据增加了出生日期。这一改动没有问题。
- 除了客户数据，还增加了流程数据。注意，这里流程数据与领域数据是混在一起的。
- 除了服务原本的 CRUD 功能，还需要增加某些工作流，导致同步处理与异步处理混在一起。
- 增加了一个外部系统。这增加了注册微服务的测试难度，因为测试过程中需要模拟这个外部系统及其行为。
- 对于扩缩容，与外部系统的异步通信还提出了其他的要求。考虑到负载和容灾（failover），注册微服务需要启动约 10 个实例。而增加的年龄验证功能只需要两个实例即可满足容灾和稳定运行的要求。因此，两类不同的运行时需求是混在一起的。

正如示例所展示的，看似微不足道的功能（如年龄验证功能）可能会对微服务产生巨大的影响。

新增微服务还是扩展已有微服务

何时增加新的微服务，主要依据如下准则。

- 引入了不同类型的数据模型和数据（领域数据与流程数据）。
- 同步和异步数据处理混在一起。
- 加入了新的服务。
- 同一服务的不同功能各自承担的负载不一样。

示例中的注册服务可以进一步扩展，客户地址的验证也可以交由一个外部服务进行处理。该功能常用于验证地址是否存在，也可用于协助人工清理重复注册的用户。另外，注册时进行偿付能力检查或客户评分也是常见的应用场景。

从领域角度来看，上述功能均属于客户注册，因此会诱导开发者和架构师将其集成到注册服务中。结果，该微服务将不再是一个微服务。

如何判断是否应该增加新的微服务

如果你所遇到的情况符合如下特征，那么你很可能需要新的微服务。

- 该服务已经需要通过 Maven 多模块项目或 Gradle 多模块项目进行构建。
- 测试执行的时间已经超过了5分钟（违背了“快速反馈”原则），导致测试必须要分组和并行执行。
- 在配置文件中，服务的配置已经需要根据领域进行分组，或者已经被拆分成多个配置文件来提高可读性。
- 服务完整构建一次所花费的时间足够你喝杯咖啡休息一会儿，因此已经无法实现短周期的快速反馈（违背了“快速反馈”原则）。

结论

正如上述示例中的注册微服务所示，维持一个微服务的本来面目，并抵制因时间压力而将新功能集成进已有微服务的诱惑，这已经成为严峻的挑战。即便相关的功能显然属于同一领域也是如此。

那么如何防止微服务退化呢？原则上，新服务（包括其数据存储）的创建必须要尽可能简单。采用 Spring Boot、Grails、Play 等架构可简化新服务的创建。通过项目模板（如 Maven archetype）、Docker 容器部署等措施，可以简化新的微服务的创建、配置，以及部署到生产环境的过程。降低创建新服务的“成本”，从而清除引入新的微服务的障碍，能够有效地抵制在已有服务中实现新功能的诱惑。

7.6　微服务与遗留应用

在实际中，整个应用推倒重来的情况很少出现，而且微服务能够保证系统的可维护性，因此将遗留应用迁移到微服务架构是常见的场景。对于濒临不可维护状态的应用，微服务方案尤其有吸引力。另外，将系统拆分成微服务，能让持续交付更易于处理。与单体相比，小型微服务的部署和测试成本要低得多。微服务的持续交付流水线并不复杂，但单体部署的持续交付成本可能会很高昂。对许多公司而言，这一优势就足以让其迁移到微服务。

与全新开发的系统相比，将单体迁移到微服务有几处明显的区别。

- 从领域的角度来看，遗留系统的功能非常明确。这将成为微服务构建新的领域架构的良好基础。对微服务而言，清晰的领域划分尤其重要。
- 遗留应用通常已经有大量的代码，但代码质量通常比较差。而且代码的测试并不多，部署也太过耗时。微服务应该解决这些问题，当然所面临的挑战通常很严峻。
- 另外，遗留应用的模块化划分很可能并不那么符合限界上下文的理念（见3.3节）。这种情况下需要改动应用的领域设计，因此迁移到微服务架构将是一个严峻的挑战。

代码拆分

在简单的迁移方案中，遗留应用的代码可以拆分成数个微服务。但如果遗留应用的领域架构设计不合理（这是常见的情况），那么这种方案就可能有问题。如果微服务的划分接近遗留应用现有的模块化划分，那就能很方便地将单体的代码拆分成微服务。但如果单体的领域划分太过糟糕，那就可能会影响微服务的划分。在微服务架构中，糟糕的领域设计会影响团队间的交流，因此带来的后果更加严重。而且，对微服务架构而言，起初的架构设计通常很难改动。

补充遗留应用

当然，不拆分遗留应用也是可以的。微服务的一个优点是各个模块构成一个分布式系统，模块化的边界同样也是进程通过网络进行通信的边界。这有助于遗留应用的拆分：我们不需要知道遗留应用的内部结构，也不需要根据其内部结构对微服务进行拆分，因为微服务仅需对遗留应用的接口进行补充或修改。如果被替代的系统是 SOA 架构，那么这一点将很有帮助（见 6.2 节）。如果 SOA 系统中有多个服务，那么这些服务均可由微服务来补充。

企业级集成模式

企业级集成模式[①]能为遗留应用和微服务的集成提供如下启示。

- **消息路由**（Message Router）将特定的消息转发给另一个服务。例如，某些消息可以交给微服务处理，而不是交给遗留应用。这样一来，微服务系统就不必一次性重新实现全部逻辑，而是可以选择其中一部分优先实现。
- **基于内容的路由**（Content Based Router）是一种特殊的路由。这种路由会根据消息内容决定将消息发送到哪里。通过这种路由，可将特定的消息发送给相应的微服务，即使消息之间仅是某个字段存在区别。
- **消息过滤器**（Message Filter）能避免微服务接收到其不关心的消息。为此，过滤器只需过滤掉微服务不希望接收的消息即可。
- **消息转换器**（Message Translator）将消息转换成另一种格式。这样一来，微服务架构就能采用全新的数据格式，而不必沿用遗留应用的格式。
- **内容补充器**（Content Enricher）能对消息中的数据进行补充。如果某个微服务需要遗留应用以外的补充数据，那么就可以借助内容补充器在遗留应用和微服务不知道的情况下对数据进行补充。
- **内容过滤器**（Content Filter）的作用与内容补充器相反：从消息中剔除特定的数据，使得微服务只获取相关的数据。

① 参见 Gregor Hohpe 与 Bobby Woolf 的著作《企业集成模式：设计、构建及部署消息传递解决方案》。

图7-9是一个简单的示例。其中，消息路由负责接收请求，然后将其发送给微服务或遗留系统。这样，微服务就能选择实现特定的功能。虽然遗留系统中也有同样的功能，但已经不再使用。通过这种方式，微服务就能保持高度独立于遗留系统内部结构。例如，微服务一开始可以只处理个别客户的订单或特定的商品。微服务功能有限，因此不必考虑所有情况。

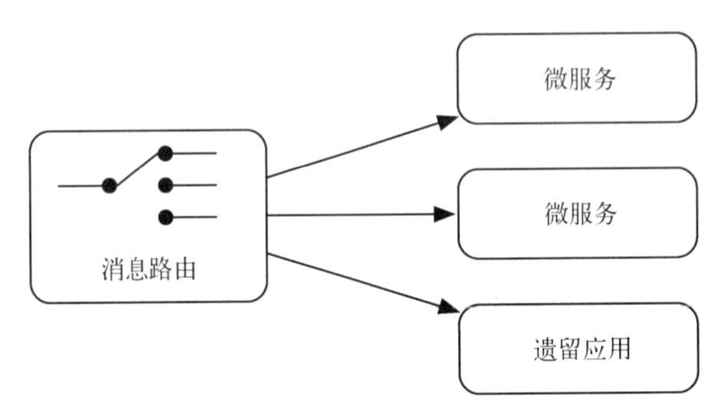

图7-9　通过消息路由对遗留应用进行补充

对于微服务应如何补充遗留应用，以上模式可提供一些有益的启发。除上述模式外，还有许多其他模式可供参考。在其他情况下，这些模式可通过其他方式实现，大部分情况下是围绕消息系统进行实现。当然也可以采用同步通信机制实现，虽然这种实现方式不那么优雅。例如，REST服务可以获取一个POST消息，然后向消息中补充额外的数据，再将其发送给另一个微服务。这实际上就是一个内容补充器。

为了实现这样的模式，发送者与接收者之间必须进行解耦。这样就能在不影响发送者的情况下，增加额外的处理步骤。如果采用消息方案，那么发送者只需要知道一个发送消息的队列，而不需要知道消息最终被谁获取，因此解耦相当容易实现。但如果采用REST或SOAP进行同步通信，那么消息将直接被发送给接收者。这种情况下，只有通过服务发现机制（见7.11节），才能实现发送者与接收者之间的解耦。这样就能在不改动发送者的前提下，将一个服务替换为另一个，因此也就能比较方便地实现上述的模式。如果通过内容补充器对遗留应用进行补充，那么注册到服务发现的将是内容补充器，而不是遗留应用，因此就无须对发送者进行改动。借助服务发现，可以在不改动遗留应用的使用者的情况下，对遗留应用的各个服务进行补充或替换。因此，引入服务发现将是迁移到微服务的第一步。

受限的集成

微服务不应过度依赖于遗留应用。遗留应用糟糕的结构通常正是其被替代的首要原因，因此应该限制某些依赖。如果微服务直接访问遗留应用的数据库，那么微服务将依赖于遗留应用的内部数据表示。这样一来，遗留应用和微服务都将不能修改数据库模式，因为一旦数据库模式发生变化，就必须同时修改遗留应用和微服务的实现。因此，遗留应用和微服务无论如何都不应共享数据库，但可以考虑将遗留应用的数据复制到一个单独的数据库模式。

优势

微服务与遗留应用的架构基本上是相互独立的，这是本方案的主要优势之一。遗留应用的架构难以继续开发，这是遗留应用被微服务所替代或补充的主要原因之一。另外，某些完全不打算扩展的系统也可以通过微服务进行补充。例如，虽然 CRM、电商、ERP 领域的典型解决方案通常可在内部扩展，但通过外部接口进行扩展通常更简单，因此成为了一种更受欢迎的方案。这类系统通常很容易加入一些本不应属于它们的功能。通过微服务将其划分成一个单独的部署单元，可为其划分出一个永久而清晰的界限。

通过 UI 和数据复制来集成

上述方案仅在逻辑集成的层面解决了集成问题。第 8 章将介绍另一个层面的集成，称为数据复制。该集成方案让微服务访问遗留应用的全部数据集，同时还能保证良好的性能。但是，需要确保复制的数据不是基于遗留应用的数据模型。否则，微服务与遗留应用采用同样的数据模型，将导致遗留应用的数据模型无法改动。如果通过共享数据库实现集成，那么情况甚至会更加糟糕。在 UI 层面进行集成同样是可行的。通过链接对 Web 应用进行集成的方案只需对遗留应用进行少量修改即可，因此尤其具有吸引力。

内容管理系统

内容管理系统（CMS，content management system）通常包含丰富的功能，也可以通过微服务来补充。CMS 包含网站的数据，并提供内容管理功能，以便编辑者修改内容。微服务可以接管某些 URL 的处理。通过类似于**消息路由**的方式，可将 HTTP 请求发送给微服务，而不是 CMS。微服务也可以修改 CMS 的元素（类似于**内容补充器**模式），或修改请求（类似于**消息转换器**模式）。最后，微服务可以将数据存储在 CMS 中，将 CMS 当作数据库使用。另外，微服务的 UI 和 JavaScript 可提供给 CMS。这样，CMS 就变成了一个提供代码给浏览器的工具。

以下是一些示例。

- 微服务可以从某些来源获取内容，每个内容来源都可以有自己的微服务。
- 用户可通过网页访问的内容（例如关注一位作者）可以放在一个单独的微服务中实现。该微服务可以拥有自己的 URL，通过链接进行集成，也可以修改 CMS 的页面。
- CMS 中是知道作者信息的，但还有些逻辑是完全脱离 CMS 的，例如优惠券或电商功能。在这种情况下，就可以采用微服务对系统进行补充。

尤其是对于提供静态 HTML 内容的 CMS 系统，微服务方案可用于动态内容的创建。这样一来，CMS 将成为后端，并且只负责特定内容。CMS 的内容相当于单体部署系统，而微服务则以一种独立的方式快速部署。从这个角度看，CMS 就像一个遗留系统。

小结

上述所有集成方案均有一个优点：微服务不受遗留应用的架构及所用技术的限制。在这一点上，微服务方案与修改遗留应用相比具有决定性的优势。但通过上述方案将遗留应用迁移到微服务，会在架构层面迎来一个挑战：为了让各个团队独立地开发微服务的功能，微服务系统必须具备结构良好的领域设计。由于迁移过程会受到遗留应用接口的影响，上述方案并不一定会生效。因此，长期保持清晰的架构设计将会很困难。另外，在大部分功能完成迁移之前，基于领域的功能仍然会保留在遗留应用中。在迁移期间无法移除遗留应用。如果某个微服务的功能仅限于消息转换，那么迁移持续的时间可能会很长。

不要太激进

正如上述集成方案所示，借助微服务对已有的遗留应用进行补充，或通过微服务替换遗留应用的某些部分，应以渐进的方式进行。微服务方案的优点是能降低风险。由于遗留应用过于庞大，如果一次性替换整个遗留应用，那将带来很高的风险。微服务要实现遗留应用的所有功能，这一过程可能会混入大量的错误。另外，如果要一次性替换遗留应用，那么微服务就要以某种协调好的方式部署到生产环境，部署过程会很复杂。因此，采用微服务方案时，几乎必然会采用逐步替换的方式，因为微服务能够独立部署，并且能够补充遗留应用。于是，微服务可通过循序渐进的方式逐步替代遗留应用。

遗留=基础设施

微服务可将遗留应用的某些功能当成基础设施来使用。例如，微服务可以使用遗留应用的数据库，关键是微服务之间以及微服务与遗留应用之间不能共用数据库模式，以免建立过于紧密的耦合。

微服务不一定要使用遗留应用的数据库，也可以采取其他解决方案。但现有的数据库通常已经有完善的运维和数据备份方案。因此，采用已有数据库也可以成为微服务的优势。同理，其他的基础设施组件也一样。例如，CMS 也可以作为通用基础设施。微服务既能补充 CMS 的功能，也能为 CMS 提供内容。

其他特性

上述的迁移方案重点关注如何根据领域将遗留应用拆分成微服务，让系统保持长期可维护、可持续开发。另外，微服务本身有许多优点，我们需要明确迁移到底是为了微服务的哪个优点。针对不同的优点，迁移的策略可能会完全不同。例如，微服务能够提升系统的稳健性和容错性，有相应的方案重点关注服务间的通信（见 9.5 节）。如果遗留应用当前在这方面存在缺陷，或者现有的分布式架构需要在这些方面进行优化，那么就应采用适当的技术和架构方案，而不一定要将应用拆分为微服务。

动手实践

- 请读者研究本节没有提及的企业级集成模式。
  - 对于微服务架构，这些集成模式能否充分发挥作用？具体是在何种情况下？
  - 这些集成模式是否只能采用消息系统来实现？

7.7 潜在的依赖

作者：Oliver Wehrens，E-Post Development GmbH

项目在开始阶段是单体架构。软件从单体开始开发，这是一个自然而然的过程。在这个阶段，代码结构清晰，而业务领域正逐渐成形，将 UI、业务逻辑、数据库等放在一个公共项目中是比较好的选择。每个人仍然能够理解所有的代码，重构和部署也都很简单。

但随着代码量越来越大，代码结构就变得不那么清晰了。大部分人已经无法理解全部的代码。编译耗时越来越长，一次单元测试或集成测试的时间甚至足够开发人员去喝一杯咖啡。在这种情况下，由于业务领域相对稳定而代码量很大，许多项目开始考虑将功能拆分成多个微服务。

包括将源代码拆分成多个库、建立持续交付流水线、对服务器进行预置等在内的任务逐渐完成，完成状况主要取决于业务的状态以及业务/产品负责人的理解。虽然在此期间暂停了新功能的开发，但最终目的是为了让团队能够更快、更独立地进行功能开发，因此这些努力并没有白费。虽然开发人员相信这些工作的价值，但同时也要让利益相关方相信。

我们所做的这一切都是为了优化架构。各个团队的源代码是独立的，因此能在任何时候独立地将软件部署到生产环境。

然而，功亏一篑。

数据库

每个开发人员或多或少都与数据库有关联。在我的经验中，许多开发者往往将数据库视为代码重构过程中无法绕过的障碍。开发者通常借助某些工具来生成数据库结构（例如，基于 JVM 的 Liquibase 和 Flyway）。借助这样的工具和库（对象-关系映射），对象持久化变得非常简单。只需添加几个注解，就能将领域对象保存到数据库。

所有这些工具都是为了让一般程序员远离数据库，因为他们只想写代码。因此，在开发过程中，数据库往往并未受到应有的关注。有些问题在一般的测试中并不会浮现出来，例如索引没有创建，导致数据库的检索速度受影响。但在数据量大的生产环境中，问题就出现了。

这里以一个虚构的在线鞋店为例。该公司需要开发一个用户登录功能。用户数据包含 ID、姓名、地址，以及密码等常见字段。为了向用户推荐合适的鞋子，只有符合用户尺码的鞋子才会显示给用户。尺码是用户在欢迎界面上填写的。那么，将尺码保存在已有的用户服务中将非常合理。大家都赞成这个决定：尺码属于用户的相关数据，因此适合保存在用户服务中。

现在，鞋店业务扩张，开始销售衣物。衣服尺寸、领口尺寸，还有其他相关数据也都存储在用户服务中。

公司雇用了多个团队。代码变得日渐复杂。这时就需要根据领域将单体拆分成服务。源代码的重构非常顺利，单体很快就被拆分成多个微服务。

但改动并不容易。由于拓展国际业务，负责鞋类商品的团队需要接收其他类型的货币，并且需要修改账单的数据结构，以便包含新的地址格式。在升级期间，数据库将会堵塞。与此同时，衣服尺寸和颜色偏好的数据均无法修改。更糟糕的是，其他服务所用的地址格式是基于另一种标准的，因此改动地址格式前必须要进行协调。上述原因导致该功能无法按时完成。

虽然代码已经分开，但共用数据库导致团队间形成了间接的耦合。用户服务数据库中的列名基本上无法改动，因为没人知道其他团队有没有在使用这个列。为此，团队提出了两个解决方案：一是创建名为“Userattribute1”的字段，然后将其映射为代码中描述准确的变量；另一个是对数据进行分隔，例如采用“#Color: Blue # Size: 10”这样的数据格式。但问题是，只有相关团队的人员才知道“Userattribute1”是什么意思，而且“#Color: #Size”这样的数据也很难建立索引。这导致数据库和代码结构逐渐变得难以理解和维护。

每个软件开发人员都必须思考数据的持久化——不仅是数据库结构，还包括数据存储在哪里。这些数据是不是应该保存在数据库的这个表中？从业务领域的角度来看，这些数据与其他数据是否存在关联？为了维持架构的灵活性，上述问题值得我们反复思考。通常，数据库和表的创建并不太频繁，但创建之后对其进行改动却很困难。此外，数据库和表往往会给服务之间带来潜在的依赖。一般来说，数据库中的数据只应被单个服务直接访问。其他所有服务如果需要访问该数据，则只能通过该服务的公开接口进行访问。

7.8 事件驱动架构

为了实现共享逻辑，微服务之间可以相互调用。例如，在订单流程的最后，订单流程可调用账单微服务来创建账单，调用订单执行微服务来确保商品被投递（见图 7-10）。

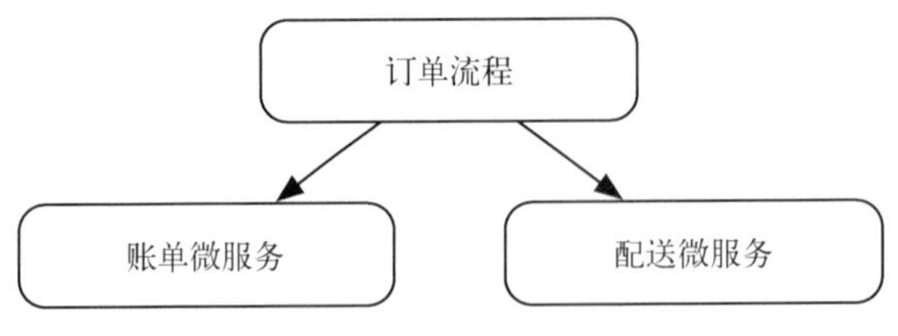

图 7-10 微服务之间的调用

因此，订单流程需要知道账单服务和投递服务的存在。如果完成的订单还要进行其他额外处理，那么订单服务也要调用相应的服务来处理。

事件驱动架构（EDA，event-driven architecture）采用了一种不同的模式。在完成订单处理后，订单流程将发出一个事件。订单流程相当于一个事件发送者（event emitter）。该事件将给所有感兴趣的微服务（事件消费者，event consumer）发出信号，告知其一个新的订单已经成功生成。接收到事件后，有的微服务可能会打印账单，还有的微服务可能会开始处理商品配送（见图 7-11）。

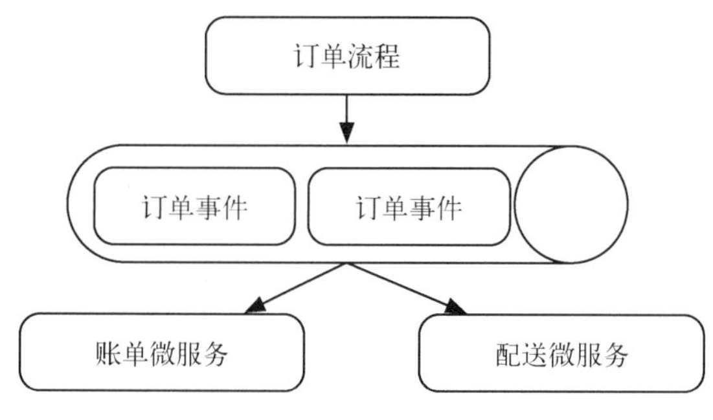

图 7-11　事件驱动架构

这一过程有如下优势。

- 如果其他微服务对订单感兴趣，也可以方便地注册进来，而无须改动订单流程。
- 同样地，其他微服务同样可以在不改动订单流程的前提下触发同样的事件。
- 事件的处理目前并未链接在一起。链接可以在接下来的步骤中实现。

事件驱动架构的耦合是非常松散的，因此方便了架构改动。微服务之间无须知道彼此的细节。由于逻辑层面进行集成的需要，系统自然而然地就会被拆分成 UI 微服务和逻辑微服务。在这种情况下，业务逻辑的改动通常要同时改动逻辑和 UI，但逻辑和 UI 被划分到不同的微服务中，因此改动将无法限制在单个微服务中。这将导致情况变得更加复杂，这也并不是我们希望看到的结果。

在技术层面，借助消息机制可以方便地实现这样的架构（见 8.4 节）。在这样的架构中，微服务可以轻松地实现 CQRS（见 9.2 节）或者事件溯源（见 9.3 节）。

7.9　技术架构

定义系统所用的技术栈是架构的主要作用之一。对于各个微服务，这同样是非常重要的任务。不过，本章主要从整体上关注微服务系统。所有微服务当然可以有统一的技术，这样做能方便团队间的技术交流，各个团队的成员能够相互帮助，因此重构会相对简单。

技术标准化并不是强制要求。但如果不制定技术标准，则会出现不同的技术和框架。不过每种技术通常只被一个团队所采用，因此这样的方案也是可以被采纳的。采用微服务架构通常是为了尽可能提高独立性。对于技术栈，独立性主要体现在能够自由选择技术栈，并能够独立地做出技术决策。然而，这类自由也是有限制的。

整个系统的技术决策

在系统整体层面还要做出一些技术决策。对微服务系统的技术架构而言，有些方面甚至比技术栈还要重要。

- 正如上一节所述，对于所有微服务，某些技术（例如用于数据存储的数据库）是通用的。所用的技术不一定要统一，但必须要有这样的理念，尤其是对持久化技术（如数据库、备份、容灾）而言。其他基础系统也一样，例如几乎所有微服务都要调用的 CMS。
- 对于监控、日志及部署，微服务必须要遵循特定的标准，这样就能以统一的方式运维大量的微服务。如果没有这样的标准，运维大量的微服务将非常困难。
- 配置（见 7.10 节）、服务发现（见 7.11 节），以及安全（见 7.14 节）也值得关注。
- 容错性（见 9.5 节）和负载均衡（见 7.12 节）是每个微服务都必须实现的。整体架构可要求各个微服务重点关注这些方面。
- 此外，还有微服务之间的通信（见第 8 章）。系统整体架构必须指定微服务之间的通信方式。

整体架构不一定会限制技术选择。日志、监控及部署可以统一接口，这样所有微服务就能打印同样格式的日志，并将日志交给公共的基础设施来处理。但各个微服务不一定要采用同一种打印日志的技术。类似地，监控数据以及数据提交给监控系统的方式也可以进行统一规范。微服务必须将数据统一提供给监控系统，但所用的具体技术并不需要统一。对于部署，则需要完全自动化的持续交付流水线，以便将软件以某种方式部署到仓库中。而具体采用的技术，仍然是由相应微服务的开发人员来决定的。实际上，所有微服务采用相同的技术是有好处的。这样做能够降低系统的复杂性，而且对于所用的技术也将积累更丰富的经验。对于特定的需求仍然可以采用其他的技术方案，前提是这种解决方案具有明显的优势。这正是微服务架构技术自由性所带来的主要优势之一。

sidecar

即使微服务的某些实现技术已经明确指定，也是可以集成其他技术的。这种情况可以采用 sidecar[①]来处理。sidecar 作为集成到微服务架构中的一个进程，是采用标准技术实现的，其作用是为其他进程提供访问某些功能的接口。实际工作的进程则可以采用一种完全不同的技术实现，因此保留了技术选择的自由。图 7-12 阐释了 sidecar 的概念：sidecar 使用标准技术实现，而采用不同技术实现的微服务可以访问 sidecar。sidecar 虽然是一个独立进程，但可以通过 REST 等方式

① sidecar 本义是三轮摩托车旁的侧斗，引申为附带程序的意思。——译者注

来调用，因此其他任意技术实现的微服务均可调用 sidecar。13.12 节提供了一个 sidecar 的示例。

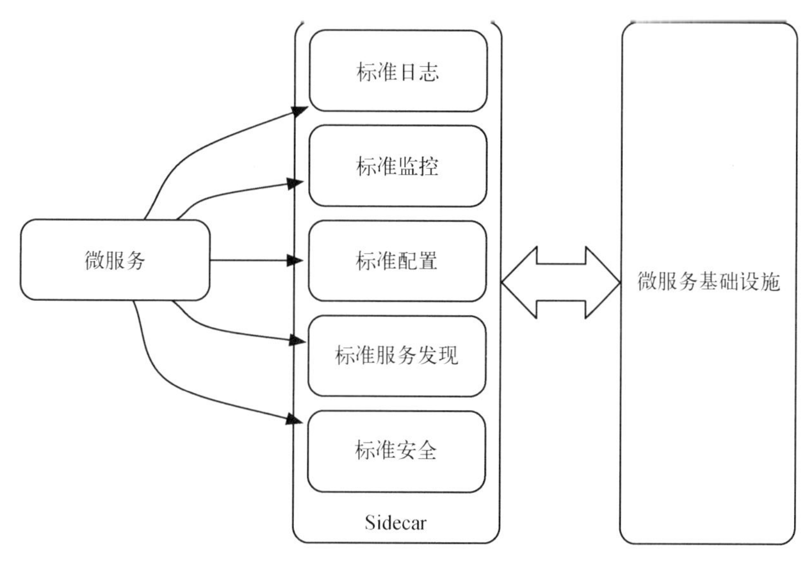

图 7-12 微服务通过 sidecar 提供的简单接口来访问所有的标准技术

由于没有可用的客户端，某些微服务所用的技术方案并不支持配置中心、服务发现、安全等通用技术。但借助 sidecar 方案，这些微服务也能集成到系统的整体架构中。

技术栈的定义还会带来其他的影响。微服务的技术既可以是特定组织的产物，同时也可以反过来影响组织结构（见第 12 章）。

动手实践

- 假设有一个微服务架构。
  - 从技术角度来看，该架构应该包含哪些方面？
  - 你会将哪些方面交由团队负责？为什么？
  - 团队应该自行决定哪些方面？为什么？

如何回答上述问题，归根结底在于你允许团队有多大的自由度。答案有无数种可能，从完全自由到事无巨细的约束，但前提是某些方面（如通信协议）必须要统一。12.3 节将详细探讨，在微服务项目中，具体的决策应该由谁来做出。

7.10 配置与协调

微服务系统的配置是很复杂的，系统中包括许多微服务，每个服务都有相应的配置参数。

某些工具能存储配置值，供所有微服务使用。这些解决方案基本上都基于键/值存储，即将值与键成对存储。

- Zookeeper 是一个简单的分层系统，可以复制到集群中的多个服务器上。Zookeeper 将按发起顺序处理客户端的更新操作。Zookeeper 可用于分布式环境，例如用作同步。Zookeeper 具有一致的数据模型：所有节点的数据始终是相同的。该项目采用 Java 实现，根据 Apache 许可证发布。
- etcd 源于 Docker/CoreOS 环境。etcd 提供 HTTP 接口，数据以 JSON 格式提供。etcd 用 Go 语言实现，根据 Apache 许可证发布。与 Zookeeper 类似，etcd 也具有一致的数据模型，可用于分布式协调。例如，etcd 能为分布式系统实现锁定。
- Spring Cloud Config 同样提供 REST API。Spring Cloud Config 可以从 Git 获取配置数据，因此便于配置信息进行版本控制。它也支持数据加密，以保护密码信息。该系统能集成到 Java 框架 Spring，Spring 本身就提供了配置机制，因此使用起来非常方便。Spring Cloud Config 是用 Java 实现的，根据 Apache 许可证发布。与上述另外两个工具不同，Spring Cloud Config 并不支持分布式组件的同步。

一致性问题

有些配置解决方案提供一致的数据。也就是说，所有节点被调用后都返回相同的数据。在某种意义上，这是一个优点。但根据 CAP 定理，当网络出现故障时，节点只能返回不一致的响应，甚至根本不返回。于是，网络连接断开后，节点就无法得知其他节点是否已经接收到新数据。如果系统只允许返回一致的响应，那么网络故障时将无法返回任何响应。在某些情况下，这是非常合理的。

例如，某段代码（如发起付款）同一时间只能被一个客户端所执行。借助配置系统可以进行必要的锁定：进入这段代码前必须在配置系统中设置一个变量，只有在变量设置完成后才能执行代码。最后，如果配置系统没有返回响应，那么两个客户端也不应并行执行代码。

然而通常情况下并不需要如此严格的一致性。与获取失败相比，获取一个旧值可能会更好。对于符合 CAP 的情况，可以做出不同的选择。例如，在某些条件下，etcd 将返回一个不正确的响应，而不是不响应。

不可变服务器

集中存储配置数据的另一个问题是，微服务不仅依赖于自己的文件系统的状态和所包含的文件，而且还依赖于配置服务器的状态。因为微服务还跟配置服务器的状态有关，所以无法精确地复制微服务。这使得重现错误和定位错误更加困难。

与配置服务器相反的是不可变服务器。在不可变服务器方案中，每次改动都导致软件要重新安装。软件更新时，需要终止旧服务器，并启动安装了新软件的服务器。而采用外部配置服务器方案时，服务器上并不保存配置数据，因此可以通过调整配置来更改服务器。然而这正是我们希望避免的情况。为了避免这种情况，可以将配置保存在服务器上，而不是保存在配置服务器上。这种情况下，配置更改必须要更新服务器。

替代方案：安装工具

通过安装工具（见 11.4 节）配置微服务是一种截然不同的方案。这些工具不仅能安装软件，还能安装配置。例如，安装工具可以生成供微服务读取的配置文件。微服务并不会注意到集中配置，因为它只读取一个配置文件。这些方法支持所有的场景，通常都是微服务架构的典型场景。因此，这种方法支持集中配置，而且由于配置文件是被传送到服务器，与不可变服务器的理念也并不冲突。

7.11 服务发现

服务发现确保微服务能够发现其他微服务。在某种意义上，这是一个非常简单的任务，譬如向所有计算机发送包含微服务 IP 地址和端口的配置文件即可。常见的配置管理系统就可以生成这样的文件。但光这样做是远远不够的。

- 微服务会随时加入或退出。例如，服务器会发生故障，也可以启用新的服务器对环境进行扩容。因此，固定配置是远远不够的，必须提供动态的服务发现。
- 得益于服务发现，调用与被调用的微服务之间不再是紧密耦合的。客户端不再调用固定的服务器实例，而是依据服务器的当前负载而定，因此有利于实现服务的扩容/缩容。
- 如果所有微服务采用统一的服务发现方案，那么就能实现集中的注册。这对整体架构是有益的（见 7.2 节）。监视信息也可以被所有系统检索。

对于采用消息机制的系统，服务发现并非必不可少。消息系统已经实现发送方和接收方的分离，双方只知道通信的共享频道，而不知道通信伙伴的身份。因此，消息系统的通道所带来的解耦同样能够提供服务发现所带来的灵活性。

服务发现=配置

原则上，通过配置解决方案也可实现服务发现（见 7.10 节），因为服务发现只需要提供调用服务所需的信息即可。然而，配置机制不应用作服务发现。相比于配置服务器，服务发现更注重高可用性。在最坏的情况下，服务发现的失效可能会导致微服务间无法通信。与配置系统相比，服务发现对一致性和可用性的权衡是不同的。因此，只有当配置系统能保证所需的可用性时，才应将配置系统用于服务发现。这可能会影响服务发现系统的架构。

技术

服务发现有多种可选的技术。

- 其中一种是DNS（域名系统）。该协议能将类似www.ewolff.com这样的主机名解析为IP地址。DNS是互联网的重要组成部分，其可伸缩性和可用性已得到验证。DNS的组织方式是分层的：有负责管理.com域的DNS服务器，这类DNS服务器知道子域ewolff.com由哪个DNS服务器管理，也就是说哪个子域DNS服务器知道www.ewolff.com的IP地址。通过这样的方式对命名空间进行分层组织，不同的组织可以管理不同的命名空间。如果要创建名为server.ewolff.com的服务器，只需要通过域ewolff.com的DNS服务器进行更改即可。微服务的理念特别关注架构的独立性，这与域名的独立性非常匹配。为了保证可靠性，同一个域总是由几个服务器负责管理。为了提升可伸缩性，DNS支持缓存，这样就不必解释整个域名，而是可从缓存中获取。这不仅提升了性能，还提高了可靠性。
- 对于服务发现，不仅要将服务器的名称解析为IP地址，每个服务还要有一个网络端口。为此，DNS保存了SRV记录，其中包含了在哪些计算机和端口上可以访问哪些服务的信息。此外，还能为某些服务器设置优先级和权重，以便从中选择服务器，从而挑选出性能更强的服务器。通过这种方法，DNS能提升服务器的可靠性，并均衡负载。除了可伸缩性之外，支持广泛的编程语言并由多种编程语言实现也是DNS的优点。
- DNS服务器的常用实现是**伯克利互联网域名服务器**（BIND，Berkeley Internet Name Domain Server）。BIND能运行于多种操作系统（Linux、BSD、Windows、Mac OS X）之上，采用C语言编写，基于开源许可证。
- Eureka是Netflix stack的一部分。Eureka是用Java编写的，基于Apache许可证。本书的示例应用使用Eureka实现服务发现（见13.8节）。对于每个服务，Eureka存储了服务名称与主机和端口的对应关系，服务之间通过主机和端口相互访问。Eureka能将服务相关的信息复制到多个Eureka服务器，以提升可用性。Eureka提供REST服务，还提供Java客户端类库。借助sidecar（见7.9节），即使不是采用Java语言编写的服务也能使用这个库。sidecar负责微服务与Eureka服务器间的通信，而Eureka为微服务提供服务发现。Eureka客户端将服务器的信息保存在缓存中，因此无须与服务器通信也能进行服务调用。服务器定期与注册的服务进行通信，以便确定哪些服务已经失效。每个服务可以注册多个实例，因此借助Eureka可实现负载均衡，将负载分配给各个实例。Eureka最初是为Amazon Cloud设计的。
- Consul提供键/值存储，适合用作配置服务器（见7.10节）。Consul对一致性和可用性进行了优化。客户端可以注册到服务器中，并响应特定的事件。除了DNS接口，Consul还提供了HTTP/JSON接口。Consul可以通过执行健康检查来确认服务是否可用。Consul是用Go编写的，基于Mozilla开源许可。此外，Consul还可以根据模板创建配置文件。因此，如果系统希望采用配置文件对服务进行配置，那就可以采用Consul。

基于微服务的架构应该采用服务发现系统。服务发现是管理大量微服务以及负载均衡等其他功能的基础。如果微服务数量很少，那么没有服务发现也是可以的。但对于大型系统，服务发现是不可或缺的。随着时间的推移，微服务的数量将逐渐增加，因此服务发现从一开始就应该整合到架构中。实际上，使用主机名解释就已经是一种简单的服务发现。

7.12 负载均衡

微服务的优点之一是各个服务能够独立扩容。在实例之间均衡负载的一种简单方案是将共同承担负载的多个实例注册到消息系统（见 8.4 节），然后由消息系统完成消息的实际分发。消息可以分发到其中一个接收者（点对点）或所有接收者（发布/订阅）。

REST/HTTP

对于 REST 和 HTTP，则必须采用负载均衡器。负载均衡器对外表现得就像单个实例一样，但它实际上是将请求分发到多个实例。此外，负载均衡器在部署过程中会很有用，因为新版本的微服务实例在启动初期无须承担大量的负载。部署完成后，可以重新配置负载均衡器，让新的微服务投入运行。通过这样的方式，可以逐步增加新版本微服务的负载，从而降低系统失效的风险。

图 7-13 展示了基于代理的负载均衡器的工作原理：客户端将其请求发送给另一个服务器上的负载均衡器，负载均衡器则负责将请求发送给一个已知的实例，然后由服务实例处理请求。

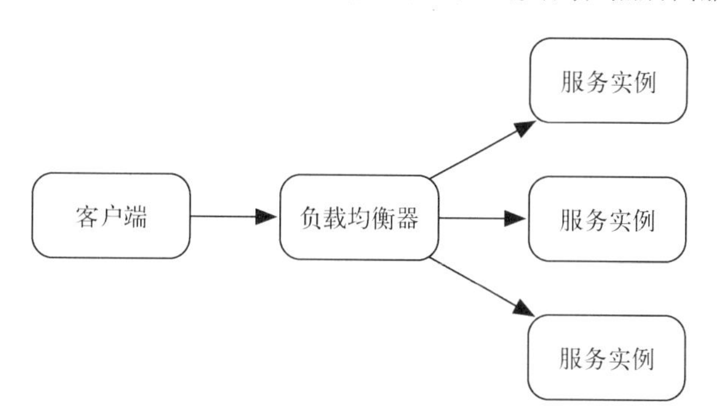

图 7-13 基于代理的负载均衡器

这种负载均衡方案对于网站是很常见的，而且比较容易实现。负载均衡器从服务实例获取信息，以确定不同实例的负载。如果节点不再响应请求，负载均衡器可以将该服务器节点从负载均衡中移除。

另一方面，这种方案的缺点是所有服务的全部流量都要经过负载均衡器的重定向，因此负载均衡器可能会变成瓶颈。此外，负载均衡器一旦失效，就会导致微服务失效。

集中式负载均衡器

除了上述原因以外，不推荐对所有微服务采用集中式负载均衡器的另一个原因是配置。当一个负载均衡器负责许多微服务时，负载均衡器的配置将变得非常复杂。此外，微服务的负载均衡需要进行协调。特别是在部署新版本的微服务时，为了将负载分配给刚通过集成测试的新微服务，就需要修改负载均衡器。为了确保微服务的独立部署，部署时应尤其避免微服务之间的协调与配合。在这种需要重新配置的情况下，负载均衡器必须要支持动态的重新配置。例如，如果微服务使用会话（session），则重新配置的过程中不应丢失会话信息。考虑到这个原因，也不建议采用有状态的微服务。

每个微服务一个负载均衡器

每个微服务应该对应一个负载均衡器，负载均衡器将负载分配到微服务的各个实例中。这样一来，各个微服务就能独立地分配负载，并且可采用不同的配置。在部署新版本时，负载均衡器的重新配置也就比较简单。但如果负载均衡器出现故障，则微服务将不再可用。

技术

负载均衡有多种实现方案。

- Apache httpd Web 服务器通过 mod_proxy_balancer 扩展提供对负载均衡的支持。
- Web 服务器 nginx 同样支持负载均衡配置。除了作为负载均衡器，Web 服务器同时还可以作为静态网站、CSS 和图像的服务器，因此减少了所需的技术。
- HAProxy 是负载均衡及高可用的一个解决方案。HAProxy 支持除 HTTP 以外的所有基于 TCP 的协议。
- 云服务商通常也提供负载均衡。例如，Amazon 提供 Elastic Load Balancing。云服务商的负载均衡可以与自动扩容相结合，负载提高时将自动启动新的实例，从而实现基于负载的自动扩容。

服务发现

负载均衡的另一种可选方案是服务发现（见图 7-14；见 7.11 节）。如果服务发现返回服务的多个节点，那么负载就可以分配给多个节点。但只有在执行新的服务发现后，此方案才允许重定向到另一个节点，因此难以实现细粒度的负载均衡，而且新节点需要经过一段时间后才能获得足够的负载份额。最后，如果一个节点失效，那么需要执行一次新的服务发现才能被纠正。对于采用 DNS 的情况，可以指定数据的有效时间（time-to-live）。超出有效时间后，服务发现就必须再次运行。因此，可以通过 DNS 解决方案和 Consul 实现简单的负载均衡。然而不幸的是，有效时间通常很难完全准确地实现。

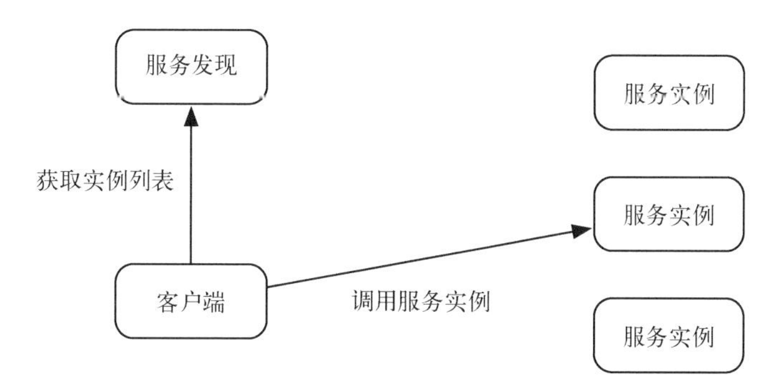

图 7-14 基于服务发现的负载均衡

微服务系统中必然存在服务发现，因此通过服务发现实现负载均衡是很简单的，而且这样实现的负载均衡无须引入额外的软件组件。此外，避免集中式负载均衡器将产生积极的效果：系统中不再有瓶颈，也不会因核心部件失效而导致严重的后果。

基于客户端的负载均衡

客户端本身也可以使用负载均衡器（见图 7-15）。负载均衡器可以作为微服务代码的一部分来实现，也可以基于代理实现，如 nginx 或 Apache httpd。负载均衡器与微服务运行在同一台计算机上。在这种情况下，每个客户端都有自己的负载均衡器，因此不存在瓶颈，而且单个负载均衡器的故障几乎不会造成严重后果。但是，配置更改必须传递给所有负载均衡器，因此可能会带来相当多的网络流量和负载。

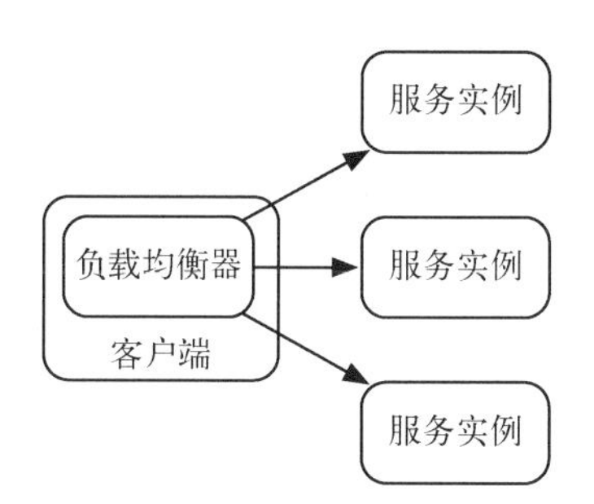

图 7-15 基于客户端的负载均衡

Ribbon 实现了基于客户端的负载均衡。它是一个用 Java 编写的库，可以调用 Eureka 查找服务实例，也可以直接向其提供服务器列表。Ribbon 实现了多种负载均衡算法。当它与 Eureka 结合使用时，无须对负载均衡器进行额外配置。非 Java 实现的微服务可以通过 sidecar 模式使用 Ribbon。本书的示例应用就使用了它（见 13.11 节）。

Consul 能够依据模板生成负载均衡器的配置文件，这样就可以通过服务发现提供的数据对负载均衡器进行配置。为每个客户端定义一个模板，并通过 Consul 写入所有服务实例，可以实现基于客户端的负载均衡。这个过程可以定期重复。通过这种方式，就能够实现集中式系统配置，并能较为方便地实现基于客户端的负载均衡。

负载均衡与架构

在一个微服务系统中采用多种负载均衡是不合理的，因此整个系统应采用统一的负载均衡机制。负载均衡和服务发现有许多关联。服务发现知道所有服务实例，而负载均衡则在实例之间分配负载，两种技术必须相互配合。因此，两者的技术决策会互相影响。

7.13 可伸缩性

为了应对高负载，微服务需要进行扩展。可伸缩性表示系统能够通过增加资源投入来处理更多的负载。

图 7-16 展示了两种不同的可伸缩性。

- **横向可伸缩性**表示使用更多的资源，每个资源分别处理负载的一部分，即增加资源数量。
- **纵向可伸缩性**表示使用更强大的资源来处理更高的负载。资源数量保持不变，但各个资源能够处理更多的负载。

横向可伸缩性通常是更好的选择，由于可使用的资源数量更多，可伸缩性将非常好。此外，购买更多的资源比购买更强大的资源要便宜得多。一台运算速度快的计算机通常比大量较慢的计算机更昂贵。

图 7-16 纵向和横向扩容

扩容、微服务与负载均衡

微服务主要采用横向扩容，并通过负载均衡将负载分配给多个微服务实例。微服务本身必须是无状态的。更准确地说，微服务不应具有针对个体用户的任何状态，否则请求只能分配给具有相应状态的节点来处理。用户的状态可以存储在数据库中，或所有微服务均可访问的外部存储（如内存存储）中。

动态扩容

可伸缩性只意味着负载可以分配到多个节点，但并没有定义系统应对负载的方式。更为重要的是，系统需要真正适应不断增加的负载。因此，必须根据负载启动新的微服务实例，这样微服务就能够应付高负载。如果手动处理，那么这个过程将非常费力，因此必须是自动化的。

持续部署流水线（见第 11 章）在许多情况下都需要启动微服务进行测试。这种情况下，可以采用合适的部署系统（如Chef或Puppet），也可以简单地启动一个包含微服务的虚拟机或Docker容器。该机制也可用于动态扩容，扩容后只需要将新的实例注册到负载均衡即可。实例启动后就应正确地处理生产负载，而这可以通过缓存数据来实现。

微服务一定会注册到服务发现，因此通过服务发现可以非常方便地实现动态扩容。服务发现可以对负载均衡器进行配置，以便将负载分配给新的实例。

动态扩容的执行要基于特定指标。例如，当微服务的响应时间太长或请求数过多时，就必须启动新的实例。通过监控，我们能对不正常的指标做出响应，因此动态扩容可以作为监控的一部分（见 11.3 节）。大多数监控基础设施能够通过执行脚本来应对特定指标，因此可以通过脚本启动新的微服务实例。在大部分的云环境和虚拟化环境中，这是相当容易实现的。像 Amazon Cloud 这样的环境为自动扩容提供了合适的解决方案和类似的机制。当然，自行设计解决方案也并不是很复杂，因为脚本每隔几分钟才运行一次，所以失败在有限的时间内是可以接受的。脚本是监控的一部分，因此脚本的可用性接近监控的可用性，应该保证脚本的高可用性。

尤其是采用云基础设施时，每个运行在云端的实例都要花钱，因此负载较低时一定要关闭过剩的实例。在这种情况下，当指标值达到预先规定的级别时，也可以通过脚本实现自动化响应。

微服务：扩容的优势

微服务具有能够独立扩容的优点。而在单体部署架构中，每次启动实例都要启动整个单体应用。乍一看，微服务这种细粒度的扩容似乎并不是特别突出的优点。然而，在很多情况下，增加一个电子商城实例仅仅是为了加快搜索速度。这种粗粒度的扩容会带来高昂的开销：大量的硬件；必须建立复杂的基础架构；即使不需要全部系统部件，也要保证其都可用。这些系统部件将导致部署和监控变得更加复杂。动态扩容的可行性很大程度上取决于服务的大小以及新实例启动的速度。在这些方面，微服务具有明显的优势。

在大多数情况下，微服务的自动化部署非常容易实现，而且通常已经实现了监控。如果没有自动化部署和监控，微服务系统的运维将难以进行。如果已经有负载均衡，那么只需要一个脚本即可实现自动扩容。因此，微服务架构为动态扩容打下了很好的基础。

分片

分片（sharding）表示对管理的数据进行划分，且每个实例负责管理部分数据。例如，一个实例可以负责名字以 A~E 开头或客户号码以数字 9 结尾的所有客户。分片将使用更多的服务器，因此实质上是水平扩容的变种。但并非所有服务器都是相同的，鉴于每个服务器负责数据集的不同子集。在微服务环境中，领域被划分到多个微服务中，因此这类扩容将比较容易实现。每个微服务都可以通过分片来实现数据划分和水平扩容。单体部署架构要处理所有的数据，因此很难以这种方式进行扩容。如果单体部署架构负责管理客户和商品，这两种类型的数据将难以分片。为了实现真正的分片，负载均衡器必须将负载分配给正确的分片。

可伸缩性、吞吐量与响应时间

可伸缩性表示可以通过增加资源来处理更多的负载，因而吞吐量——单位时间内处理的请求数——也将得到提升。在最理想的情况下，响应时间能够保持不变。依实际情况而定，响应时间可能会延长，但不会达到导致系统出错或响应太慢的程度。

通过水平扩容无法让响应时间缩短。然而，有一些方法能够优化微服务的响应时间。

- 可以将微服务部署在运行速度更快的计算机上。这属于纵向扩容。这样微服务就能更快地处理各个请求。借助自动化部署，纵向扩容会相对容易实现。只需要将服务部署在更快的硬件上即可。
- 网络调用耗时很长，因此避免网络调用是一种优化方案。可以通过使用缓存或数据复制来避免网络调用。缓存通常很容易集成到已有通信方式中。例如，对于 REST，简单的 HTTP 缓存就能满足需求。
- 如果微服务的领域架构设计良好，那么一个请求应只在一个微服务中处理，因此不需要网络通信。在领域架构设计良好的情况下，处理请求的逻辑都在一个微服务中实现，因此修改逻辑时仅需要修改一个微服务即可。在这种情况下，微服务的响应时间并不比单体部署应用更长。对于响应时间的优化，微服务的缺点是使用网络通信，从而导致响应时间较长。上述方案可减少这种影响。

7.14　安全性

在微服务架构中，每个微服务都必须知道当前的调用是由哪个用户发起的。微服务要合作处理请求，而对该请求的处理的每一部分都由其他微服务负责，因此微服务系统必须要有统一的安全架构。安全架构必须在系统层面上定义。这是在安全性方面确保整个系统对用户访问进行统一处理的唯一途径。

安全性包括两个基本方面：认证和授权。认证是验证用户身份的过程。授权表示是否允许某个用户执行某个动作。这两个过程是相互独立的：在认证上下文中验证用户身份与授权无直接关系。

安全性与微服务

在微服务架构中，各个微服务分别验证用户名和密码是没有意义的，因此微服务不应各自进行认证。认证必须使用中央服务器。授权有必要进行交互，因为用户组或角色通常要集中管理。微服务各自决定某个用户组或角色是否允许使用该微服务的功能，因此某个微服务授权的更改可以仅限于该微服务。

OAuth2

OAuth2 是解决该挑战的一种解决方案，是互联网行业广泛采用的协议。Google、Microsoft、Twitter、XING 和 Yahoo 均支持此协议。

图 7-17 展示了 OAuth2 标准所定义的工作流程。

- 客户端询问资源所有者能否执行某个操作。例如，应用可以请求访问资源所有者存储在社交网络中的个人资料或特定数据。资源所有者通常是系统的用户。
- 如果资源所有者授予客户端访问权限，则客户端将从资源所有者获取相应的响应。
- 客户端通过资源所有者的响应向授权服务器发起请求。在该示例中，授权服务器位于社交网络中。
- 授权服务器返回一个访问令牌（access token）。
- 通过访问令牌，客户端可以调用资源服务器来获取必要的信息。调用时，将令牌放入 HTTP 报头。
- 资源服务器响应请求。

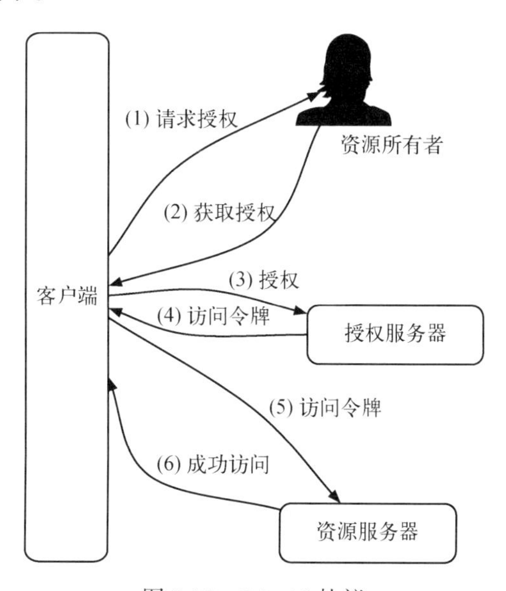

图 7-17 OAuth2 协议

可选的授权方式

可以通过如下方式与授权服务器进行交互。

- 采用密码授权（password grant）时，客户端在步骤1中向用户显示一个HTML表单。资源所有者可以输入用户名和密码。在步骤3中，客户端使用这些信息通过HTTP POST从授权服务器获取访问令牌。密码授权方式的缺点是，由于客户端要处理用户名和密码，如果客户端的实现不够安全，那么密码安全将受到威胁。
- 采用授权许可（authorization grant）时，客户端会在步骤1将用户访问定向到授权服务器的页面。用户在该页面可以选择是否授权访问资源。如果允许访问，客户端将在步骤2通过HTTP-URL的方式获取授权码。授权服务器指定了URL，因此能够确保正确的客户端获取代码。在步骤3中，客户端使用授权码发送HTTP POST请求，获取访问令牌。授权许可方式主要由授权服务器实现，因此客户端易于使用。在这种情况下，客户端是服务器上的Web应用：客户端从授权服务器获取代码，并且是唯一能够通过HTTP POST将其转换为访问令牌的程序。
- 采用隐式授权（implicit grant）的过程类似授权许可方式。在步骤1重定向到授权服务器之后，客户端通过HTTP重定向直接获取访问令牌。因此，浏览器或移动应用能够立即读出访问令牌，从而省略了步骤3和步骤4。授权服务器不会直接将访问令牌返回给客户端，因此能够保护访问令牌免受攻击。如果客户端或移动应用通过JavaScript代码访问令牌，则可以采用这种方法。
- 采用客户端证书（client credentials）时，客户端在步骤1中通过证书从授权服务器获取访问令牌。客户端可以直接访问数据，而不需要从资源所有者处获取额外的信息。例如，统计软件能以这种方式读取并分析客户数据。

客户端通过访问令牌能够访问资源。访问令牌必须受到保护。一旦未经授权的人员获得了访问令牌，他们就能够触发资源所有者所能触发的全部操作。令牌内部可保存特定信息的编码。例如，除了资源所有者的真实姓名之外，令牌还可以给用户添加特定权限或特定用户组的成员资格。

JWT（JSON Web Token）

JWT（JSON Web Token）是访问令牌保存信息的一种标准。该标准以JSON作为数据结构，以JWS（JSON Web Signature）作为验证访问令牌的数字签名。另外，访问令牌可以使用JWE（JSON Web Encryption）进行加密。访问令牌可以包含访问令牌的发行者、资源所有者、有效期以及访问令牌的地址等信息。个体数据也可以包含在访问令牌中。由于HTTP报头通常限制大小，访问令牌通过BASE64对JSON编码进行了优化。

OAuth2、JWT与微服务

在微服务架构中，用户可以通过OAuth2的其中一种认证方式进行初始认证。此后，用户就可以使用微服务提供的网页或通过 REST 调用微服务。每次调用后，微服务都可以将访问令牌传递给其他微服务。根据访问令牌，微服务可以决定是否允许某次访问。因此，首先要检查令牌的有效性。在 JWT 的情况下，只需对令牌进行解密并检查授权服务器的签名，然后就可以根据令牌的信息决定用户是否允许调用微服务。例如，令牌中可以直接保存用户组信息。

访问令牌由授权服务器颁发，但访问令牌中并未指明允许访问哪个微服务。访问权限是从授权服务器获取的，每次修改访问权限都必须通过授权服务器进行，而不是通过微服务，这将限制微服务的可变性。授权服务器应该只管理用户组的分配，而微服务则根据令牌的信息允许或禁止访问。

技术

原则上可以采用 OAuth2 以外的其他技术方案，只要这些方案也使用中央服务器进行授权，并使用令牌来控制对单个微服务的访问。例如 Kerberos 有比较长的历史，但该方案并未像 OAuth2 那样提供 REST 接口。其他方案包括 SAML 和 SAML 2.0，它们是通过 XML 和 HTTP 实现授权和认证的协议。

最后，自行实现的安全服务可以创建签名 cookie。通过加密签名可以确定 cookie 是否真的由系统签发。另外，cookie 可以包含用户的权限或用户组信息。微服务可以检查 cookie，并在必要时限制访问。cookie 有被盗取的风险，但发生这种情况通常是因为浏览器被入侵，或 cookie 通过未加密的连接进行传输。这样的风险通常处于可接受的范围。

通过令牌，微服务能够限制特定用户组或角色的访问，而且不必处理调用者的授权。

以下是采用 OAuth2 的有力理由。

- 流行的编程语言有大量的类库可以实现 OAuth2 或 OAuth2 服务器。因此，OAuth2 基本不会限制微服务的技术选择。
- 微服务之间只需传递访问令牌。如果采用 REST 接口，那么可以通过 HTTP 报头以标准化的方式传递令牌。其他的通信协议也可以利用类似的机制。在通信协议方面，OAuth2 同样不会限制技术选择。
- 采用 JWT 时，授权服务器可以根据令牌中的信息，决定是否允许访问微服务。因此，微服务与共享基础设施之间的交互很容易实现，并有广泛支持的标准。

Spring Cloud Security 为实现 OAuth2 提供了良好的基础，特别是对于用 Java 开发的微服务。

其他安全措施

OAuth2 首先要解决针对人类用户的认证和授权问题。此外，还有一些保护微服务系统的措施。

- 微服务间的通信可以通过SSL/TLS进行，以防被窃听。所有SSL/TLS通信都被加密。REST和消息系统等基础设施都支持这类协议。
- OAuth2证书除了可验证身份，还能用来验证客户端。证书由证书颁发机构生成，可用于验证数字签名。根据数字签名，可对客户端进行验证。SSL/TLS支持证书，因此SSL/TLS层面能够使用证书，以及利用证书进行身份验证。
- API密钥是一种类似的概念。API秘钥被授予外部的客户端，让其能够调用该系统。通过API密钥，外部客户端可以通过身份验证并获得适当的权限。采用OAuth2方案时，API秘钥可以通过客户证书实现。
- 防火墙可用于保护微服务之间的通信。通常，防火墙可用于保护系统免受外部未经授权的访问。如果某个微服务被入侵，那么微服务间的防火墙可以保护其他微服务，使其免受威胁。这样，被入侵的微服务数量就能限制在一个。
- 最后，应该有入侵检测机制，以便检测未经授权的系统访问。该主题与监控密切相关。当监控系统发现入侵时，可以触发适当的警告。
- datensparsamkeit[①]是一个有趣的概念，该概念从数据安全领域衍生出来，认为只应保存绝对需要保存的数据。从安全的角度，这样做可以避免保存大量数据，从而降低了系统被入侵的风险，因此安全漏洞所导致的后果也不会那么严重。

Hashicorp Vault

Hashicorp Vault是一款能为微服务解决许多安全问题的工具，它提供了以下功能。

- 可以保存并帮助用户管理密码、API密钥、加密密钥以及证书等信息。微服务可以借助证书来保护彼此之间的通信或与外部服务器的通信。
- 可以暂时提供秘钥给服务使用。此外，系统还可以采用访问控制机制。一旦有服务被破坏，就可采取措施避免问题扩大化。例如，可以将秘钥声明为无效。
- 通过密钥对数据进行即时的加密或解密，因此微服务无须保存这些密钥。
- 通过审计可对访问进行追溯，这样就能跟踪谁在哪个时间点获取了哪个秘钥。
- 在后台，Vault可将秘钥存储在HSM、SQL数据库或Amazon IAM中。另外，Vault也可以为Amazon Cloud生成新的访问密钥。

通过以上方式，Vault为微服务承担起保管秘钥的任务。安全地保管秘钥是一个很大的挑战，实现难度很高。

其他安全目标

软件架构安全涉及方方面面。类似OAuth2这样的方案只能提高保密性，阻止未经授权的用户访问数据。然而，仅仅依靠OAuth2也无法完全保证这种保密性，还要采取措施保护网络通信，

① 参见Martin Fowler的文章，*Datensparsamkeit*。

例如通过 HTTPS 或其他类型的加密，以免被窃听。

其他的安全目标列举如下。

- **完整性**——完整性表示数据没有被篡改。每个微服务都要解决数据完整性的问题。例如，可以为数据生成签名以确保数据没有被篡改。具体实现方式由每个微服务自行决定。
- **保密性**——保密性表示某人一旦做出修改后就无法抵赖。可以使用针对不同用户的密钥，对用户的更改进行签名来实现这一点。这样一来，哪个用户对数据做了修改将一目了然。整体安全架构负责提供密钥，而签名则由各个服务来完成。
- **数据安全**——只要数据没有丢失，数据安全就可以得到保障。数据安全可以通过备份方案和高可用存储方案来解决。数据存储是微服务的职责，因此数据安全问题应由微服务来解决。公共基础设施也可以提供具有备份和灾难恢复机制的数据库。
- **可用性**——可用性表示系统可供使用。可用性应由各个微服务自行解决。基于微服务架构的系统非常适合处理各个服务可能出现的故障。例如，微服务的容错性（见 9.5 节）有助于提高可用性。

上述方面在制定安全措施时常常被忽视。然而，服务失效所带来的后果甚至比未经授权的数据访问更加严重。服务失效的原因之一是拒绝服务攻击（denial-of-service attack），它会导致服务器超负载，以至于无法完成任何任务。拒绝服务攻击的技术门槛通常非常低，但防御这种攻击却非常困难。

7.15 文档与元数据

为了维护微服务的整体架构，需要获取各个微服务的某些信息。因此，微服务架构需要指明各个微服务提供这些信息的途径。为了便于信息收集，所有微服务应以统一的方式提供这些信息。所需的相关信息列举如下。

- 基本信息，如服务名和负责的联系人。
- 源代码的相关信息：如何通过版本控制系统获取代码，以及使用了哪些库。如果需要将公司政策与共享库的开源许可进行比对，或者需要判断微服务是否受到某个共享库的安全漏洞的影响，那么微服务所使用的共享库的信息就很重要。为此，如果只有某个微服务要使用某个库，那么负责的团队能够决定是否采用这个库，但前提是应该提供共享库信息。
- 与微服务协作的其他微服务是另一个重要信息。此信息是架构管理的核心（见 7.2 节）。
- 此外，与配置参数或功能切换相关的信息可能会有用。功能切换用于开启或关闭功能，可以在生产环境中激活开发完成的新功能，或停用某些功能以避免服务失败。

将微服务的所有组件写入文档或统一整个文档是不合理的。对微服务开发团队之外的相关信息进行统一才有意义。当需要管理微服务间的交互或检查许可证时，就要对外提供相关信息。这些问题必须通过微服务来解决，每个团队都可以创建各自微服务的相关附加文档。但是，这些文档仅与各个团队有关，因此不必标准化。

过时文档

文档很容易过时，导致记录不再是最新的状态，这是所有软件文档的常见问题。因此，文档应与代码一起进行版本控制。此外，文档应该根据系统中已有的信息来创建。例如，通过构建系统可以获取所用类库的列表，因为在编译期间必然需要这些信息。再如，通过服务发现可以获得微服务之间调用关系的信息。如果要采用防火墙来保护微服务间的通信，那么这些信息将有助于建立防火墙规则。总而言之，文档不需要单独维护，而是应该根据系统已有的信息来生成。

文档访问

文档可以是构建期间创建的构件。此外，也可以实现一个能读取元数据的运行时接口。该接口可以与监视所用的通用接口存在关联，并可以通过类似 HTTP 的方式提供 JSON 文档。通过这种方式，元数据实际上只是微服务在运行时提供的额外信息。

服务模板作为实现新的微服务的基础，可用于演示如何创建文档。满足这一条件后，服务模板就有助于实现符合标准的文档。另外，通过测试可以确保文档的格式符合规范。

7.16　总结

微服务系统的领域架构不仅影响着系统的结构，还影响着组织，因此非常重要（见 7.1 节）。然而不幸的是，管理依赖关系的工具，尤其是管理微服务间依赖关系的工具非常少，因此团队必须自行设计解决方案。当然，实际中通常只需理解各个业务流程的实现即可，不一定需要理解整体架构（见 7.2 节）。

架构要取得成功，必须要根据需求的变化不断调整。对于单体部署架构，可采用多种重构技术来调整架构。微服务也可以重构，但缺少相关工具的支持，而且重构难度较高（见 7.3 节）。当然，微服务系统也可以持续开发。例如，由几个较大的微服务开始，逐渐创建越来越多的微服务（见 7.4 节）。如果过早拆分成大量微服务，则可能会导致拆分不合理。

将遗留应用迁移到微服务架构是一种特殊情况（见 7.6 节）。在这种情况下，可将遗留应用的代码拆分成微服务，但遗留应用糟糕的结构常常会影响微服务的架构。另一种做法是通过微服务对遗留应用进行补充，以循序渐进的方式逐步替代遗留应用的功能。

事件驱动架构（见 7.8 节）可用于微服务逻辑的解耦，该架构具有良好的可伸缩性。

架构的主要任务之一是定义系统的技术基础（见 7.9 节）。对于微服务系统，这无关乎共享技术栈的定义，而关乎共享的通信协议、接口、监控和日志。整体系统的另一个技术功能是协调和配置（见 7.10 节）。在这方面，所有微服务既可以选择统一的工具，也可以不采用集中式配置，而是让微服务各自选择配置方案。

类似地，服务发现（见 7.11 节）也有多种技术可供选择。除非通信方式采用了消息机制，否则微服务系统都应该采用服务发现机制。基于服务发现，可引入负载均衡机制（见 7.12 节），从而将负载分配给微服务的各个实例。服务发现知道所有实例的存在，而负载均衡则将负载分配给这些实例。负载均衡可以通过集中式负载均衡器的方式，可以通过服务发现的方式，还可以通过给每个客户端配备一个负载均衡器的方式来实现。负载均衡是系统可伸缩性的基础（见 7.13 节），让微服务能够通过扩容来处理更多的负载。

微服务的技术复杂度远高于单体部署系统。操作系统、网络、负载均衡器、服务发现、通信协议等都成为了微服务架构的一部分。单体部署系统的开发人员和架构师则通常无须关心这些方面。相比之下，微服务系统的架构师所需的技术完全不同，所设计出来的架构也处在不同的层面。

对于安全，需要一个集中式组件负责认证和至少部分的授权功能。各个微服务则实现访问控制的细节（见 7.14 节）。为了获取（由多个微服务构成的）系统的特定信息，微服务必须提供标准化的文档（见 7.15 节）。该文档可以包括微服务所使用的类库在内的信息，以便检查开源许可证，或解决类库发现的安全问题。

微服务系统的架构与传统应用并不相同。微服务需要做出一些特有的技术决策。对微服务系统整体而言，监控、日志、持续交付等方面都是标准化的。

要点

- 在微服务之间进行重构是很难实现的，因此很难在这个层面上对系统进行修改。架构的持续演化是关键。
- 微服务架构设计的关键部分是定义配置和协调，服务发现，负载平衡，安全，文档和元数据等技术。

第8章 集成与通信

微服务需要集成，也需要相互通信。集成和通信可以在不同层面上实现（见图 8-1）。每种方案都有其优缺点，并且在每个层面上的集成都有多种技术实现方式。

- 微服务包含图形用户界面，因此微服务可以在 UI 层面上集成。8.1 节将介绍这种集成方式。
- 微服务也可以在逻辑层面上集成，可以通过 REST（见 8.2 节）、SOAP、远程过程调用（RPC，见 8.3 节）或消息（见 8.4 节）等方式实现。
- 最后，可以在数据库层面上通过数据复制的方式来集成（见 8.5 节）。8.6 节将介绍接口设计的基本原则。

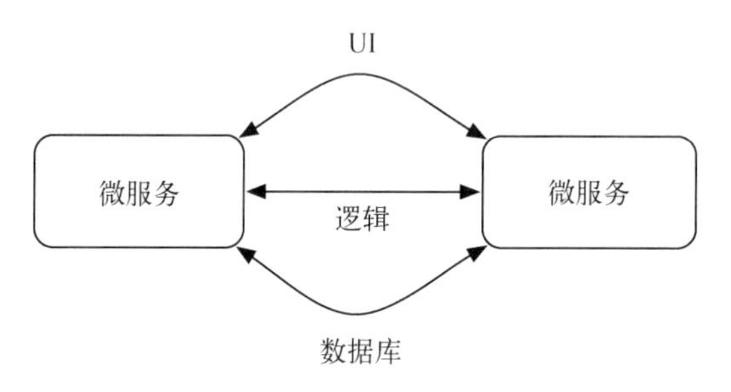

图 8-1　不同层面的集成

8.1 Web 与 UI

微服务应该配备自己的 UI。由于微服务包含了 UI，如果微服务的修改涉及 UI，那就可以一起处理。因此，有必要将微服务的 UI 集成到一起，将系统构成一个整体。UI 的集成有多种实现方式，innoQ 的博客中有相关资料[1]。

① 参见 https://www.innoq.com/blog/st/2014/11/web-based-frontend-integration/，以及 https://www.innoq.com/en/blog/transclusion/。

多个 SPA

单页应用（SPA，single-page-App）在单个 HTML 页面内实现了整个 UI。JavaScript 实现的逻辑能动态地改变页面各个部分。逻辑也能够操控浏览器显示的 URL，从而可以使用书签等浏览器功能。但 SPA 与原始的 Web 并不相同，因为 SPA 通过 JavaScript 来实现绝大部分的逻辑，并使其取代 HTML，成为核心的 Web 技术。而传统的架构通常只在服务器端实现逻辑。

如果需要复杂的交互或离线能力，那么 SPA 将非常有用。Google 的 Gmail 诠释了 SPA 的含义。传统的邮件客户端通常是本地应用，但 Gmail 作为一个 SPA 却能够提供相似的用户体验。

以下是实现单页应用的技术。

- AngularJS 目前非常流行。它提供了诸多特性，其中包括双向的 UI 数据绑定：如果 JavaScript 为某个绑定的模型赋了一个新值，那么 UI 组件所显示的值将自动更新；它同样提供从 UI 到代码的绑定，能将用户输入绑定到一个 JavaScript 变量。另外，AngularJS 能够在浏览器上渲染 HTML 模板，因此通过 JavaScript 就能生成复杂的 DOM 结构。运行在浏览器之上的 JavaScript 可以实现整个前端逻辑。AngularJS 由 Google 创造，基于非常自由的 MIT 许可发布。
- Ember.js 遵循“约定优于配置”（convention over configuration）的原则，提供了类似于 AngularJS 的功能。Ember.js 通过 Ember Data 辅助模块，提供了一种访问 REST 资源的模型驱动方案。Ember.js 基于 MIT 许可，由开源社区的开发者维护。
- Ext JS 提供了一个 MVC 方案以及组件，开发者可通过类似开发富客户端应用的方式来开发 Web UI。Ext JS 基于 GPL v3.0 许可发布，但如果要用于商业用途，则需要向开发者 Sencha 购买一份商用许可。

每个微服务对应一个 SPA

在微服务中采用 SPA 时，每个微服务可以有各自的 SPA（见图 8-2）。SPA 可以通过 JSON/REST 调用微服务，这通过 JavaScript 非常容易实现。通过链接可以将多个 SPA 整合到一起。

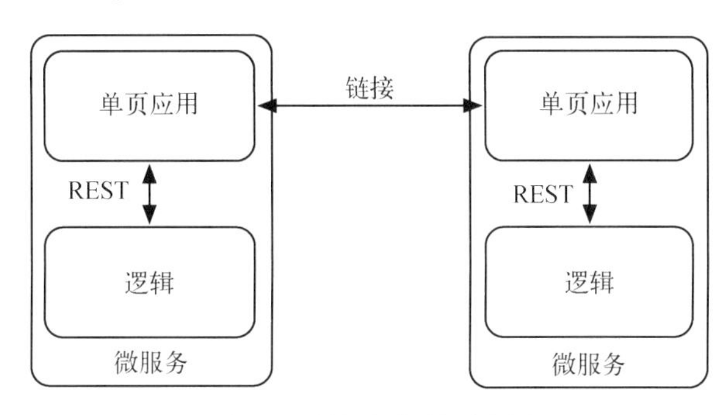

图 8-2 微服务与单页应用

这使得各个 SPA 完全分离和独立。SPA 及相关的微服务很容易就能发布新版本，但 SPA 很难更紧密地集成。当用户从一个 SPA 跳转到另外一个时，浏览器要加载一个新的 Web 页面，并运行另外一个 JavaScript 应用。浏览器需要花费一定的时间来处理这样的跳转，因此只有当 SPA 之间很少发生跳转时，这个方案才可行。

资源服务器

多个 SPA 可以是异构的，每个 SPA 都可以有不同的 UI 设计。这可能会带来整个系统的 UI 不统一的问题，而这个问题可以通过资源服务器来解决。资源服务器负责为应用提供 JavaScript 文件和 CSS 文件。如果微服务的 SPA 只允许通过资源服务器获取这类资源，那就能统一用户界面。为此，需要一个代理服务器，负责将请求分发给资源服务器及各个微服务。从浏览器角度来看，所有的资源和微服务似乎共享同一个域名 URL。这种方案能够绕开禁止跨域访问的安全规则，还可以通过缓存减少应用加载时间。因为只能使用存储在资源服务器中的 JavaScript 库，所以缩小了微服务的技术选择范围。技术选择的统一与自由是相互冲突的。

资源共享会导致资源服务器与微服务之间产生代码依赖。当某个资源发布新版本后，所有使用了该资源的微服务都要修改，以便使用新版资源。这种代码依赖会破坏独立部署，应该尽量避免。后端的代码依赖通常是个问题（见 7.3 节）；同理，前端也应尽量减少代码依赖。否则，资源服务器所带来的问题可能比其解决的问题还多。

UI 规范详细描述了应用的设计，有助于统一设计方案的各个层面。通过 UI 规范能统一 UI 的实现，而无须使用共享资源服务器，因此也就不会导致代码依赖。

另外，为了避免让用户反复登录，多个 SPA 需要有统一的身份认证与授权方案。这可以通过 OAuth2 或共享签名 cookie 实现（见 7.14 节）。

如果后端启用了“同源策略”（same-origin policy），那么只有与后端微服务域名相同的 JavaScript 才能访问后端获取数据，而不同域名的 JavaScript 代码将被禁止访问数据。如果所有微服务通过代理以相同的域名对外提供服务，那就不再有这样的限制。否则，如果一个微服务的 UI 要访问另外一个微服务的数据，那就要先禁用该策略。这个问题可以通过跨域资源共享（CORS，cross-origin resource sharing）解决。采用 CORS 后，提供数据的服务器将允许其他域名下的 JavaScript 访问。另一个方法是通过单一域名向外提供所有 SPA 和 REST 服务，这样就不需要跨域访问，同时也能在一个资源服务器上访问共享的 JavaScript 代码。

所有微服务对应一个 SPA

系统划分成多个 SPA 会导致微服务前端出现严格的分离。假如一个 SPA 负责订单处理，另一个 SPA 负责报表等基础功能，那么不同 SPA 之间切换的加载时间长度仍可接受。况且不同的 SPA 可能对应不同的用户群体，或许根本不需要切换。

但有些情况下，各个微服务的用户界面需要更紧密地集成。例如，查看订单时可能需要显示商品详情。显示订单由一个微服务负责，而显示商品则由另一个微服务负责。为此，SPA 可以划分成模块（见图 8-3）。每个模块属于不同的微服务，由不同的团队负责。各个模块可以单独部署。例如，各个模块以单独的 JavaScript 文件形式存储在服务器中，并使用独立的持续交付流水线。模块接口的定义要合理，例如规定只允许发送事件。通过事件能够实现模块之间的解耦，因为模块只需发送状态的变化，而无须理会其他模块的处理。

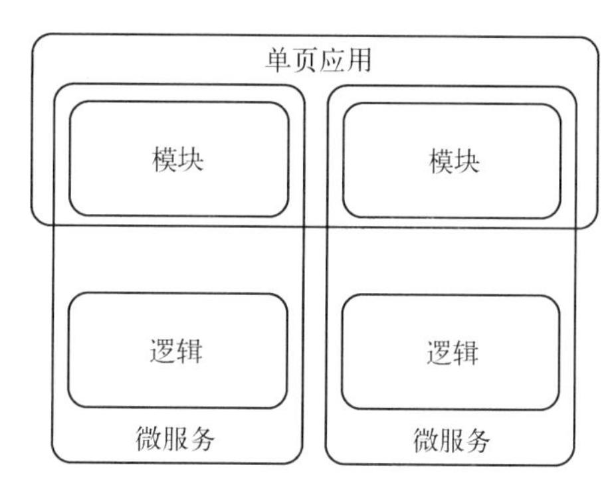

图 8-3 多个微服务共享一个单页应用的紧密集成方式

AngularJS 有模块的概念，SPA 各部分的实现可以分散在多个彼此隔离的单元中。一个微服务可以提供用于显示该微服务的用户界面的 AngularJS 模块。必要时还可以集成其他微服务的 AngularJS 模块。

8

但该方案有一些缺陷，列举如下。

- SPA 只能作为一个完整的应用进行部署。当有模块被修改时，整个 SPA 都要重新构造和部署。为 SPA 提供模块的各个微服务需要协调。另外，由于各个模块调用了微服务，服务器端各个微服务的部署也需要协调。但是应用各个模块的部署应该避免协调。
- 模块能够相互调用。根据调用的方式，一个模块发生变化后（例如接口发生改变时），其他模块也要相应地进行修改。如果模块分属不同的微服务，那么微服务之间就需要协调，而这是应该避免的。

比起应用间链接的方式，SPA 模块的方式需要更紧密的协调。另一方面，SPA 模块的优势是各个微服务提供的 UI 元素能够同时显示给用户。但这种方案导致微服务在 UI 层面上产生了紧耦合。SPA 模块相当于其他编程语言中的模块概念，同一个 SPA 的模块需要同时部署。这导致本应相互独立的微服务在 UI 层面结合到了一起。因此，这种方案削弱了微服务架构的一个重要优势——独立部署。

HTML 应用

实现 UI 的另一种方案是基于 HTML 的用户界面。每个微服务有一个或多个服务器端生成的

Web 页面，这些 Web 页面可以使用 JavaScript。与 SPA 不同，在 Web 页面之间跳转时，服务器只须加载一个新的 HTML 页面，而无须加载一个应用。

ROCA

面向资源的客户端架构（ROCA，resource-oriented client architecture）提供了一种在 HTML 用户界面中处理 JavaScript 与动态元素的方法。ROCA 是 SPA 的一种替代方案。在 ROCA 中，JavaScript 的角色仅限于优化 Web 页面的可用性。JavaScript 能够提升 HTML 页面的易用性，并添加更多的页面效果。但即使没有 JavaScript，应用也得能够使用。ROCA 的目的并不是让用户使用没有 JavaScript 的 Web 页面，而是应用只应使用基于 HTML 与 HTTP 的 Web 架构。ROCA 保证了所有逻辑都在服务器上实现，而不是在客户端上通过 JavaScript 实现。这样，其他客户端也能使用相同的逻辑。

如果一个 Web 应用被划分成多个微服务，那么 ROCA 能减少依赖并简化划分。微服务的 UI 可以通过链接进行整合。对于 HTML 应用，链接是 Web 页面之间导航以及自然集成的常用方式。采用 ROCA 时，不会出现类似 SPA 集成其他微服务模块的情况。

为了增进 HTML 用户界面的一致性，各个微服务可以共用一个资源服务器，就像 SPA 一样（见图 8-4）。资源服务器中包含了所有的 CSS 以及 JavaScript 库。如果团队为 HTML 页面指定了 UI 规范，以管理资源服务器中的资源，那么各个微服务的用户界面将基本一致。但正如我们探讨过的，这将给微服务的 UI 之间带来代码依赖。

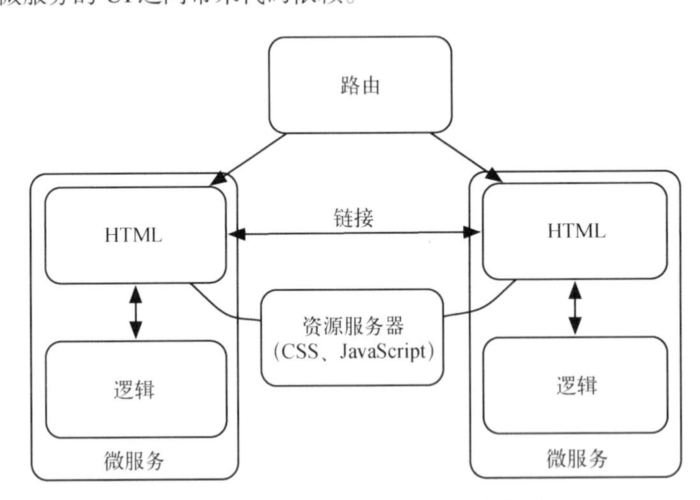

图 8-4 HTML 用户界面与资源服务器

简易路由

多个微服务对外应该像单个 Web 应用一样，最好共用一个域名 URL。由于共用域名 URL 时不会违反同源策略，这也有助于资源的共享。然而，来自外界的用户请求要定向到正确的服务器，这是路由的职能。路由接收 HTTP 请求，然后将请求转发给其中一个微服务。路由规则可以基于 URL，各个 URL 映射到微服务的方式由复杂的路由规则决定。本书的示例应用使用了 Zuul 作为路由（见 13.9 节）。另一种方案是反向代理，例如可以通过 Apache httpd 或 nginx 等 Web 服务器将请求定向到其他服务器。在此过程中，我们能够修改请求，例如修改请求的 URL。但这些机制都不如 Zuul 灵活，通过自行编写代码就可以轻松地扩展 Zuul。

如果路由逻辑过于复杂，则可能会带来问题。如果微服务部署新版本到生产环境时需要修改路由逻辑，那么部署将不再独立。这将破坏微服务开发与部署的独立性。

通过 JavaScript 生成 HTML

某些情况下需要更紧密的集成。来自不同微服务的信息可能要显示在单个 HTML 页面中。例如，在一个页面内显示来自一个微服务的订单数据以及来自另一个微服务的订单商品数据。这种情况下，一个路由已经不够用了，因其只能让单个微服务生成一个复杂的 HTML 页面。

之前的图 8-4 所示的架构是一种简单的方案，该方案是基于链接设计的。通过 AJAX（异步 JavaScript 和 XML）可以用链接从另一个微服务加载内容。JavaScript 代码能够调用微服务，从微服务获取内容后，就用内容替换链接。在该示例中，商品的链接要替换成商品的 HTML 描述。这使得商品的展示逻辑可以在一个微服务中实现，而整个 Web 页面的设计可以在另一个微服务中实现。整个 Web 页面由订单微服务负责，而商品的展示则由商品微服务负责。这使得两个微服务能持续独立地开发，并能显示两个组件提供的内容。如果商品的展示需要修改，或新商品的展示需要改进，那么修改可以在商品微服务中实现。订单微服务的所有逻辑都保持不变。

该解决方案的另一个示例是 Facebook 的 BigPipe。BigPipe 不仅优化了加载时间，还使得页面组合成为可能。自定义的实现可以借助 JavaScript 将页面的某些元素替换成其他 HTML。被替换的页面元素可以是链接，或常用于页面布局的 div 元素。

但这种方案相对延长了加载时间。这种方案主要适用于大量使用 JavaScript 的 Web UI，以及页面之间不存在过多跳转的情况。

前端服务器

图 8-5 展示了另一种紧密集成的方案：通过前端服务器将微服务生成的 HTML 片段（HTML snippet）组合成 HTML 页面。CSS 与 JavaScript 等资源通常存储在前端服务器中。ESI（Edge Side Includes）是实现该理念的一种机制，为组合不同源的 HTML 提供了一种相对简单的语言。通过 ESI，缓存能以动态内容补充 Web 页面的构架等静态内容。也就是说，ESI 能借助缓存来提供 Web 页面，甚至是包含特定的动态内容的页面。Vanish 与 Squid 等代理和缓存实现了 ESI。另一种解决方案是 SSI（Server Side Includes）。SSI 与 ESI 类似，但 SSI 并不是通过缓存实现的，而是在

Web 服务器中实现的。通过 SSI，Web 服务器能够将来自其他服务器的 HTML 片段整合成 HTML 页面。各个微服务提供 HTML 片段，然后在前端服务器上组装成 HTML 页面。Apache httpd 通过 mod_include 为 SSI 提供支持。nginx 通过 ngx_http_ssi_module 为 SSI 提供支持。

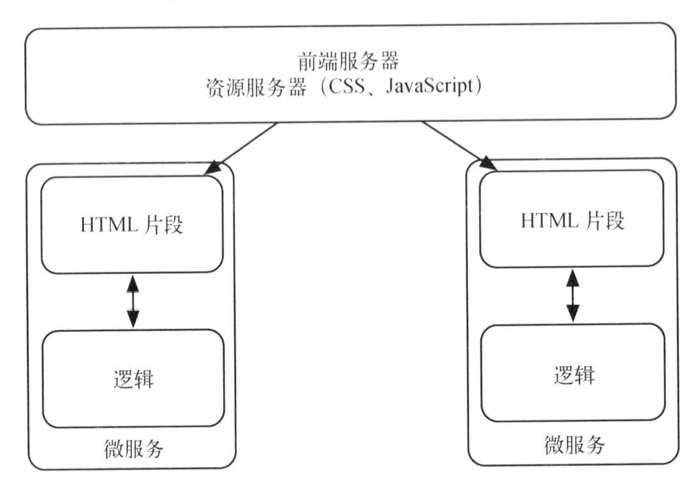

图 8-5　利用前端服务器进行集成

门户同样能将不同源的数据聚合到一个 Web 页面中。大部分产品都采用遵循 Java JSR 168（Portlet 1.0）或 JSR 286（Portlet 2.0）标准的 Java portlet。portlet 能够独立地部署到生产环境，因此解决了微服务架构的一个主要挑战。在实践中，这些技术经常会导致解决方案非常复杂。在技术上，portlet 与普通的 Java Web 应用差别很大，使得许多 Java 环境的技术很难使用，甚至无法使用。portlet 允许用户整合已经定义好的 portlet 中的 Web 页面。这样，用户就能在一个 Web 页面中整合多个重要的信息源。当然，创建微服务的 UI 并不一定要用 portlet。毕竟功能越多，复杂性就越高。因此，基于 portlet 的 portlet 服务器并不是实现微服务 Web 界面的好方法，而且 portlet 还限制了 Java Web 技术的使用。

移动客户端与富客户端

Web 用户界面并不需要安装任何客户端软件。Web 浏览器就是所有 Web 应用的通用客户端。在服务器端可以方便地协调 Web 用户界面的部署与微服务的部署。每个微服务实现一部分的 UI，并通过 HTTP 交付 Web 用户界面的代码。这使得 Web 用户界面与服务器之间的协调比较简单。

然而移动 App、富客户端以及桌面应用需要安装客户端软件。客户端应用是单体部署应用，要为所有微服务提供界面。如果客户端应用向用户提供多个微服务的功能，那么技术上就必须模块化。而且与相关的微服务一样，各个模块也要独立地部署到生产环境中。但这是不可能的，因为客户端应用是一个单体部署应用。这使得 SPA 也很容易成为一个单体部署应用。SPA 通常将客户端与服务器端开发分离。但在微服务环境中，这样使用 SPA 是不可取的。

微服务每实现一个新功能，都要修改客户端应用。然而不能只修改微服务，客户端应用同样要发布新版本。但让客户端应用为每个细微的改动频繁发布新版本是不实际的。如果客户端应用是通过移动平台的应用商店发行的，那么每个新版本的发布都要通过商店的评估。如果一次性交付多个改动，那么这些修改就需要协调。另外，新版本的客户端应用要与微服务协调，以便微服务也能即时发布新版本。这种微服务间部署依赖的情况最好能够避免。

组织层面

在组织层面，通常由某个特定团队负责客户端应用的开发。因此，在组织层面通常存在类似于模块的划分。尤其是要支持多个平台时，让每个微服务为每个平台都配备一个开发者是不现实的。于是开发者要针对每个平台组建一个团队。该团队要与所有为移动应用提供微服务的团队进行大量沟通，而这正是微服务架构希望避免的。因此，客户端应用的单体部署架构带来了组织层面上的挑战（见图8-6）。

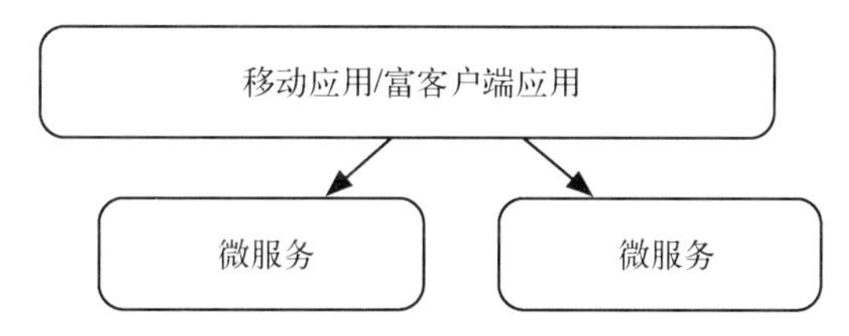

图8-6 移动应用与富客户端应用是集成了多个微服务的单体部署

一种解决方案是为Web应用单独开发新功能。每个微服务可以直接为Web应用添加功能。每当客户端应用发布新版本时，就能加入新功能。但这就意味着，每个微服务在为Web应用提供特定的功能的同时，还要为客户端应用提供另外的功能。这种方案带来的好处是，Web应用和移动应用能够保持一致，根据领域划分的团队所开发的功能可以同时提供给移动用户和Web用户。移动应用与Web应用仅仅是相同功能的不同访问方式。

每个前端提供一个后端

不过有时需求也会完全不同。例如，移动应用是一个基本独立的应用，其开发过程尽可能独立于微服务和Web用户界面。通常，移动应用的使用情景与Web应用差别很大，因此要分别开发。

这种情况适合采用如图8-7所示的解决方案：从负责移动应用或富客户端应用的团队中抽调一些成员来开发后端。这样一来，移动应用的开发就能独立于后端，因为至少微服务的部分需求能够由同一团队的成员实现。如果移动应用的逻辑本应属于一个后端微服务，那么应该避免将其放入其他微服务中。移动应用的后端可以区别于其他API。移动客户端的带宽很小而延时很高，因此移动设备的API应该尽可能减少调用且只传输必要的数据。富客户端也是如此，只是没那么严重。可以通过一个微服务来实现适应移动应用需求的API，而这个微服务可以由前端团队来实现。

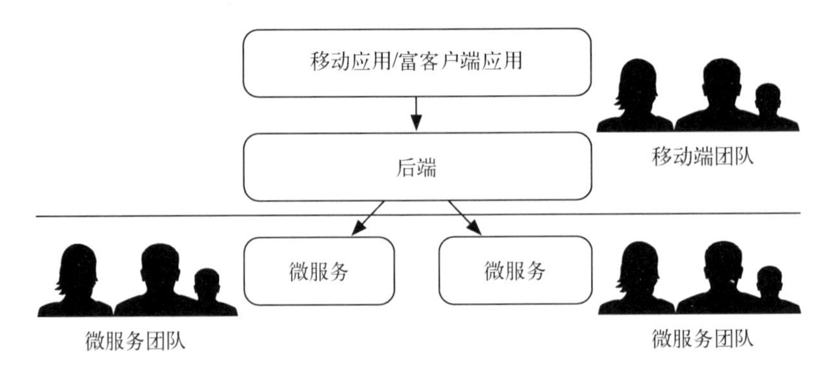

图 8-7 自带后端的移动应用/富客户端

移动应用要快速响应用户的交互。假如用户的每次交互都要调用一次微服务，那么调用产生的延时将影响交互体验。如果一次交互需要多次调用，那么延时将进一步增加。因此，移动应用的 API 应该进行优化，以尽可能少的调用来提供所需的数据。这样的优化也可以通过移动应用的后端来实现。

优化过程可以由负责移动应用的团队来实施。这样一来，微服务就能提供通用的接口，而负责移动应用的团队也能自行添加特殊的 API。于是，移动应用团队就不必依赖于实现微服务的团队。

Web 应用的模块化要比移动应用的模块化更简单，尤其是基于 HTML 而不是 SPA 的 Web 应用。移动应用或富客户端应用的模块化就要复杂得多，因为这些应用组成了一个单独的部署单元，所以也就难以简单地划分。

图 8-7 所示的架构既有优点又有缺点。该架构可以让不同的客户端共用微服务，同时也可以作为分层架构的入口点。但它也导致 UI 层与微服务相分离，并由另一个团队实现，从而导致需求要由多个团队共同实现。这种情况正是微服务架构希望避免的。该架构同样有可能导致本应属于微服务的逻辑却在客户端应用的服务中实现。

动手实践

- 本节介绍了实现 Web 应用的多种方案：每个微服务对应一个 SPA、每个微服务对应一个 SPA 模块、每个微服务对应一个 HTML 应用，以及提供 HTML 片段的前端服务器。你会选用哪种方案？为什么？
- 你会如何处理移动应用？是给移动应用团队配备后端开发人员，还是不给团队配备后端开发人员？

8.2 REST

微服务必须要能相互调用，以便共同实现某些逻辑。可以通过多种技术调用微服务。

表述性状态转移（REST，representational state transfer）是实现微服务间通信的一种方式。REST 是万维网（WWW）的一个基本术语。

- 万维网上有大量的资源可以通过 URI 进行标识。URI 表示统一资源标识符（uniform resource identifier），能提供明确和全局的资源标识。URL 与 URI 实际上是等同的。
- 资源能够通过少数几个方法来操控。例如，HTTP 协议可以用 GET 方法来请求资源，用 PUT 方法来存储资源，以及用 DELETE 方法来删除资源。这些方法的语义都是严格定义的。
- 资源有多种表示方式（representation），例如作为一个 PDF 或 HTML。HTTP 协议支持通过 Accept 报头来进行内容协商（content negotiation）。也就是说，客户端能够决定它能处理的数据表述形式。通过内容协商，同一个资源在同一个 URL 下既能以人类可读的形式提供，也能以机器可读的形式提供。通过 Accept 报头，客户端能够告知后端它究竟仅接受人类可读的 HTML 还是仅接受 JSON。
- 资源之间的关系可以通过链接来表示。链接可以通过指向其他的微服务来集成多个微服务的逻辑。
- REST 系统中的服务器应该是无状态的。因此，HTTP 实现了一个无状态协议。

REST 有限的动词表示与面向对象系统完全相反。面向对象重点关注针对每个类的具体方法的特定词。REST 的动词也能执行复杂的逻辑。如果需要检验数据，那就通过数据的 POST 或 PUT 动作来完成。如果要表示复杂的流程，可以用一个 POST 启动流程，然后再更新状态。客户端可以对已知的 URL 发起 GET 操作来获取流程的当前状态，也可以通过 POST 或 PUT 启动下一个状态。

缓存与负载均衡器

RESTful HTTP 接口可以方便地增加缓存。RESTful HTTP 与 Web 一样采用 HTTP 协议，因此可以直接采用 Web 缓存。类似地，标准的 HTTP 负载均衡器也可以用于 RESTful HTTP。WWW 的发展正是得益于 HTTP，而 WWW 的规模生动地展示了 HTTP 的作用。例如，HTTP 提供简单有效的安全机制——不仅有基于 HTTPS 的加密，还能通过 HTTP 报头进行授权。

HATEOAS

超媒体即应用状态引擎（HATEOAS，hypermedia as the engine of application state）是 REST 的另一个重要部分，通过链接对资源之间的关系进行建模。因此，客户端只需知道一个入口点即可，然后它就能从入口点一步步导航并定位全部数据。例如，在 WWW 中可以从 Google 开始通过链接访问整个网络。

REST 描述了 WWW 这个世界上最大的集成计算机系统的架构。但 REST 也可以通过其他协议来实现。这是一个能通过不同技术来实现的架构。REST 的 HTTP 实现称为 RESTful HTTP。如果 RESTful HTTP 服务采用 JSON 或 XML，而不是 HTML，那就可以实现数据交换，而不仅仅是访问页面。

微服务也可以受益于 HATEOAS。HATEOAS 没有集中的协调，有的仅仅是链接。这非常符合微服务尽可能减少集中协调的理念。REST 客户端只需知道入口点就能够发现整个系统。因此，在基于 REST 的架构中，服务能以对客户透明的方式来移动，而客户端只是获得了新的链接，从而并不需要集中协调——REST 服务仅仅需要返回不同的链接。在理想情况下，客户端仅需理解 HATEOAS 的基础，便能通过链接导航到微服务系统的任何数据。而微服务系统能够修改链接，因此能够改变功能在微服务中的分布，甚至大幅的架构改动也能保持对客户端透明。

HAL

HATEOAS 是一种理念，而 HAL（hypertext application language）则是这种理念的一种实现方式。HAL 是一种将文档间的链接描述为 JSON 文档的标准。JSON/RESTful HTTP 服务特别容易实现 HATEOAS。链接与实际文档是相互分离的，使其可以链接到详细信息或独立的数据集。

XML

作为数据格式，XML 已经有很长的历史。XML 很容易就能与 RESTful HTTP 配合使用。有多种系统用于验证 XML 文档的有效性，这些系统非常有助于定义接口。XSD（XML Schema）和 RelaxNG 是两种定义数据类型有效性的语言。有些框架能生成代码，以便管理符合 Schema 的 XML 数据。通过 XLink，XML 文档可以包含其他文档的链接，可用于实现 HATEOAS。

HTML

XML 是设计用来传递数据和文档的，而这些信息的显示则是其他软件的任务。HTML 与 XML 类似：HTML 只定义结构，而内容则通过 CSS 显示。HTML 文档是进程间通信的有效方式，这是因为在现代的 Web 应用中，HTML 文档可以只包含数据，就像 XML 一样。在微服务架构中，这种方案还有一个优势：与用户的通信以及微服务间的通信都采用相同的格式。这使得包含 UI 的微服务以及微服务之间的通信机制都更容易实现。

JSON

JSON（JavaScript object notation）是一种非常适合 JavaScript 的数据表示方式。类似于 JavaScript，JSON 数据也是动态类型的。所有的编程语言都有合适的 JSON 库。另外，还有 JSON Schema 这样的类型系统提供了校验。JSON 已不逊于 XML 等数据格式。

Protocol Buffer

除了基于文本的数据表示方式，还可以采用二进制协议，例如 Protocol Buffer。这项由 Google 设计的技术，旨在高效且高性能地表示数据。Protocol Buffer 有多种编程语言的实现，因此能像 JSON 和 XML 那样通用。

RESTful HTTP

RESTful HTTP 是同步的：一个服务发出请求后通常要等待响应，响应返回后才能分析响应信息，并执行后续的程序。如果网络延时较长，这将带来问题。由于要等待其他服务的响应，请求时间将被延长。如果一段时间后仍然没有响应，则请求必须被中止，因为很可能再也不会有响应。请求失败的原因可能是服务器不可用或网络问题。正确地处理超时时间将增加系统的稳定性（见 9.5 节）。

应该用超时时间来保证调用方的服务不会因为没有收到被调用方系统的响应而失效，也就是确保一处失效不会蔓延到整个系统。

8.3 SOAP 与 RPC

采用 SOAP 来构建微服务架构是有可能的。与 REST 类似，SOAP 也采用 HTTP，但仅仅用 POST 来传递数据到服务器。一次 SOAP 调用最终会在服务器上执行某个对象的一个方法，因此 SOAP 调用也是一种远程过程调用（RPC，remote-procedure call）机制。

SOAP 缺乏 HATEOAS 那样的能够灵活处理微服务间关系的理念。接口要在服务器端完全定义，并让客户端知晓。

灵活的传输

SOAP 可以通过多种传输机制传递消息。例如，可以通过 HTTP 来接收消息，然后通过 JMS 发送消息，或通过 SMTP/POP 发送邮件。基于 SOAP 的技术同样支持请求的转发。例如，安全标准 WS-Security 能对消息的部分进行加密或签名。然后就可以将各部分发送给其他服务而不必解密。发送者可以发送部分加密的消息，消息可被多个站点所处理，每个站点可以处理消息的一部分，或发给其他接受者。最后，加密的各部分将到达最终接收者，消息在最终接收者处才会被解密和处理。

在不同应用场景中，SOAP 有多种扩展。例如，WS-*-environment 的不同扩展适用于 Web 服务的事务和协调。这会产生复杂的协议栈，并影响不同服务及不同解决方案之间的互操作性。此外，有些技术并不那么适合微服务。例如，不同微服务间的协调将是一个问题，因为这将产生一个协调层，而且业务流程的改动可能会影响微服务的协调以及微服务本身。如果该协调层由所有微服务构成，那么架构将变得像单体一样，发生任何改动都要进行修改，而这与微服务独立部署的理念是冲突的。WS-*更适合 SOA 之类的理念。

Thrift

Apache Thrift 是另一个通信方案。Thrift 采用了高效的二进制编码，例如 Protocol Buffer。Thrift 也能将请求从一个进程通过网络转发给其他进程。Thrift 通过接口定义（interface definition）来描述接口。客户端和服务器技术能基于接口说明相互通信。

8.4　消息

消息和消息系统是微服务之间的另一种通信方式。顾名思义，消息系统是基于消息发送的。发出消息后可能会收到一条消息作为响应。消息可以发送给一个或多个接收者。

分布式系统尤其适合采用消息方案。

- 消息传递对网络故障具有弹性。消息系统能缓存消息，直到网络可用时再发送。
- 消息方案能提高可靠性：消息系统不仅能保证消息的可靠传输，还能保证消息的正确处理。如果消息在处理过程中出了问题，那么消息系统就可以再次传送该消息。系统可以多次尝试处理该消息，直到消息被正确处理或因无法处理而被丢弃。
- 在消息架构中，响应的返回和处理是异步的。这种方案非常适合网络中可能出现的高延迟。采用消息系统时，等待响应返回是正常的，因此该编程模型适用于高延迟情景。
- 调用其他服务时不会引起进程阻塞。就算还没收到响应，服务也能在调用其他服务的同时继续运行。
- 消息发送者不知道消息接收者的存在。发送者将消息发送到一条队列或一个主题，而接收者注册到这里。这意味着发送者与接收者是解耦的，甚至可能存在发送者所不知道的多个接收者。消息也能够以各自的方式进行修改，例如补充或删除数据。消息也可以转发给完全不同的接收者。

消息机制尤其适用于特定的微服务系统架构，例如事件溯源（见 9.3 节）或事件驱动架构（见 7.8 节）。

消息与事务

消息机制可用来实现基于微服务的事务系统。在基于微服务的系统中，如果微服务间相互调用，那么事务的平稳运行将难以保证。如果一个事务涉及多个微服务，那么仅当事务中所有微服务都正确地处理逻辑时，才允许写入改动。这就意味着要长时间拒绝修改。这将对性能造成负面影响，因为在此期间，其他新的事务都无法改动数据。网络中的某个微服务也有可能会失效，例如调用方系统崩溃时。这将导致事务长期保持开放，或者根本不会关闭，从而长时间地阻止对数据的更改。

在消息系统中，处理事务可以采用不一样的方式。与数据库的读写一样，消息的发送和接收也是事务的一部分（见图 8-8）。当消息在处理过程中发生错误时，所有发送的消息都将被取消，数据库的改动也将回滚。在成功的情况下，所有动作均会被触发。消息的接收者也可采用类似的事务性保护机制。为此，消息的发送也要保证相同的事务性。

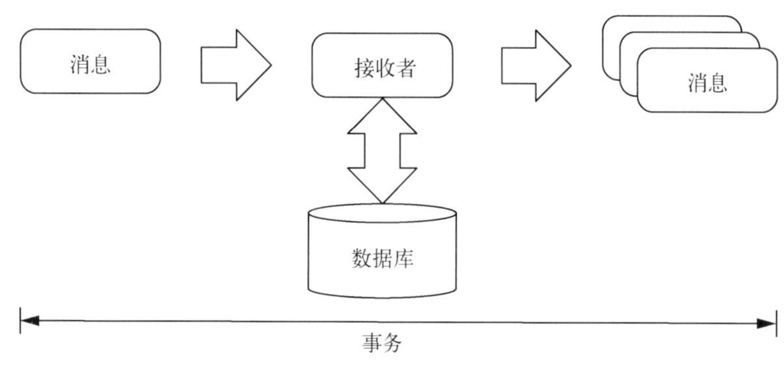

图 8-8 事务与消息

关键在于，要将消息的发送与接收以及相关的数据库事务组合进一个事务中。基础设施负责处理协调问题——无须额外地编写代码。消息和数据库的协调问题可以采用两阶段提交（2PC，two-phase commit）协议来解决。该协议是解决事务系统协调问题的常规方法，例如数据库和消息系统。另一个选择是采用 Oracle AQ 或 ActiveMQ 等产品，这些产品将消息存储在数据库中。将消息存储在数据库中后，数据库与消息系统间的协调问题就可以通过将消息和数据改动放入同一个数据库事务中来解决。最终，这种方案使得消息与数据库变成了同一个系统。

通过消息机制能够实现事务，而无须全局的协调。每个微服务都具有事务性。消息技术保证了消息发送的事务性。但如果某条消息无法处理，例如消息包含无效值，那么已经被处理的消息将无法回滚。因此，无法保证在任何情况下事务都能被正确处理。

消息技术

为了实现消息机制，需要选择一种技术。

- 高级消息队列协议（AMQP，Advanced Message Queuing Protocol）是一个标准，该标准定义了消息方案之间以及与客户端之间相互通信的协议。该标准的一个实现是 RabbitMQ，用 Erlang 编写，基于 Mozilla 授权协议进行发布；另一个实现是 Apache Qpid。
- Apache Kafka 的关注点在于高吞吐量、复制和容错。因此，它非常适用于微服务之类的分布式系统，尤其是容错，在分布式环境下非常有用。
- 0MQ（也称为 ZeroMQ 或 ZMQ）不需要服务器即可运行，因此非常轻量级。0MQ 有一些基本组件可以集成到复杂系统中。0MQ 用 C++实现，基于 LGPL 许可发布。

- ❑ Java 消息服务（JMS，Java Messaging Service）定义了一组 API，供 Java 程序发送和接收消息。与 AMQP 相比，JMS 并未定义消息传输的技术。JMS 是一个标准，Java-EE 服务器会实现该 API，例如有名的 ActiveMQ 与 HornetQ。
- ❑ Azure 服务总线（Azure Service Bus）是 Microsoft 主导的消息系统，提供了 Java、Node.js 和.NET 的 SDK。
- ❑ ATOM Feeds 也可用于收发消息。这种技术通常用于传输博客内容，以便客户端请求博客的新条目。用同样的方式，客户端也可以利用 ATOM 来获取新消息。ATOM 是基于 HTTP 实现的，因此非常适合 REST 环境。但 ATOM 只有传递新信息的功能，并不支持事务之类的复杂技术。

许多消息方案都需要服务器以及额外的基础设施。这些基础设施需要预防失效，否则会导致整个微服务系统无法通信。消息方案通常利用集群或其他技术来保证高可用性。

许多开发者通常并不熟悉消息机制，因为异步通信使其显得非常复杂。大多数情况下，调用另一个进程的方法更容易理解。微服务可利用 Reactive（见 9.6 节）之类的方案来引入异步开发。JavaScript 的 AJAX 模型也类似于消息的异步处理。因此，越来越多的开发者将开始熟悉异步模型。

动手实践

- ❑ REST、SOAP/RPC 以及消息机制各有各的优缺点。列出各种方案的优缺点，并决定选用哪种方案。
- ❑ 一个微服务系统可以有多种通信类型，但应该有一种主要的通信类型。你会选择哪一种作为主要的通信类型？还允许哪些作为次要类型？分别是什么使用情况？

8.5 数据复制

在数据库层面，微服务可以共享一个数据库，访问相同的数据。这种集成方式在实践中被长期采用，多个应用共享同一个数据库的情况并不少见。数据库通常比应用更持久，这使人更关注数据库，而不是基于数据库的应用。虽然共享数据库已被广泛采用，但这种方式也有如下的缺点。

- ❑ 由于多个应用共享数据库，数据表示的改动并不容易。因为数据库的一处改动就可能导致应用崩溃，所以数据库的改动需要经过多个应用间的协调。
- ❑ 如果应用的改动涉及数据库，那就无法快速完成改动。然而，能够快速改动应用，正是微服务架构所带来的优势。
- ❑ 最后，数据库模式难以改动。例如，难以移除无用的列，因为不确定其他系统是否还在使用这些列。长此以往，数据库将会越来越复杂，也越来越难以维护。

总之，共享数据库违背了一项重要的架构原则：组件应该能够改变其内部的数据表示，而不会影响到其他组件。数据库模式就是一种内部数据表示。如果多个组件共享数据库，那将无法改变数据表示。因此，微服务间的数据存储应该严格分离，禁止数据库模式共享。

如果各个微服务的数据集是完全分离的，那么一个数据库实例就可以被多个微服务使用。例如，在共享数据库中，每个微服务可以使用各自的模式。但这种情况下，模式之间不应有任何关联。

复制

数据复制是另一种微服务集成方式。但要注意，数据复制不应在后台引入对数据库模式的依赖。如果仅仅是数据复制，但使用同一个数据库模式，那么会出现共享数据库一样的问题。数据库模式的改动将影响到其他微服务，导致微服务间再次形成耦合。这种情况应该避免。

数据应该传递到另一个数据库模式，从而保证模式间乃至微服务间的独立性。在大多数情况下，限界上下文代表了数据的不同表示方式，或子集与微服务之间的关联。因此，微服务之间复制数据时，通常也需要转换数据或复制数据的子集。

在传统信息技术中，数据复制的一个典型应用是数据仓库。数据仓库复制数据，但以不同方式存储。这样做的原因是，数据仓库的数据访问需求不同于数据库，其主要目标是分析大量数据。数据仓库的数据对访问进行了优化，通常也进行了组合，因为并不是所有数据集都与统计相关。

问题：冗余与一致性

复制导致数据存储出现冗余。这意味着数据并非实时一致：数据改动需要经过一定时间后才能复制到所有位置。

但实时一致性通常并非关键。对于分析任务，例如数据仓库的分析任务，即使没有最后几分钟的订单也已经足够了。有些情况下，一致性并不那么重要。如果订单需要一点时间才能对配送微服务可见，那么这是可以接受的，因为在此期间并没有人请求这个数据。

高一致性的需求将增加复制的难度。决定了系统需求后，我们通常并不清楚对数据一致性的要求有多高。这将限制数据复制的选择。

设计复制机制时，最好有一个包含当前数据的领袖系统（leading system）。其他副本应该从该系统获取数据。这样一来，哪一份是最新数据将一目了然。由于容易造成冲突并导致实现复杂化，数据改动不应存储在多个系统中。如果仅有一个改动源，那么冲突将不是问题。

实现

有些数据库以功能的形式提供复制机制。但由于微服务之间的模式应该不同，数据复制功能对微服务通常意义不大。复制需要自行实现，为此需要创建定制的接口，接口需要保证大数据集的高性能存储。为了实现必要的性能，也可以直接写入目标模式。接口不一定要采用REST之类的协议，而是可以采用更快的协议。为此，可能有必要采用不同于微服务通常采用的通信机制。

批处理

复制可以批量激活。在这种情况下，整个数据集——或至少是上次运行后的改动——都可以传送。首次复制时需要处理大量数据，复制耗时很长。但每次复制时都传输全部数据仍然是一种明智的做法，因为这样能够改正上次复制时产生的错误。

一种简单的实现方案是为每个数据集分配一个版本号。基于该版本号，能够精确地选取和复制那些修改过的数据集。采取这种方案时，即使复制过程发生了中断，也很容易就能重新开始。这是因为过程本身并不保存状态，状态都存储在数据集中。

事件

另一种方案是在发生特定事件时开始复制。例如，新建数据集时，数据立即复制到副本。利用消息机制，这种方案尤其容易实现（见8.4节）。

当需要对大量数据进行高性能存取时，数据复制是一个非常好的选择。许多微服务系统没有采用数据复制。采用数据复制的系统也能采用其他集成机制。

> **动手实践**
>
> 你会在微服务系统中采用数据复制吗？在哪些地方？如何实现？

8.6 内部接口与外部接口

微服务系统有不同类型的接口。

- 每个微服务可为其他微服务提供一个或多个接口。这些接口的改动需要跟其他微服务团队进行协调。
- 由同一团队开发的微服务之间的接口是一种特殊情况。团队成员可以紧密合作，因此接口比较容易修改。
- 微服务系统可以对外提供接口，使组织之外也能访问该系统。极端情况下，系统可通过互联网提供公开的接口，这样一来任何互联网用户都可以访问。

这些接口改动的难易程度存在差别。让团队内的同事改动接口是非常容易的，因为同事可能就在同一房间内，沟通非常方便。

改动其他团队的微服务接口就比较困难。开发微服务的团队会将改动与正在实施的其他改动和新功能按优先级排序，而且与其他团队协调也相对较为困难。

通过合理的测试（见 10.7 节），可以保证微服务间接口的正确性。这些测试检查接口是否仍然符合用户对接口的预期。

外部接口

设置外部接口时，与用户进行协调是一件麻烦事。用户可能有很多，而公共接口可能甚至都不知道用户。因此，可能难以应用消费者驱动的契约测试之类的技术。不过可以制定一些规则约束外部接口，例如规定某个版本要支持多久。外部接口考虑向后兼容是有意义的。

对于外部接口，可能有必要同时支持多个版本，以免强迫全部用户升级。微服务之间的一个目标是接受多个版本，以便部署的解耦。改动了微服务的接口后，应该继续支持旧接口。这样，依赖于旧接口的微服务就不必立即重新部署，但下次部署时应该使用新版接口。此后，就能移除旧接口。这减少了需要支持的接口数量，也就降低了系统的复杂度。

接口分离

接口改动的难易程度是不同的，因此接口应分开实现。如果一个微服务的接口在外部可用，那它只能在与外部用户协调后才能修改，但内部使用的新接口可以分开。在这种情况下，暴露于外部的接口让单独的内部接口更容易修改。

一个接口的多个版本可以一起在内部实现。当调用旧接口时，可以将新版本接口的新参数设置为默认值，这样两种接口就可以使用相同的内部实现。

外部接口的实现

微服务系统可通过多种方式对外提供接口。除了供用户使用的 Web 界面外，也可以提供外部可访问的 API。8.1 节介绍了让所有微服务共同实现 UI 的集成方法。

如果系统对外提供 REST 接口，那么外部调用就可以利用路由（router）转发给微服务来处理。13.9 节用一个示例介绍了 Zuul 路由的应用。Zuul 能基于具体规则将请求转发给不同的微服务，用起来非常灵活。另外，HATEOAS 让微服务可以自由地移动资源，让你能自由选择是否使用路由。可以在外部通过 URL 访问微服务，但微服务也可以随时移动。最终，URL 是由 HATEOAS 动态决定的。

可以为外部接口提供一个适配器，这样一来，外部调用在到达微服务之前，就可以被修改。但这种情况下，逻辑的修改就无法限制在单个微服务内部完成，因其可能会影响到适配器。

语义版本

可以通过版本号表示改动。语义版本定义了版本号的语义。版本号分为主版本号、次版本号、补丁版本号三部分，各部分意义如下。

- **主版本号**的变化表示新版本将不再向后兼容，客户端必须做相关调整来适应新版本。
- **次版本号**的变化表示接口提供了新功能。但这些改动是向后兼容的。仅当使用这些新功能时，客户端才需要做相应调整。
- 修复 bug 后加上**补丁版本号**。这样的修改应该完全向后兼容，且客户端无须做任何修改。

如果采用 REST 风格接口，那就不应该将版本号放入 URL 中。URL 代表的是一个资源，它独立于调用的 API 版本。版本号可以定义在请求的 Accept 报头中。

Postel 定律（稳健性原则）

接口定义的另一个重要原则是 Postel 定律，也称为稳健性原则。该定律认为，组件应严格限制其提供的内容，而包容从其他组件接收到的内容。换句话说，各个组件使用其他组件时应尽可能遵循定义好的接口，同时尽可能弥补自己所提供的接口可能出现的错误。

如果各个组件的行为都遵循稳健性原则，那么系统的互操作性将得到提升。实际上，如果每个组件都遵循定义好的接口，那么互操作性就已经得到保证。如果发生偏差，那么所使用的组件将尽力对其补偿，从而尝试“保护”互操作性。这种理念被称为读者容错（Tolerant Reader）[①]。

实际上，被调用的服务应该尽可能接受调用。一种实现方式是仅仅从调用中读取这些参数，不能因为调用不符合接口规范而拒绝调用。但调用应该经过验证。这样的方案可以容易地保证分布式系统（如微服务）的平滑通信。

8.7　总结

微服务可以在多个层面进行集成。

客户端

一种可能的集成方式是通过 Web 界面（见 8.1 节）。

- 每个微服务可以带有各自的单页应用（SPA）。SPA 可以独立开发。微服务之间跳转时会切换到新的 SPA。
- 可以为整个系统开发一个 SPA。每个微服务为 SPA 提供一个模块。这使得 SPA 中微服务之间的切换非常简单。但这样会导致微服务间的耦合过于紧密，因此部署时就需要协调。

① 参见 http://martinfowler.com/bliki/TolerantReader.html。

- 每个微服务可以带有一个 HTML 应用，通过链接来集成。这种方案很容易实现，也便于 Web 应用的模块化。
- JavaScript 能够加载 HTML。HTML 可以由不同的微服务来提供，因此每个微服务可贡献其数据表示。例如，通过这种方式，订单可以从另一个微服务加载产品的描述。
- skeleton 可以组装各个 HTML 片段。例如，可以在电商登录页面同时显示从某个微服务获取的最新订单，以及从另一个微服务获取的推荐信息。这可通过 ESI 与 SSI 来实现。

由于富客户端应用和移动应用是单体部署系统，因此集成会比较困难。对多个微服务的改动只能一起部署。开发团队可以修改微服务，然后一起交付某些相应的 UI 改动，以便发布新版的客户端应用。每个客户端应用也可以由一个团队负责将微服务的新功能改动到客户端应用。从组织的角度来看，每个客户端团队甚至可以专门分配一个开发人员，用来实现一个让客户端应用高效使用的接口。

逻辑层

逻辑层（见 8.2 节）可以通过 REST 进行通信。REST 采用万维网（WWW）的机制来实现微服务间的通信。HATEOAS 以链接表示系统间的关联。客户端只需要知道入口 URL 即可。其他 URL 不与客户端直接关联，而是通过入口 URL 获取，因此可以修改。HAL 定义了链接表示方式，为 REST 的实现提供支持。REST 的其他数据格式包括 XML、JSON、HTML，以及 Protocol Buffer。

SOAP 与 RPC 等经典协议（见 8.3 节）也可用于微服务间的通信。SOAP 提供了将消息转发给其他微服务的方法。Thrift 提供了高效的二进制协议，也能在进程之间转发调用。

消息（见 8.4 节）的优点是能很好地处理网络失效以及高延时问题。另外，消息机制为事务提供了非常好的支持。

数据复制

在数据库层面不推荐采用共享的数据库模式（见 8.5 节）。这将让微服务之间共享内部数据表示，从而形成过于紧密的耦合。因此，数据必须要复制到另一个数据库模式中。数据库模式应满足相应微服务的需求。由于微服务就是限界上下文，各个微服务不太可能会使用相同的数据模型。

接口与版本

最后，接口是通信与集成的重要基础（见 8.6 节）。不是所有接口都同样地容易修改。实质上，因为太多系统依赖于公共接口，所以公共接口可能根本无法改动。相比之下，内部接口则更容易修改。在最简单的情况下，公共接口仅将某些功能路由到合适的微服务。语义版本规定了版本号的含义。稳健性原则有助于保证高度的兼容性。

这一节希望让读者知道，微服务不仅仅是采用 RESTful HTTP 的服务，RESTful HTTP 只是微服务通信的一种方式。

要点

- 在 UI 层面，HTML 用户界面的集成是非常直接的。SPA、桌面应用以及移动应用都是单体部署应用，一个微服务用户界面的改动必须要与其他改动紧密协调。
- 在逻辑层面，REST 与 RPC 提供了一个简单的编程模型。消息让微服务间的耦合更松散，从而更好地应对分布式网络通信的挑战。
- 通过数据复制可以对大量数据进行高性能访问。但微服务不应采用相同的数据库模式，否则将无法修改内部数据表示。

第9章 单个微服务架构

实现微服务时，某些关键点需要特别注意。首先，本章介绍微服务的领域架构（见9.1节）。其次是命令查询责任分离（CQRS，Command Query Responsibility Segregation，见9.2节），该方案将数据写入与数据读取相分离，特别有助于微服务系统的实现。事件溯源（见9.3节）以事件为建模的核心。微服务结构相当于一个六角形架构（见9.4节），该架构将功能细分成逻辑内核和适配器。9.5节关注容错性和稳定性——微服务的关键需求。最后，9.6节探讨微服务实现的技术方案，例如响应式技术。

9.1 领域架构

微服务的领域架构定义了微服务如何实现其领域功能。微服务架构不应预先确定各个微服务的决策。各个微服务的内部结构应该由它们各自决定。这使得各个团队能够基本实现独立工作。为了让微服务容易理解、维护、替换，遵循已有的规则是合理的。但在这一层面并不需要严格的规范。

本节将详细介绍如何发现微服务领域架构中的潜在问题。一旦发现潜在问题，负责微服务的团队要确定它是否构成一个真正的问题，并提出问题的解决方案。

聚合性

系统整体的领域架构影响着各个微服务的领域架构。正如7.1节所述，微服务之间应该是松耦合、高内聚的。一个微服务只应负责处理领域某一方面的任务。如果微服务内聚性不够，则它可能会负责多方面的任务。这种情况下，该微服务可以进一步拆分成多个微服务。拆分能够确保微服务保持较小的体量，从而更易于理解、维护和替换。

封装

封装意味着部分架构对外隐藏内部信息，特别是内部数据结构。被封装的部分只能通过接口访问。这样可以确保软件易于修改，因为内部结构改动时不会影响到系统的其他部分。因此，微服务不应允许其他微服务访问其内部数据结构，否则将导致这些内部数据结构无法改动。如果要使用另一个微服务，那么只需要了解该微服务的接口即可。这优化了系统的结构，使其更易于理解。

领域驱动设计

领域驱动设计（DDD，domain-driven design）是设计微服务内部结构的一种方法。每个微服务可以有各自的 DDD 领域模型。3.3 节介绍了 DDD 所需的模型。由于 DDD 和策略化设计定义了整个系统的结构（见 7.1 节），各个微服务的设计也应该采用这些方案。在整个系统的开发过程中，策略化设计主要关注存在的领域模型，及其在各个微服务中的分布情况。

事务

事务捆绑了多个只应一并执行或完全不执行的动作。一个事务很难跨越多个微服务。只有通过消息机制，才能支持跨微服务的事务（见 8.4 节）。微服务内的领域设计保证接口的每个操作只与一个事务关联。通过这种方式，可以避免一个事务涉及多个微服务。而涉及多个微服务的事务在技术上是非常难实现的。

9.2 CQRS

系统通常会保存状态。通过操作可以修改或读取数据。这两种操作可以分离：修改数据的操作（命令）有副作用，可以区分于只读取数据的操作（查询）。也可以规定一个操作不应在修改状态的同时返回数据。这种区分让系统更易于理解：如果某个操作返回一个值，那该操作就是一个查询，不会修改任何值。这样做还能带来其他好处。例如，查询结果可以由缓存提供。如果读取操作也可以修改数据，由于执行的操作带有副作用，那么增加缓存将变得更加困难。查询与命令的分离被称为 CQS（Command Query Separation）。该原则并不局限于微服务，还能广泛应用于其他场景。例如，面向对象系统的类可以通过同样的方式划分操作。

CQRS 系统结构

命令查询责任分离（CQRS，Command Query Responsibility Segregation）比 CQS 更进一步，将查询和命令的处理完全分离。

图 9-1 展示了一个 CQRS 系统的结构。每个命令都存储在命令存储器中。另外，还有命令处

理器。本例中的命令处理器使用命令将数据的当前状态存储到数据库中。查询处理器使用数据库处理查询。根据查询处理器的需求，数据库可以进行调整。例如，用于订单流程分析的数据库完全不同于展示客户订单流程的数据库。查询数据库可以采用完全不同的技术。例如，可以采用内存缓存，不过一旦服务器崩溃，数据就会丢失。信息的持久化由命令存储器来保证。在紧急情况下，缓存的内容可以由命令存储器重新构造。

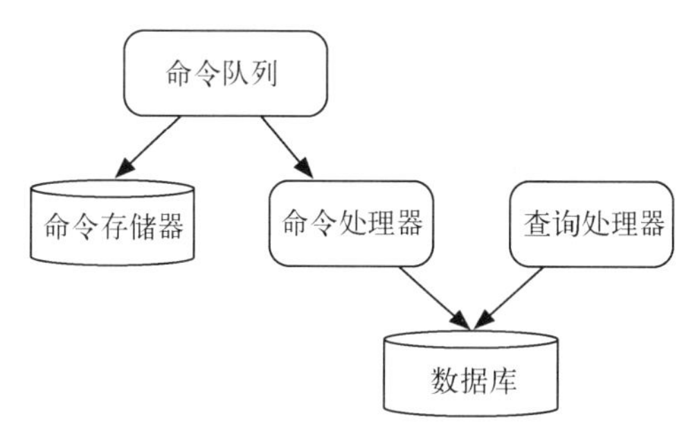

图 9-1 CQRS 概览

微服务与 CQRS

微服务可以实现 CQRS。

- 如果采用消息方案，那么通信基础设施可以实现命令队列。通过 REST 之类的方式，微服务可以将命令转发给所有相关的命令处理器，并通过这种方式实现命令队列。
- 每个命令处理器可以是一个单独的微服务，并以自己的逻辑处理命令。这保证了逻辑可以非常简单地分布到多个微服务中。
- 查询处理器也可以是一个单独的微服务。对查询处理器所使用的数据进行的修改，可以由同一个微服务中的命令处理器来处理。当然，命令处理器也可以是一个独立的微服务。在这种情况下，查询处理器必须提供访问数据库的合适接口，以便命令处理器修改数据。

优点

CQRS 能带来许多好处，尤其是涉及微服务之间的交互时。

- 数据的写入和读取可以分离到不同的微服务中。这可让微服务变得更小。如果数据的写入和读取过于复杂，由单个微服务负责将导致微服务变得太大且难以理解，那么划分是明智的。
- 数据的写入和读取可以采用不同的模型。每个微服务代表一个限界上下文，因此使用不同的数据模型。例如，在电子商城中，在线购买可能带来大量数据写入，而每次购买的统计评估只需读取数据的一小部分。从技术角度，通过对数据进行反规范化（denormalization）可以优化读取操作，或通过其他处理方式对特定的查询进行优化。

- 通过启动不同数量的查询处理器微服务和命令处理器微服务，写入和读取可以进行伸缩。这是对微服务细粒度可伸缩性的支持。
- 命令队列有助于处理写入期间带来的负载高峰。队列缓冲部分修改，以便稍后处理。但这也意味着数据的改动不会被立即查询到。
- 可以方便地并行运行多个命令处理器。这方便了新版本微服务的部署。

通过CQRS可让微服务变得更小，即使操作和数据紧密关联也没关系。各个微服务可以独立决定是否采用CQRS。

有多种方式可以实现修改或读取数据的操作接口。CQRS只是其中一个选择。即使不采用CQRS，也可以在一个微服务中实现数据读写接口。能够自由选用不同方案是基于微服务的架构的主要优势之一。

挑战

CQRS同样带来了一些挑战。

- 很难实现同时包含读取和写入操作的事务。读取和写入操作可能是由不同微服务分别实现的。因为跨微服务的事务通常难以实现，所以很难将操作组合到一个事务中。
- 很难保证数据的跨系统一致性。事件的处理是异步的，意味着不同节点会在不同的时间点完成数据的处理。
- 开发成本和基础设施成本更高。需要更多的系统组件和更复杂的通信技术。

在所有微服务实现CQRS并不是明智之举。但在许多情况下，该方案对于基于微服务的架构很有价值。

9.3　事件溯源

事件溯源是一种类似于CQRS的方案，但事件溯源的事件不同于CQRS的命令。命令是特定的，在对象中明确定义了要修改的数据。事件则包含已经发生的事件信息。我们可以结合这两个方案：命令可以修改数据，从而生成与系统其他组件交互的事件。

事件溯源并不维护状态本身，而是存储导致当前状态的事件。虽然状态本身没有保存，但可以根据事件重新构建出来。

图9-2是事件溯源的示意图。

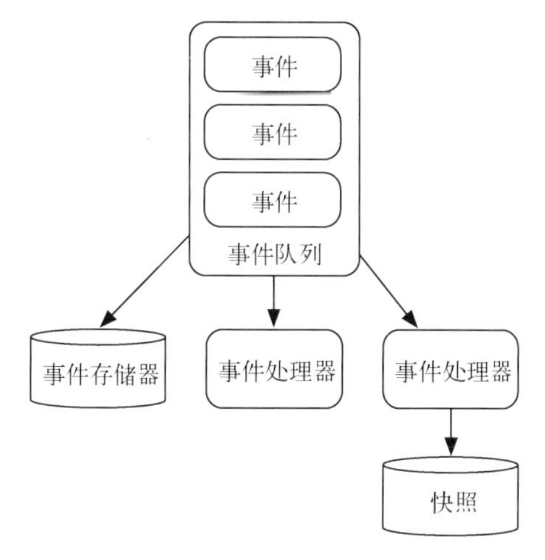

图 9-2　事件溯源概览

- 事件队列将所有事件发送给各个接收者。事件队列可以通过消息中间件之类的方案实现。
- 事件存储器保存所有事件，使得事件链和事件本身可以重新构造出来。
- 事件处理器对事件做出反应。它可以包含对事件做出反应的业务逻辑。
- 在这样的系统中，只有事件是容易追踪的，而系统的当前状态很难跟进。因此，维护包含当前状态的快照是合理的。在每个事件发生时，或经过一段时间后，快照中的数据将被更改，使其与新事件保持一致。快照是一种可选方案，也可以通过其他方式根据事件重建状态。

事件在处理之后无法修改。错误的事件要通过新事件来纠正。

事件溯源基于领域驱动设计（DDD，见 3.3 节）。为了遵守通用语言（Ubiquitous Language）的理念，这些事件的名字在业务环境中也应该是有意义的。在某些情况下，基于事件的模型从领域角度来看是特别有意义的。例如，账户预约可以被视为事件。审计这样的要求很容易通过事件溯源来实现。因为预约被建模为事件，所以很容易查看谁执行了哪些预约。此外，重建系统的历史状态和旧版本的数据是相对容易的。因此，从领域角度来看，事件溯源是一个很好的选择。一般来说，受益于 DDD 的复杂领域通常也适合采用事件溯源。

事件溯源的优缺点与 CQRS 类似，这两种方案可以方便地整合到一起。如果整个系统是事件驱动架构（见 7.8 节），那么事件溯源就特别合适。在这类系统中，微服务发送与状态变化相关的事件，因此微服务采用事件溯源方案也是合理的。

动手实践

选择一个你了解的项目。

- 哪些地方适合采用事件溯源？为什么？是在某个地方单独使用事件溯源，还是整个系统都要转为事件驱动？
- CQRS 在哪些地方有用？为什么？
- 接口是否符合 CQS 规则？所有接口的读取和写入操作必须分离，才满足 CQS 规则。

9.4 六边形架构

六边形架构（hexagonal architecture）主要关注应用的逻辑（见图 9-3）。逻辑只包含业务功能。六边形的每一条边都代表不同的接口。在示例中，有供用户交互的界面，以及管理员的界面。用户可以通过 HTTP 适配器实现的 Web UI 使用这些接口。对于测试，同样有特殊的接口以便模拟用户。最后，还有一个适配器让这些逻辑可通过 REST 访问，让其他微服务可以访问这些逻辑。

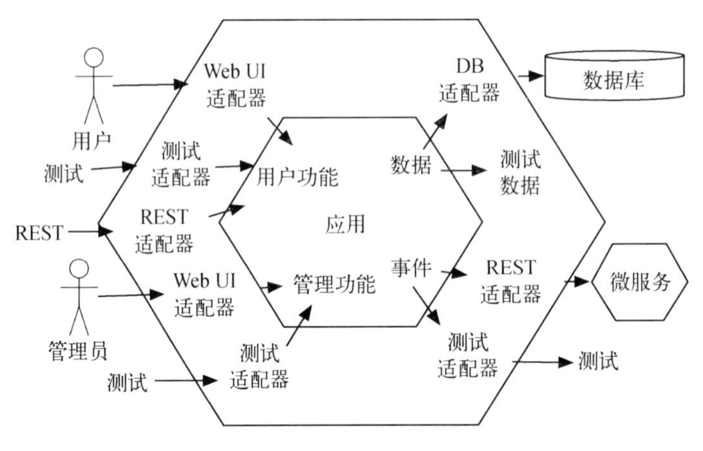

图 9-3　六边形架构概览

接口不仅处理来自其他系统的请求，也用于启动与其他系统的接触。在示例中，数据库通过 DB 适配器访问，DB 适配器是为测试数据提供的替代适配器。可以通过 REST 适配器联系另一个应用。除了这些适配器，还可以使用测试适配器来模拟外部应用。

六边形架构的另一个名称是“端口和适配器”。应用的各个方面（如用户、管理员、数据或事件）都是一个端口。适配器通过 REST 或 Web UI 等技术来实现端口。应用通过六边形右侧的端口获取数据，通过左侧的端口为用户和其他系统提供系统功能。

六边形架构将系统划分为逻辑内核与适配器。只有适配器可以与外界进行通信。

六边形架构或分层架构

六边形架构是分层架构的一种替代方案。在分层架构中，包含实现 UI 的分层，以及实现持久化的分层。在六边形架构中，有通过端口连接到逻辑的适配器。六边形架构可实现更多端口，不仅仅是持久化和 UI。“适配器”一词阐明了逻辑和端口应该与实际协议以及适配器的实现相互分离。

六边形架构与微服务

六边形架构不仅通过 REST 接口为其他微服务提供逻辑，还通过 Web UI 为用户提供逻辑，这是非常自然的。这一理念也是微服务的基础。微服务不仅要为其他微服务提供逻辑，还应该支持用户通过 UI 直接交互。

对各个端口的测试可以分别实现，所以使用六边形架构后，微服务的隔离测试更容易。为此，只需使用测试适配器，而无须实际的实现。各个微服务的独立测试是独立实现和独立部署的重要前提。

容错性和稳定性所需的逻辑（见 9.5 节），以及负载均衡所需的逻辑（见 7.12 节）也可以通过适配器来实现。

适配器和实际逻辑可以分布到不同的微服务中。这将带来更多分布式通信的相关开销。但这也意味着适配器以及内核的实现可以由不同的团队负责。例如，开发移动客户端的团队可以实现一个匹配移动应用带宽限制的特定适配器（见 8.1 节）。

一个示例

如图 9-4 所示的订单微服务是六边形架构的示例。用户通过 Web UI 下订单时会用到该微服务。其中还有 REST 接口，供其他微服务或外部客户端使用用户功能。Web UI、REST 接口和测试适配器是微服务用户功能的三个适配器。三个适配器的实现强调，REST 与 Web UI 仅仅是使用相同功能的两种不同方式。这也会带来其他用于集成 UI 和 REST 的微服务。技术上来说，适配器仍然可以在单独的微服务中实现。

另一个接口是订单事件。每当新订单到达时，订单事件将通知配送微服务，以便配送订单。当订单配送完毕或延迟配送时，同样会通过该接口通知配送微服务。此外，该接口可以由适配器提供测试。配送微服务的接口不仅能写入数据，还可以更改订单。这也就意味着该接口是双向工作的：它调用其他微服务，但也可以被其他微服务调用来修改数据。

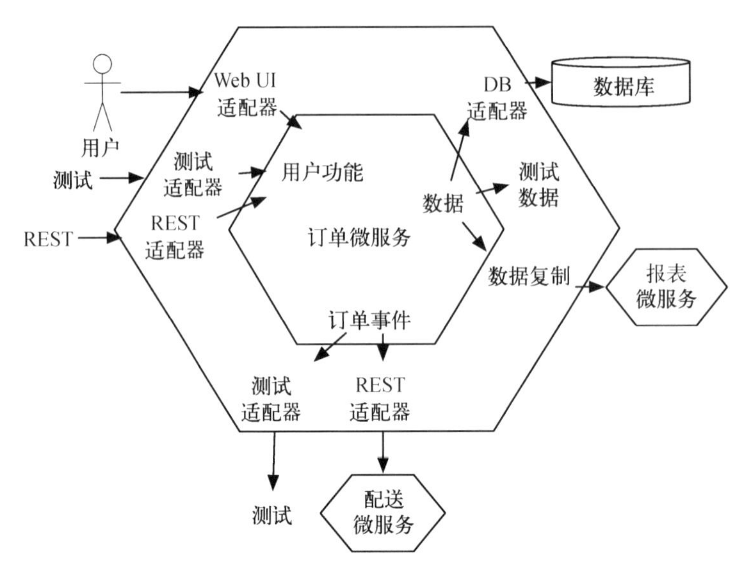

图 9-4　六边形架构示例：订单微服务

根据领域，该六边形架构划分了用户功能接口以及订单事件接口。这样一来，该架构就凸显了基于领域的设计。

订单状态保存在数据库中。还有一个接口可以使用测试数据，而非数据库。该接口对应于传统架构的持久层。

最后，有一个接口通过数据复制将订单信息传送给报表微服务。该微服务可以从订单信息中获取统计数据。报表微服务不止是一个持久化接口，它不仅能存储数据，还能修改数据，以便快速生成统计信息。

如示例所示，六边形架构依据领域对接口进行了良好的划分。每个基于领域的接口和每个适配器都可以实现为单独的微服务。如果需要，那就可以将应用划分成多个微服务。

动手实践

选择一个你了解的项目。

- 有哪些单独的六边形架构？
- 这些六边形架构都有哪些端口和适配器？
- 六边形架构具备哪些优点？
- 六边形架构的实现方式是怎样的？

9.5 容错性和稳定性

在设计良好的微服务系统中，单个微服务的故障对系统中其他微服务可用性的影响应该尽可能最小。微服务系统本质上是分布式的，而网络和服务器是不可靠的，因此出现故障的可能性将高于其他架构方式。再者，由于微服务分布在多个服务器上，系统中服务器数量更多，这也增加了故障的可能性。如果一个微服务的故障导致其他微服务出现故障，级联效应可能导致整个系统崩溃。这种情况应该避免。

因此，微服务必须隔离于其他微服务的故障。这个特性称为容错性。微服务必须包含实现容错性的必要措施。稳定性是一个更宽泛的术语，表示软件高可用性。《发布！软件的设计与部署》一书中列出了这个主题的几种模式。

超时

在与某个系统进行通信时，超时有助于检测该系统是否处于不可用状态。如果达到超时时间仍然没有返回任何响应，则认为被调用的系统是不可用的。不幸的是，许多 API 并没有定义超时的方法，有些 API 则将默认超时时间设置得非常长。例如，在操作系统级别，默认 TCP 超时时间可能长达 5 分钟。在此期间，因为微服务正在等待另一个微服务的响应，所以无法响应调用者。这可能会导致对微服务的请求失败。请求也有可能会阻塞一个线程，直到某个时间点，所有线程都处于阻塞状态，而微服务无法再接收其他任何请求。要避免这种级联效应。如果 API 访问另一个系统或数据库时想要使用超时，那就应该设置此超时。另一种选择是在新的线程中处理对外部系统或数据库的所有请求，并在超时后终止该线程。

断路器

断路器是电路中的安全装置。一旦发生短路，断路器将中断电流，以免发生过热或火灾等危险情况。这个想法也可以应用于软件：当另一个系统不可用或返回错误时，断路器设计将阻止调用该系统。毕竟，调用失效的系统是没有意义的。

正常情况下，断路器是关闭的，调用被转发给目标系统。当发生错误时，根据出错频率，断路器将被开启。调用将不再发送到目标系统，而是返回错误。断路器可以与超时整合使用。当达到超时时间时，断路器将被开启。

这将减轻目标系统的负载，调用系统立即返回错误，而无须等待超时。一段时间后，断路器将再次关闭。调用将再次转发给目标系统。如果错误仍然存在，断路器将再次开启。

系统中断路器的状态可以指示出运维人员目前面临的问题所在。一个开启的断路器表明微服务无法与另一个微服务进行通信。因此，断路器的状态应该是运维监控的一部分。

当断路器开启时，不一定要返回错误，也可以是简单的功能降级。假设一台自动取款机因无法访问负责的系统而无法验证账户的额度是否足够提款。但为了避免客户因无法取款而恼怒，可以允许一定限额的现金提款，银行可以提取相关的提款费。是否允许取款以及取款额度多少，则属于业务决策，需要权衡利弊。在系统故障的情况下也可以应用其他规则。例如，可以根据缓存响应调用。根据领域需求来合理制订系统失效时的处理方案，这比技术处理方案更加重要。

舱壁

舱壁（bulkhead）是船上的特殊门，关闭后可以防水。它将船分成多个区域。如果发生漏水，那么只会影响一部分船舱，因此船不会沉没。

类似的方法也适用于软件：整个系统可划分为多个独立的区域。一个区域的故障或问题不应影响其他区域。例如，不同的客户端可以对应多个微服务实例。如果某个客户端导致对应的微服务超负载，那么其他客户端也不会遭受负面影响。数据库连接与线程等资源也是如此。如果微服务的不同部分使用了不同的资源池，那么即使某部分占用了所有资源，也不会阻塞其他部分。

在基于微服务的架构中，微服务本身就构成了不同的区域，尤其是当各个微服务运行在各自的虚拟机中的时候。即使微服务导致整个虚拟机崩溃或超负载，其他微服务也不会受到影响。各个微服务运行在不同的虚拟机中，因此是相互隔离的。

稳定状态

稳定状态（steady state）一词表示系统以一种能够持续运维的方式进行构建。例如，系统不应保存持续增长的数据量，否则系统最终将耗尽容量并崩溃。例如，日志文件必须定期删除。日志通常只在特定的期限内才有价值。另一个例子是缓存，如果缓存的数据持续增加，那么最终将消耗完所有存储空间。因此缓存的值必须定期清除，以阻止缓存大小持续增加。

快速失败

只有等待其他系统的响应需要很长时间时，超时时间才有必要。“快速失败”（Fail Fast）则从另一个角度解决问题：各个系统应该尽快发现错误，并立即显示错误。如果某次调用需要某个服务，而该服务当前不可用，那么这次调用应该直接返回错误信息。如果其他资源当前不可用，那也一样处理。同样，调用应该在一开始就通过验证。如果调用有错误，那么对其进行处理将没有任何价值，因此可以立即返回错误信息。快速失败所带来的好处与超时时间相同：快速失败占用更少的资源，因此系统将更加稳定。

握手

协议通过握手来建立通信。协议的这个特征让服务器在超负载时能拒绝更多的调用。这有助于避免进一步的超负载、崩溃，或太慢的响应。不幸的是，HTTP之类的协议并不支持握手。因此，应用要通过健康检测之类的接口来模拟这个功能。应用可以表明其原则上是可以调用的，但当前负载过高，无法处理更多的调用。基于套接字连接的协议可以自己实现这类方案。

测试套件

测试套件（Test Harness）可用于查看应用在出错时的行为。这些问题可能处于 TCP/IP 级别，例如，其他系统返回的响应包含 HTTP 报头但没有 HTTP 消息体。理论上讲，这个层面是由操作系统或网络协议栈处理，因此这样的事情不应发生。但如果应用没有准备好处理这些错误，那么这种错误可能会在实践中发生，并会导致严重的后果。测试套件可以是 10.8 节中探讨的测试的扩展。

通过中间件实现解耦

单个程序内的调用仅在同一主机、同一进程、同一时间的条件下才起作用。同步分布式通信（REST）可实现不同主机与不同进程间的同时通信。通过消息系统进行异步通信（见 8.4 节）也可以实现时间上的解耦。系统不应该等待异步进程的响应，而是应该继续处理其他任务。采用异步通信将大大降低导致系统像多米诺骨牌一样接连崩溃的错误出现的概率。由于异步通信通常意味着较长的响应时间，系统也将被迫等待较长的响应时间。

稳定性与微服务

舱壁等稳定性模式将故障限制在一个单元上。微服务显然就是这样的故障单元。微服务运行在单独的虚拟机上，因此基本上已经被隔离了。在基于微服务的架构中，非常自然地使用了舱壁模式。图 9-5 展示了整体概览：通过使用舱壁、断路器和超时，微服务可以保护对其他微服务的调用。而被调用的微服务可以另外实现快速失败。可以在微服务负责与其他微服务通信的部分实现这些模式，来达到保护调用的目的。这使得该功能可以在代码的一个区域中实现，而不是分布在整个代码中。

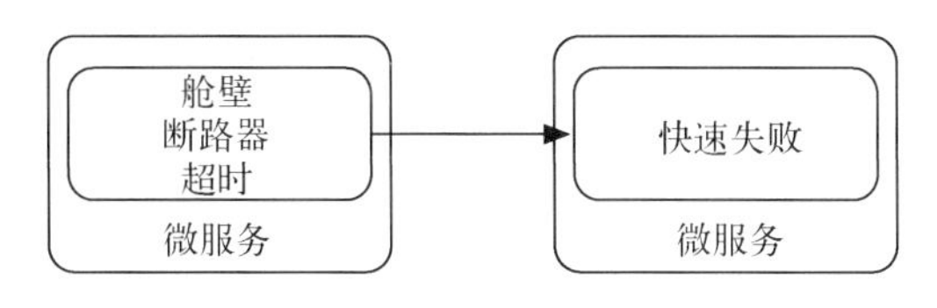

图 9-5 微服务的稳定性

在技术层面，这些模式可以用不同方式实现。对微服务而言有如下选择。

- 超时时间非常容易实现。当访问其他系统时，启动一个单独的线程，达到超时时间后终止即可。

- 断路器乍一看并不是很复杂，似乎可以自行编码实现。但任何实现方案都必须能承受高负载，并为运维提供一个监控接口。这并不容易实现。因此，自行实现断路器并不是明智之选。
- 舱壁是微服务固有的特征，因为很多情况下，问题已经局限于单个微服务。例如，内存泄漏只会导致一个微服务失效。
- 稳定状态、快速失败、握手和测试套件必须由各个微服务分别实现。
- 通过中间件实现解耦是微服务间共享通信的一种选择。

容错性和响应式

响应式宣言[1]将容错性列为响应式应用的一个关键特性。应用可用过异步处理调用来实现容错性。应用处理消息的各个部分（即 actor）都要监控。如果一个 actor 不再响应，那它就要被重启。这样能够处理错误，让应用的容错性更强。

Hystrix

Hystrix 实现了超时和断路器。为此，开发者要将调用封装成命令，或者使用 Java 注解。调用将通过单独的线程池处理，可以创建多个线程池。如果每个被调用的微服务对应一个线程池，那么微服务的调用就能相互分离，一个微服务中出现的问题不会影响其他微服务的使用。这与舱壁的理念是一致的。Hystrix 是一个 Java 类库，起源于 Netflix stack，基于 Apache 许可证发布。示例应用通过 Spring Cloud 使用了 Hystrix（见 13.10 节）。结合 sidecar 模式，非 Java 编写的应用也能使用 Hystrix（见 7.9 节）。Hystrix 提供了线程池和断路器的状态信息，以便监控和运维使用。这些信息可以显示在 Hystrix 仪表盘中，它是一个专门的监控工具。在实现上，Hystrix 使用了 Java 的响应式扩展（RxJava）。在提高容错性方面，Hystrix 是使用最广泛的共享库。

动手实践

- 本章介绍了稳定性的 8 种模式。请根据这些模式的优先级来排序。哪些属性是不可或缺的？哪些属性是重要的？哪些属性是不重要的？
- 如何验证微服务的确实现了这些模式？

9.6　技术架构

各个微服务的技术架构可以单独设计。没有必要统一全部微服务所用的框架或编程语言。因此，每个微服务可以采用不同的平台。但某些技术基础设施更适合微服务。

---

① 完整文本参见 https://www.reactivemanifesto.org/。

流程引擎

流程引擎（process engine）通常用于 SOA 的服务编排（见 6.1 节），能为微服务的业务流建模。关键在于，一个微服务只应实现一个领域，也就是一个限界上下文。一个微服务不应是纯粹为了与其他微服务进行集成或编排，而没有自己的逻辑。否则，改动不仅会影响负责主要任务的微服务，还将影响负责集成/编排的微服务。而基于微服务的架构的核心目标之一就是将改动尽可能限制于单个微服务内部。如果要实现多个业务流，则应该使用多个微服务。每个微服务都应该与依赖服务一起实现一个业务流。当然，有些业务流的实现难免要集成多个微服务，但仅仅实现负责集成的微服务是不合理的。

无状态

无状态微服务是非常有利的。更确切的说，微服务不应在逻辑层保存任何状态。保存在数据库或客户端的状态是可以接收的。采用无状态方案时，单个微服务实例的失效并不会造成很大的影响。失效的实例替换为新的实例。另外，负载可以分给多个实例，而无须考虑用户的上一次请求是由哪个微服务实例处理的。最后，由于旧版微服务无须迁移状态即可终止，新版本的部署会更加简单。

响应式技术

采用响应式技术实现微服务会非常有用。响应式方案可以与 Erlang 相比较（见 14.7 节）：应用由 actor 构成。在 Erlang 中，actor 被称为 process。各个 actor 的工作是有顺序的，但多个 actor 可以并行处理不同的消息。因此 actor 可以并行处理任务。actor 可以给其他 actor 的信箱发送消息。在响应式应用中，I/O 操作不会阻塞，因其只需发出数据请求。如果数据存在，那么将调用一个 actor 来处理数据。在此期间，请求数据的 actor 可以处理其他请求。

响应式宣言的本质特征列举如下。

- 可响应性：系统应该尽可能快地响应请求。这具有快速失败和稳定性等优点（见 9.5 节）。一旦信箱中的消息累积到一定数量，actor 就能拒绝或接受更多消息。这使得消息发送变慢，而系统不会超负载。其他请求仍然会处理。如果没有使用阻塞式 I/O 操作，那么仍有助于达成可响应的目标。
- 容错性与响应式应用的关系，在 9.5 节已经探讨过。
- 弹性表示运行期间可以启动新的系统来承担负载。为此，系统必须是可扩展的，并且可以在运行期间修改系统，从而将负载分配到不同的节点。
- 消息驱动表示各个组件通过消息相互通信。如 8.4 节所述，这种通信方式非常适合微服务。响应式应用在内部同样采用非常类似的方案。

借助微服务架构，响应式系统尤其容易实现。而响应式的理念也非常适合微服务的理念。当然，通过比较传统的技术也可以实现类似的结果。

响应式技术列举如下。

- Scala 编程语言，以及基于 Scala 的响应式框架 Akka 和 Web 框架 Play。这些框架也可以通过 Java 来使用。
- 所有流行的编程语言都有响应式扩展。其中包括 Java 的 RxJava 和 JavaScript 的 RxJS。
- Vert.x（见 14.6 节）提供类似的方案。尽管该框架是基于 JVM 的，但它支持多种编程语言，包括 Java、Groovy、Scala、JavaScript、Clojure、Ruby，以及 Python。

不使用响应式技术的微服务

响应式技术仅仅是实现微服务系统的一种途径。传统的编程模式采用阻塞 I/O，没有 actor，采用同步调用，也同样适合这类系统。如前所述，容错性可以通过共享库来实现。弹性可以通过启动新的微服务实例来实现，例如虚拟机或 Docker 容器。此外，传统应用也能通过消息相互通信。响应式应用有利于实现可响应性。但在这种情况下，必须要保证操作确实不会阻塞。响应式方案通常能保证 I/O 操作。但复杂的运算可能会造成系统阻塞，并无法继续处理消息。微服务不一定要采用响应式技术来实现，但响应式技术是一种有趣的可选方案。

> **动手实践**
>
> 获取更多关于响应式技术与微服务的信息。
>
> - 具体来讲，如何利用和实现响应式技术的优势？
> - 你喜欢的编程语言有没有响应式扩展？该扩展提供了什么特征？是否有助于微服务的实现？

9.7　总结

实现某个微服务的团队同样负责该微服务的领域架构。为了保持团队间的独立性，团队的决策只应受少量指导方针的限制。

低内聚可能预示着微服务的领域设计出现了问题。DDD（领域驱动设计）是设计微服务结构的一种有趣的途径。事务也为优化领域的划分提供了线索：微服务的一个操作应该是一个事务（见 9.1 节）。

CQS（命令查询分离）将一个微服务或一个类的操作划分成读取操作（查询）和写入操作（命令）。CQRS（命令查询责任分离，见 9.2 节）通过命令使得数据修改与处理请求的查询处理器相分离。这意味着创建的微服务或类只能读取或写入服务。事件溯源（见 9.3 节）对事件进行了存储，关注所有事件的历史而不是当前状态。在构建微服务时，借助以上方案可以构建更小的、仅实现了读取或写入操作的微服务，因此很有用。这使得各种类型的操作能够独立地扩展和优化。

六边形架构（见 9.4 节）将能通过适配器访问的内核作为各个微服务的核心，例如通过 UI 或 API 来访问。同样，适配器也可以使用其他微服务或数据库。这使得微服务架构能够支持 UI 和 REST 接口。

9.5 节介绍了容错性和稳定性相关的模式。其中最重要的是断路器、超时和舱壁。一个流行的实现方案是 Hystrix。

9.6 节介绍了微服务的某些技术选择，例如业务流引擎，它是微服务的一个可选方案。无状态可为微服务带来好处。最后，响应式方案是实现微服务的良好基础。

总之，本章介绍了实现单个微服务需要考虑的基本要素。

要点

- 在基于微服务的系统中，各个微服务可以基于不同的领域架构。
- 微服务内部可以通过事件溯源、CQRS 或六边形架构来实现。
- 稳定性等技术特性只能由各个微服务分别实现。

第10章 微服务与微服务系统的测试

系统划分成微服务将给测试带来影响。10.1 节解释实行软件测试的原因。10.2 节讨论普遍测试的基本方法，内部不局限于微服务。10.3 节解释为什么微服务测试会遇到其他架构模式所没有的问题。例如，微服务系统所包含的所有微服务都要通过测试（见 10.4 节）。当微服务数量很多时，测试将变得困难。10.5 节分析一个将遗留应用迁移到微服务的特殊案例。在这种情况下，仅仅测试微服务是不够的，微服务的集成以及遗留应用都要通过测试。消费者驱动的契约测试是维护微服务之间接口的一种方法（见 10.7 节）。这种测试方法降低了系统整体测试的难度——虽然各个微服务仍然要分别测试。在微服务场景下，如何在没有其他微服务的情况下单独运行各个微服务是一个问题（见 10.6 节）。微服务带来了技术上的自由，但我们仍要遵循某些标准，而测试有助于架构所制定的技术标准的落实（见 10.8 节）。

10.1 为什么需要测试

测试是每个软件开发项目的核心部分，但测试的目的却很少提及。本质上，测试是为了管理风险。测试应该使生产环境出错而被用户发现或造成其他损失的风险最小化。

出于这一目的，要考虑的事情如下。

- 每个测试必须根据其最小化的风险进行评估。最后，只有当测试有助于避免生产中可能出现的具体错误时才有意义。
- 测试并不是处理风险的唯一方法。还有其他方式能够将生产环境中出错的影响最小化。一个重要的考虑因素是在生产环境中纠正某个错误所需的时间。通常，错误持续时间越长，后果越严重。将正确版本的服务部署到生产环境所需的时间取决于部署方法。这是测试和部署策略相互影响的一个地方。
- 另一个重要的考虑因素是生产环境中出错后多久才会被发现。这取决于监控和记录的质量。

有许多措施可以处理生产中的错误。为了确保高品质的软件交付给客户，仅仅关注测试是不够的。

测试能减少支出

测试不仅能够最小化风险，还有助于减少或避免支出。生产环境中的错误可能会造成巨大的经济损失。错误也可能会影响客户服务，导致额外的开销。与测试环境相比，在生产环境中定位和纠正错误通常更困难和耗时。对生产系统的访问通常受到限制，开发人员可能已经在开发其他功能，需要重新熟悉出错的代码。

另外，采用正确的测试方案也有助于减少或避免支出。自动测试可能看起来很耗时。然而，当测试明确地定义到令结果可重现的程度时，实现完整形式化和自动化所需的步骤就很少了。如果执行测试的成本可以忽略，那就能更频繁地进行测试，从而提高产品质量。

测试=文档

测试定义了一段代码应该做什么，因此是一种文档形式。单元测试定义了如何使用生产代码，以及在异常和边界情况中的表现。验收测试反映了客户的需求。与普通文档相比，测试的优点是可以执行。这确保测试实际上反映了系统的当前行为，而不是过时的状态或将来才能达到的状态。

测试驱动开发

测试驱动开发是一种开发方法，它利用了测试代表需求的事实：在这种方法中，开发人员首先编写测试，然后编写实现。这样可以确保整个代码库都受到测试的保护。这也意味着测试不受代码的影响，因为代码在编写测试时还不存在。如果在编写代码之后才实施测试，开发人员已经对实现有认知，因此可能不会考虑到某些潜在的问题。而采用测试驱动开发时，这种情况不太可能发生。测试成为了开发过程非常重要的基础，测试推动着开发：在每次改变之前，都必须编写一个不会成功的测试。代码只能在测试成功的前提下进行调整。这不仅意味着通过之前编写的单元测试来保护各个类，还包括通过之前编写的验收测试来保证需求。

10.2 如何测试

不同类型的测试能应对不同的风险。接下来的章节将分析各种类型的测试，及其应对的风险。

单元测试

顾名思义，单元测试检查组成系统的各个单元。单元测试将各个单元包含错误的风险最小化。单元测试旨在检查单独的方法或功能等细小的单元。为此，必须替换掉单元的所有依赖项，使得只有被测单元被执行，而不是所有的依赖项。有两种方法能够替换依赖关系。

- mock 可以为某个调用模拟特定的结果。调用后，测试可以验证实际上是否发生了预期调用。例如，测试可以定义一个 mock，根据特定的客户号码返回某个特定的客户。在测试之后，可以判断代码实际上是否获取了正确的客户。在另一个测试场景中，当请求客户信息时，mock 可以模拟出一个错误。这使得单元测试能够模拟可能难以重现的错误情况。
- 而 stub 模拟整个微服务，但功能受限。例如，stub 可能返回一个常量值。因此，在缺少所依赖的微服务的情况下也能进行测试。例如，可以实现一个 stub，使其根据某些客户编号返回特定的客户，每个客户都具备某些属性。

编写单元测试是开发人员的职责。目前流行的编程语言普遍都有单元测试框架。单元测试使用单元内部结构的知识，例如，通过 mock 或 stub 替换依赖关系。此外，这些知识可以用于运行测试代码分支的所有代码路径。因为利用了单元结构的相关知识，所以单元测试属于白盒测试。如果严格区分颜色的话，应该称之为透明盒测试，但白盒测试是常用的术语。

单元测试的优点之一是运行速度：即使是复杂的项目，单元测试也可以在几分钟内运行完毕。因此，通过执行单元测试，可以保护每次代码的更改。

集成测试

集成测试检查组件间的交互，目的是使得组件集成包含错误的风险最小化。集成测试不使用 stub 或 mock。可以通过 UI 或特殊的测试框架，将组件作为应用来测试。集成测试的最低限度应该评估各个部件能否互相通信。但集成测试不仅限于此，例如，可以根据业务流程更进一步地测试程序的逻辑。

当测试业务流程时，集成测试与负责检查客户需求的验收测试类似。这部分可以通过行为驱动设计（BDD，behavior-driven design）和验收测试驱动设计（ATDD，acceptance test-driven design）的工具覆盖。借助这些工具能让测试驱动的方法落地，即首先编写测试（甚至包括集成测试和验收测试），然后编写程序实现。

集成测试不使用被测系统的信息。由于不使用关于系统内部结构的知识，因此被称为黑盒测试。

UI 测试

UI 测试通过用户界面来检查应用。原则上，UI 测试只需要测试用户界面能否正常工作。有许多框架和工具可用于测试用户界面，包括能测试 Web UI、桌面应用和移动应用的工具。UI 测试属于黑盒测试。由于测试目标是用户界面，因此测试往往是脆弱的：即使逻辑保持不变，用户界面的更改也会让 UI 测试失效。另外，这类测试通常需要完整地安装一个系统，导致测试运行缓慢。

人工测试

最后还有人工测试。人工测试可以最大限度地降低新功能出错的风险，还可以检查系统的特定方面，如安全性、性能或之前发现有问题的功能。人工测试应该是探索性的，关注应用的某些方面。如果测试的目的是检查特定错误是否再次出现（即回归测试），那就不应该由人工完成，因为自动化测试能以更具成本效益和可重现的方式发现此类错误。手动测试应限于探索性测试。

负载测试

负载测试分析负载下应用的行为。性能测试检查系统的速度。容量测试检查系统能够处理的用户或请求的数量。这些测试都会评估应用的效率，因此可以使用类似的工具产生负载并检测响应时间。此类测试还可以监视资源的使用情况，或者检查特定负载下是否发生错误。分析一个系统能否长时间处理高负载的测试称为耐力测试。

测试金字塔

测试的构成可表示为测试金字塔（见图 10-1）。金字塔的宽基座代表大量的单元测试。单元测试可以快速执行，大部分错误都可以在这个层面检测出。集成测试较难创建且运行时间更长，因此数量较少。而且系统各部分集成所带来的潜在问题也较少。逻辑本身也受到单元测试的保护。UI 测试只需要验证图形用户界面的正确性。自动化的 UI 测试很复杂，并且需要一个完整的环境，因此更难创建。人工测试偶尔才会用到。

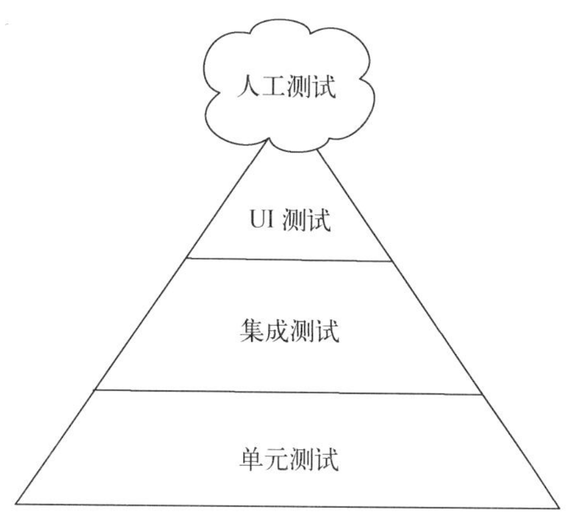

图 10-1　理想的测试金字塔

测试驱动开发通常会产生一个测试金字塔：每个需求都要编写一个集成测试，而每修改一个类都要编写一个单元测试。因此，这个过程需要创建许多的集成测试，以及更多的单元测试。

测试金字塔能以低支出带来高质量。这些测试尽可能自动化。每个风险都通过尽可能简单的测试来解决：通过简单快速的单元测试进行测试。那些无法简单地测试的领域才会使用更困难的测试。

许多项目远远未能实现理想的测试金字塔。不幸的是，现实中的项目测试通常更类似于如图 10-2 所示的甜筒冰淇淋。这带来了以下挑战。

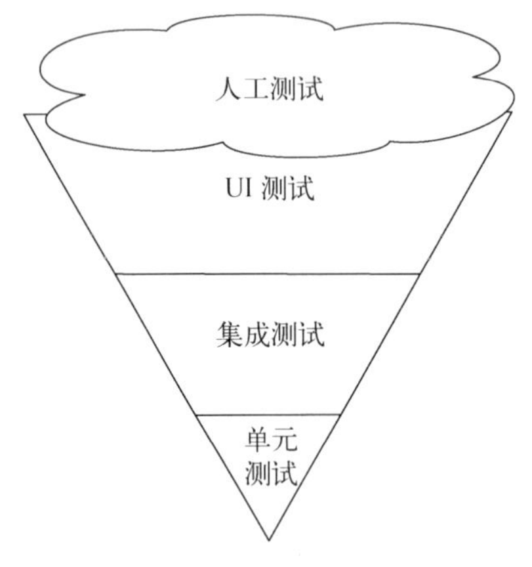

图 10-2　常见的甜筒冰淇淋状测试构成

- 因为人工测试非常容易实现，而且许多测试人员没有足够的自动化测试经验，所以系统中广泛地使用了人工测试。如果测试人员无法编写可维护的测试代码，那将很难实现自动化测试。
- 自动化的用户界面测试与人工测试非常相似，因此是最简单的自动化测试类型。通常大部分自动化测试是 UI 测试。不幸的是，自动化 UI 测试是脆弱的：图形用户界面的更改通常会给测试带来问题。测试需要检查整个系统，因此会很慢。如果测试并行化执行，那么通常会导致系统过载，而非测试本身的失败。
- 集成测试太少。集成测试需要对系统和自动化技术有全面的理解，但测试人员通常欠缺这样的知识。
- 在实际中，单元测试可能比图示更多。但由于许多开发人员缺乏编写单元测试的经验，单元测试的质量往往很差。

其他常见问题包括：针对某些错误源采用过于复杂的测试，以及通过 UI 测试或人工测试来测试逻辑。但对于这些情况，单元测试通常就够用了，而且要快得多。测试时，开发人员应尽量避免这些问题，也要避免形成甜筒冰淇淋状的测试结构。测试结构应该呈金字塔形才对。

测试方法应根据软件的风险进行调整，并对正确的属性进行测试。例如，如果项目的关键是性能，那么就应提供自动化的负载测试或容量测试。在这种情况下，功能测试可能就不那么重要。

> **动手实践**
>
> - 你目前参加的项目中，哪些部分更像甜筒冰淇淋而非测试金字塔？
> - 哪些部分采用了人工测试？最重要的测试实现自动化了吗？
> - UI 测试与集成测试、单元测试之间分别是什么关系？
> - 各种测试的质量如何？
> - 是否采用了测试驱动开发？是针对各个类还是针对需求？

持续交付流水线

持续交付流水线（见图 4-2，位于 4.1 节）展示了不同的测试阶段。测试金字塔的单元测试在提交阶段执行。UI 测试可以是验收测试的一部分，也可以在提交阶段运行。容量测试使用完整的系统，因此可以看作测试金字塔中的集成测试。探索性测试是测试金字塔中的人工测试。

与其他软件架构相比，自动化测试对于微服务而言更为重要。微服务架构的主要目标是实现独立且频繁的软件部署。为此，必须通过测试来保证微服务的质量。如果没有测试的保证，部署到生产环境将非常危险。

10.3 降低部署的风险

因部署单元较小而能够快速部署，这是微服务的一个重要优点。容错性能保证单个微服务的失效不会导致其他微服务甚至整个系统的失效。因此，如果微服务通过测试，那么生产环境中出错的风险会更低。

此外，以下是微服务能使部署风险最小化的原因。

- 因为只需重新部署一个微服务，所以能更快地修复错误，这远比部署一个单体应用更快捷。
- 蓝/绿部署和金丝雀发布（见 11.4 节）等方案能进一步降低部署的风险。借助这些技术，从生产环境中移除有 bug 的微服务代价更低且时间更短。与单体应用相比，为单个微服务提供所需的环境更方便，因此微服务系统更容易实现这些方案。
- 一个服务投入生产环境后，可以不做实际的工作。该服务将获得与生产环境中的版本相同的请求，但是新服务触发的数据更改实际上并未执行，而是与生产环境中的服务所做的更改进行比较。例如，这可以通过修改数据库驱动程序或数据库本身来实现。另外，该服务还可以使用数据库的副本。主要的一点是，在这个阶段，微服务不会改变生产环境的数据。此外，微服务发送到外部的消息可以与生产环境的微服务消息进行比较，而不发送给接收者。通过这种方式，微服务在生产环境中运行时，将遇到实际数据的所有特殊情况，即使是最好的测试也无法完全覆盖。这样的程序也可以提供可靠的性能数据，但因为实际上并未写入数据，所以性能数据并不完全准确。因为单体应用可能会在许多位置引入对数据的更改，需要大量资源和非常复杂的配置，所以在生产环境中很难运行另一个单体应用实例，因此这些方法并不那么适合单体部署架构。即使采用微服务，这种方法仍然很复杂，需要在软件和部署方面提供全面的支持。采用这种测试方法时，需要编写额外的代码来调用旧版本和新版本，并比较两个版本的更改和传出的消息。然而，这种方法至少是可行的。

- 最后，通过监控可以仔细检查服务，从而快速识别和解决问题。这能缩短从发现问题到解决问题所需的时间。该监控可以作为负载测试的一个验收标准。在生产环境的监控中，没有通过负载测试的代码也应该告警。因此，监控和测试之间的密切协调是合理的。

最后，这些方法的目的是为了降低将微服务部署到生产环境的风险，而不是通过测试来处理风险。由于新版本的微服务无法更改任何数据，其部署实际上没有风险。单体应用则很难实践这些方法，因其部署过程更费力和耗时，且需要更多的资源，因此无法快速完成部署，且在出错时也无法方便地回滚。

这种方法也很有趣，因为测试中难以消除某些风险。例如，负载和性能测试可以作为生产环境中应用行为的指标。然而，这些测试并不完全可靠，这是因为在生产环境中，数据量、用户行为以及硬件大小会有所不同。在一个测试环境中覆盖所有这些方面是不可行的。另外，有些错误仅在生产环境的数据集中才会发生，而这些难以用测试来模拟。监控和快速部署可以成为微服务环境中测试的现实替代。重要的是要考虑哪种风险可以通过哪种类型的测量测试或部署流水线的优化来降低。

10.4　系统整体的测试

除了各个微服务的测试，系统作为一个整体也要进行测试。因此，这将产生多个测试金字塔：每个微服务各自对应一个测试金字塔，而系统整体也对应一个测试金字塔（见图10-3）。对于完整的系统，还有微服务的集成测试、整个应用的UI测试，以及人工测试。这个层面的单元测试就是微服务的测试，鉴于微服务就是整个系统的单元。这些测试由各个微服务的完整测试金字塔构成。

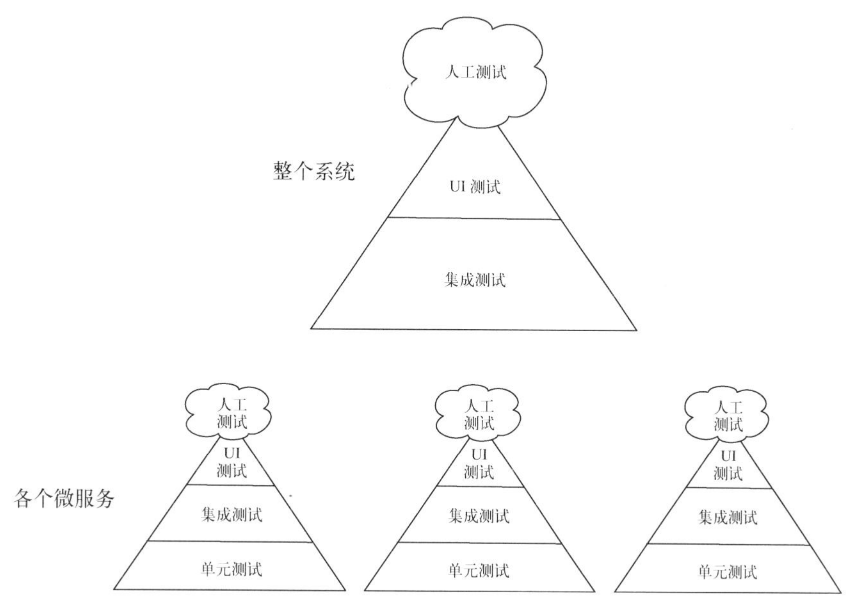

图 10-3 微服务系统的测试金字塔

系统整体的测试负责发现各个微服务之间交互的问题。微服务是分布式系统，因此处理用户的调用可能需要多个微服务间的交互。这给测试带来了挑战：分布式系统代码量更大，也更容易出错，而系统整体的测试需要应对这些风险。测试微服务时可以采用另一种方案：借助容错性，当其他微服务出现问题时，某个微服务仍然能够工作。因此，部分系统的失效是预期之内的，且不应造成严重的后果。功能测试可以借助其他微服务的 stub 或 mock 来实现。通过这样的方式，无须构建一个复杂的分布式系统，即可测试微服务的各种可能出现错误的场景。

共享的集成测试

部署到生产环境之前，应该测试每个微服务与其他微服务之间的集成。这需要对 5.1 节提到过的持续交付流水线进行修改：在部署流水线的最后，每个微服务都要与其他微服务一起进行测试。每个微服务都应单独通过这个步骤。如果在这一步，同时对多个微服务的新版本进行测试，那么出错时就难以判断错误是由哪个微服务所导致的。虽说某些情况下，同时测试多个微服务的新版本也可能清晰地定位错误的来源，但实际上这种做法通常得不偿失。

基于上述考虑，得到了图 10-4 所示的流程。各个微服务的持续交付流水线的终点是一个公共的集成测试，每个微服务必须单独地通过该集成测试。当某个微服务进入集成测试阶段时，其他微服务必须等待，直到这次集成测试结束。为了保证每次只有一个微服务通过集成测试，集成测试可以在一个单独的环境中进行。在特定的时间点，只允许将一个新版本的微服务传送到该环境中，并且该环境强制对微服务的集成测试做串行处理。

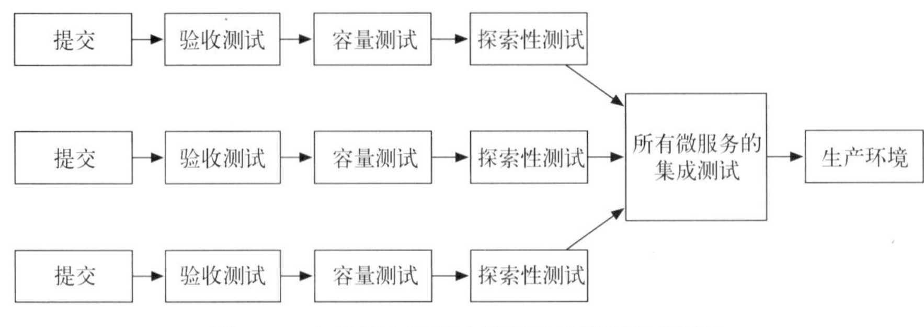

图 10-4　在持续交付流水线的最后进行集成测试

这样的同步点拖延了部署，进而拖延了整个流程。如果每次集成测试持续一个小时，那么一个 8 小时工作日只能让 8 个微服务通过集成测试并部署到生产环境。如果项目中有 8 个团队，那每个团队每天只能对一个微服务进行一次部署。这样的部署频率并不能满足快速修复生产环境错误的需要。另外，这弱化了微服务的一个核心优点：微服务应该能够相互独立地进行部署。虽然理论上这仍然是可能的，但部署花费的时间太长。而且集成测试使得微服务变得相互依赖——不是在代码层面，而是在部署流水线中。另外，如果持续交付不需要最后的集成测试（假设该阶段需要一个小时），那么部署流程就不平衡，但是每天部署到生产环境的次数仍然不会超过一次。

避免系统整体的集成测试

这个问题可以通过测试金字塔来解决。它将关注点从系统整体的集成测试转移到各个微服务的集成测试和单元测试。如果系统整体的集成测试减少，那也就减少了所需的运行时间。这样一来，所需的同步也将减少，微服务部署到生产环境也将更快。集成测试仅用于测试微服务之间的交互。如果各个微服务能够访问所有依赖的微服务，那就足够了。所有其他风险可以在这个最后的测试之前处理。通过消费者驱动的契约测试（见 10.7 节），甚至无须将微服务集中进行测试，就可以排除微服务间通信的错误。上述所有的措施都能减少集成测试的数量，进而减少测试时长。最终，整体测试并未减少，而是转移到了其他阶段，包括转移到各个微服务的测试以及单元测试。

系统整体的测试应该由所有团队共同开发。系统整体的测试涉及整个系统，不可能由单个团队负责，因此构成了宏观架构的一部分（见 12.3 节）。

完整的系统也可以进行人工测试。然而，要求每个新版本的微服务都必须与其他微服务一起通过人工测试才能投入生产环境，这是不可行的，因为拖延时间太长了。系统的人工测试可用于测试生产中尚未激活的功能。或者，如果安全方面以前出现过问题，则可以用人工方式来测试这些方面。

10.5　遗留应用与微服务的测试

微服务通常用来替代遗留应用。遗留应用通常是单体部署应用。因此，遗留应用的持续交付流水线需要测试许多必须拆分成微服务的功能。由于需要测试许多功能，单体部署应用的持续交付流水线要耗费很长的时间。相应地，将其部署到生产环境通常复杂且耗时。在这种情况下，将遗留应用的每一处微小的代码变化都重新部署到生产环境是不现实的。通常，为时 14 天的冲刺（sprint）结束时会有一次部署，或每个季度只有一个版本的部署。夜间测试检查系统的当前状态。测试可以从持续交付流水线转移到夜间测试中。在这种情况下，持续交付流水线会加快，但是某些错误只能通过夜间测试来识别。于是，错误究竟是由过去一天的哪些变化造成的，就成了一个问题。

遗留应用测试的迁移

在遗留应用迁移到微服务的过程中，测试尤其重要。如果只采用遗留应用的测试，那将会测试到一些已经迁移到微服务的功能。在这种情况下，微服务每次发布时，这些测试都要执行一遍。这将会花费很长的时间。因此，这些测试也需要迁移。这些测试可以转为微服务的集成测试（见图 10-5）。但微服务的集成测试应该能够快速执行。在这个阶段，没有必要测试单个微服务的功能。然后，遗留应用的测试必须转为各个微服务的集成测试，甚至是单元测试。在这种情况下，测试执行的速度将大大提高。此外，测试作为单个微服务的测试运行，因此不会减慢微服务的共享测试。

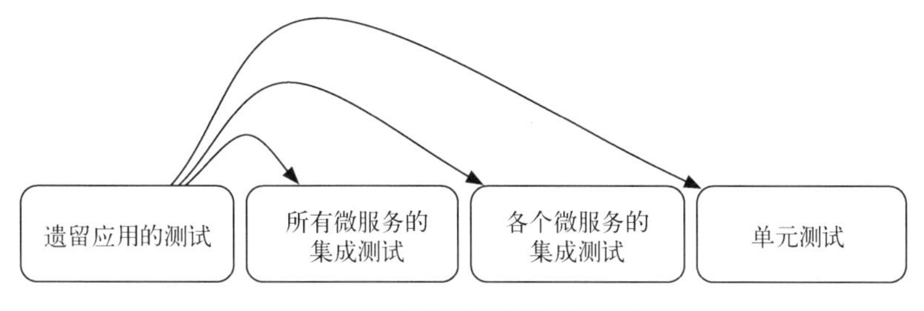

图 10-5　遗留应用测试的迁移

需要迁移的不仅仅是遗留应用，还包括测试。否则，即使迁移了遗留应用，也仍然无法实现快速部署。

功能转移到微服务后，相应的测试就可以从遗留应用中移除。这样做可以一步步加快遗留应用的部署。因此，对遗留应用的更改也将变得越来越简单。

遗留应用与微服务的集成测试

遗留应用也要与微服务一起进行测试。微服务必须与生产环境的遗留应用版本一起进行测试。这确保微服务能在生产环境中与遗留应用一起工作。为此，生产环境中运行的遗留应用版本可以集成到微服务的集成测试中。每个微服务都必须与这个版本的遗留应用一起通过所有测试（见图 10-6）。

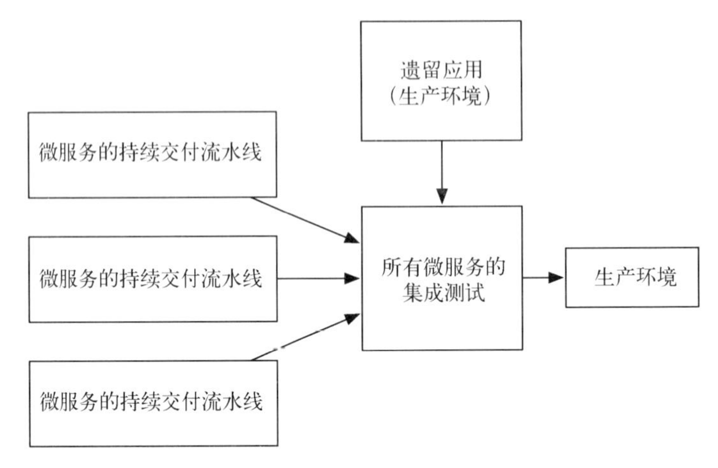

图 10-6　持续交付流水线中的遗留应用

如果遗留应用的部署周期长达数天或数周，那么新版本的遗留应用将会并行开发。微服务还必须使用此版本进行测试。这确保了在发布新的遗留应用时不会突然发生错误。目前正在开发的旧版应用与当前的微服务进行集成测试，作为其部署流水线的一部分（见图 10-7）。为此，必须使用目前生产环境中的微服务版本。

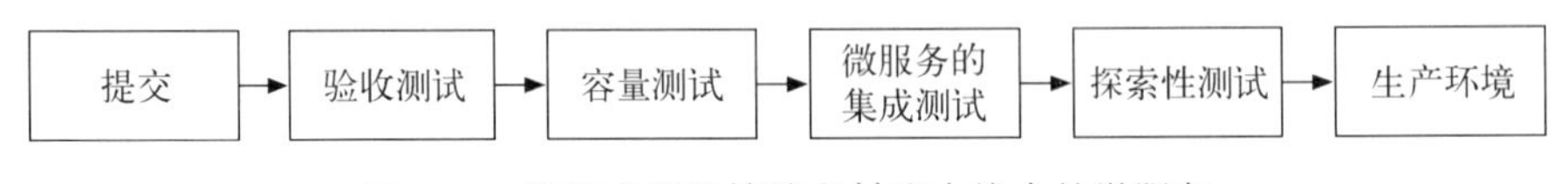

图 10-7　遗留应用的持续交付流水线中的微服务

微服务的版本变更远远快于遗留应用。新版本的微服务可以破坏传统应用的持续交付流水线。由于没有微服务的代码，而且这个版本的微服务可能已经部署到生产环境了，导致遗留应用的团队无法解决这些问题。在这种情况下，虽然微服务的持续交付流水线能够正常运行，但必须提供新版本的微服务以更正错误。

另一种方法是将微服务与当前正在开发的遗留应用一起进行集成测试。然而，这将延长微服务总体集成测试的时间，从而使微服务的开发变得更加复杂。

这个问题可以通过消费者驱动的契约测试来解决（见 10.7 节）。消费者驱动的契约测试能够定义遗留应用对微服务的预期，以及微服务对遗留应用的预期，从而将集成测试的需要降至最低。

此外，遗留应用可以与微服务的 stub 一起测试。这种测试只测试遗留应用，因此并不属于集成测试。这样可以减少整体集成测试的数量。10.6 节将以微服务测试为例来阐释这一概念。但是，这意味着遗留应用的测试必须进行调整。

10.6　各个微服务的测试

负责开发微服务的团队同样负责相应微服务的测试。团队需要在持续交付流水线中实现各种测试，如单元测试、负载测试、验收测试——当然，就算不是微服务系统，也要实现这些测试。

微服务的某些功能需要访问其他微服务。这给测试带来了挑战：为每个微服务的每一次测试都提供具备所有微服务的完整环境是不合理的。一方面，这种做法将消耗过多的资源。另一方面，很难为所有环境提供最新的软件。在技术上，类似 Docker 这样的轻量级虚拟方案可以减少资源方面的开销。但如果微服务数量达到 50 个，甚至 100 个，那么这种方案就不够用了。

参考环境

一种解决方案是借助参考环境，即在一个环境中提供微服务的当前版本。各个微服务的测试均可使用该环境的微服务。但如果多个团队并行地使用参考环境中的微服务来进行测试，由于测试之间会相互影响，将导致错误发生。另外，参考环境还要保证可用。如果测试导致参考环境的某一部分失效，极端情况下这将导致所有团队都无法进行测试。必须保证测试环境中各个微服务的当前版本处于可用状态。这将带来额外的开销。因此，参考环境并不是实现微服务单独测试的一种好方案。

stub

另一种方案是模拟被使用的微服务。为了模拟系统的一部分，10.2 节介绍了两个方法，分别叫 stub 和 mock。stub 支持不同的测试环境，是替代微服务的较好的方案。实现一个 stub，就能支持所有存在依赖关系的微服务的开发。

如果采用 stub 方案，那么团队就必须为其开发的微服务提供 stub。这能保证微服务与 stub 基本一致。如果消费者驱动的契约测试（见 10.7 节）同样验证 stub，那么就能保证 stub 模拟微服务的正确性。

stub 应该采用统一的技术来实现。所有采用微服务的团队都必须使用 stub 进行测试。采用统一的技术将有助于 stub 的处理，否则负责多个微服务的团队需要掌握的测试技术就太多了。

stub 可以与相关的微服务用相同的技术来实现。但 stub 所占用的资源应该少于微服务。因此，stub 最好采用一个简单的技术栈。13.13 节的示例中，stub 采用和相关的微服务相同的技术，但 stub 仅返回常量，并与采用该 stub 的微服务运行在同一个进程中，因此占用很少的资源。

有多种技术专门用来实现 stub。用于实现消费者驱动的契约测试的工具同样可用来生成 stub（见 10.7 节）。

- mountebank 是借助 Node.js 用 JavaScript 编写的。mountebank 能为 TCP、HTTP、HTTPS 和 SMTP 提供 stub。mountebank 能在运行时生成新的 stub。stub 的定义存储在一个 JSON 文件中，其中定义了 stub 在何种条件下返回何种响应。mountebank 还能通过 JavaScript

进行扩展。mountebank 同样能用作代理，将请求转发给一个服务，也可以仅转发第一次请求并将响应记录下来，此后的请求均用记录的响应信息来回应。除了 stub 外，mountebank 同样支持 mock。

- WireMock 是用 Java 编写的，基于 Apache 2 许可证发布。借助该框架，可以方便地对特定请求返回特定数据。这些行为是由 Java 代码决定的。WireMock 支持 HTTP 和 HTTPS。stub 可以在单独的进程中运行，在 servlet 容器内运行，或直接运行为一个 JUnit 测试。
- Moco 同样是用 Java 编写的，基于 MIT 许可证发布。stub 的行为可以通过 Java 代码或 JSON 文件表示。Moco 支持 HTTP、HTTPS，以及简单的 socket 协议。stub 可以通过 Java 程序或独立的服务器启动。
- stubby4j 用 Java 编写，基于 MIT 许可证发布。stubby4j 利用 YAML 文件来定义 stub 的行为。除了 HTTP，它还支持 HTTPS 协议。数据可在 YAML 或 JSON 中定义。它同样可以与服务器交互，或通过 Java 编写 stub 的行为。它还可以将请求中的部分数据加入响应中。

动手实践

选择一种 stub 框架，并为第 13 章中的示例补充 stub。该示例使用 application-test.properties 作为配置文件。在该配置文件中，定义了测试采用哪个 stub。

10.7 消费者驱动的契约测试

组件的每一个接口本质上都是一个契约：调用者使用该接口时会预期触发某个副作用或返回某个数值。该契约通常并没有正式定义。如果某个微服务违反了该预期，那么错误将在生产环境或集成测试中被发现。如果契约可以明确定义并独立测试，那么集成测试就无须对契约进行测试，而且能保证生产环境不出错。此外，微服务会变得更加容易修改，因为使用其他微服务时更容易发现问题是由哪个改动导致的。

因为不清楚某个组件被哪些组件所使用，以及被如何使用，所以系统组件通常不会修改。与其他微服务之间的交互存在风险，而且错误太难被发现。如果一个微服务被使用的方式非常明确，那么它会更容易修改和保护。

契约的构成

一个微服务的契约[①]包含如下方面。

- 数据格式定义，包括其他微服务预期的格式信息，以及如何将其传递给微服务。
- 接口决定了有哪些操作可用。

① 参见 https://martinfowler.com/articles/consumerDrivenContracts.html。

- ❑ 过程或协议，定义了可用何种顺序执行何种操作，以及会有何种结果。
- ❑ 最后，调用时可以包含哪些元数据，例如用户认证信息。
- ❑ 另外，还有特定的非功能性的方面，包括延迟时间或吞吐量。

契约

服务的消费者和提供者之间有多种契约。

- ❑ **提供者契约**包含服务提供方所提供的一切。每个服务提供者都有一个这样的协议。该协议完全定义了整个服务，并可以随服务版本而变化（见 8.6 节）。
- ❑ **消费者契约**包含了服务用户实际用到的所有功能。每个服务都有多份这样的契约，这是因为每个用户至少有一份。该契约仅包含用户实际用到的部分服务。当服务消费者发生变化后，该契约也会发生变化。
- ❑ **消费者驱动的契约**（CDC）包含所有用户契约。因此，这种契约包含了所有服务消费者用到的全部功能。每个服务有且仅有一份这类契约。由于它依赖于用户契约，当服务消费者发生变化，调用了新的服务提供者，或对调用提出新的需求时，该契约将发生变化。

图 10-8 总结了这些契约之间的区别。

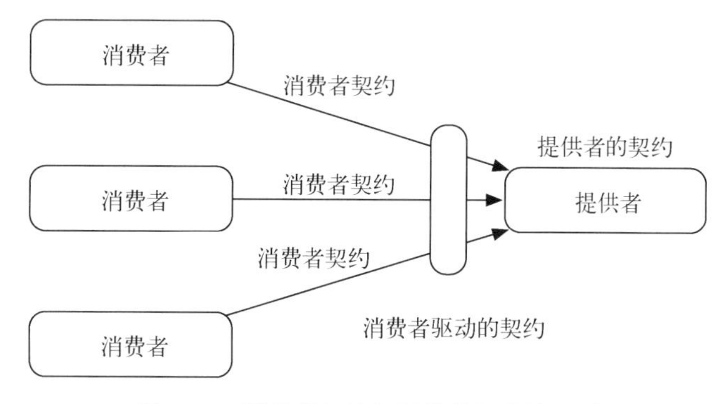

图 10-8 消费者契约与提供者契约的区别

消费者驱动的契约明确指出了提供者契约中的哪些组件在实际中被使用。同时，该契约也明确指出了微服务还能继续修改哪些接口，以及哪些微服务组件还没被使用。

实现

理想情况下，消费者启动的契约将转化为让服务提供者能够实施的消费者驱动的契约测试。必须让服务消费者能够修改测试。测试可以与服务提供者的微服务存储在同一个版本控制系统中。这种情况下，服务消费者必须能够访问服务提供者的版本控制系统。否则，测试也能存储在服务消费者的版本控制系统中。如果是这样的话，那么服务提供者必须从版本控制系统中拉取测试，并与软件的各个版本一块执行。然而，这种情况下，测试与被测的软件在版本控制系统中是两个独立的项目，因此不可能一起实施版本控制。

所有测试的整体代表了消费者驱动的契约。每个团队的测试相当于该团队的消费者契约。消费者驱动的契约测试可以作为微服务测试的一部分。如果该测试成功执行，那么所有服务消费者就都应该能成功地使用微服务。该测试能够排除在集成测试期间才会发现的错误。此外，因为接口定义明确，可以在没有特殊开销的情况下进行测试，所以微服务的修改将变得更加容易。因此，问题能在集成测试和投入生产之前就被发现，接口变化所带来的风险也将大大减低。

工具

编写消费者驱动的契约测试需要定义一种技术。一个微服务可以使用多个其他微服务，因此该技术对于所有项目都应该是统一的。这种情况下，一个团队要为多个其他微服务编写测试。如果采用一种统一的技术，那么会较为容易实现。否则，团队就要掌握多种技术。测试所用的技术可以不同于开发所用的技术。

- **任何测试框架**都可以用来实施消费者驱动的契约测试。对于负载测试，可采用其他工具。除了功能性需求，还有负载行为的需求。但必须明确定义微服务如何提供测试。例如，可以在测试机的某个端口提供服务。这样，测试就能与其他微服务一样调用端口。
- 示例应用（见13.13节）采用了简单的JUnit测试用例来测试微服务，并验证所需的功能是否被支持。如果数据格式或接口发生了不兼容的改动，那么测试会失败。
- 也有一些特别为实现消费者驱动的契约测试而设计的工具，例如Pacto。Pacto是用Ruby编写的，基于MIT许可证发布。Pacto支持REST/HTTP，并为这类接口提供契约。Pacto能够集成到测试结构中。在这种情况下，Pacto将请求报头与期望值进行对比，将请求消息体中的JSON数据结构与JSONSchema进行对比。这些信息代表了契约。契约也可以根据客户端和服务器之间的交互记录生成。根据契约，Pacto可以验证系统的调用和响应。此外，Pacto可以根据这些信息创建简单的stub。Pacto还能与RSpec结合，用Ruby编写测试。采用Ruby以外的编程语言编写的测试系统也可以通过这种方式进行测试。即便没有RSpec，Pacto也能够运行一个服务器。因此，Pacto可以在非Ruby的系统中使用。
- Pact同样是用Ruby编写的，基于MIT许可证发布。服务消费者可以采用Pact为服务编写stub，并记录与stub的交互。记录下来的Pact文件就代表契约。它同样可用于测试实际的服务是否正确地实施了契约。Pact对于Ruby尤其有用，而pact-jvm为基于JVM的编程语言——如Scala、Java、Groovy和Clojure——提供了类似的解决方案。

动手实践

利用你选择的框架，为第13章的示例应用增加消费者驱动的契约测试。该示例应用有一个application-test.properties配置文件，该配置文件定义了测试所用的stub。也请验证生产环境的契约。

10.8　技术标准的测试

微服务需要满足特定的技术需求。例如，微服务应该将其自身注册到服务发现，即使其他微服务失效也要继续工作。测试能够验证这些属性。这样做有如下优势。

- 测试明确定义了这些准则。因此，无须讨论这些准则的准确性。
- 测试能够自动进行。因此，任何时候都能知道某个微服务是否符合这些准则。
- 新团队能够测试新的组件，确保其满足这些准则。
- 即使微服务没有采用常规的技术栈，也能从技术角度确保其行为的正确性。

可能的测试包括如下环节。

- 微服务必须注册到服务发现（见 7.11 节）。测试能够核实组件是否在一开始就注册到服务发现。
- 另外，必须采用共享的配置和协调机制（见 7.10 节）。测试能够控制是否从集中式配置中读取特定的值。为此，可以实现一个单独的测试接口。
- 通过特定的令牌来访问微服务，可以检查共享的安全基础设施（见 7.14 节）。
- 关于文档和元数据（见 7.15 节），要看测试能否通过指定的路径来访问文档。
- 关于监控（见 11.3 节）和日志（见 11.2 节），要测试微服务在启动时是否为监控接口提供数据并返回响应。这个测试可通过检查日志记录完成。
- 关于控制（见 11.6 节）的测试，简单地重启微服务即可。
- 关于容错性（见 9.5 节）的测试，在最简单的情况下，可以检查在缺少所依赖的微服务时，微服务能否启动并在监控中显示错误信息。功能测试用于保证在其他微服务可用的情况下功能的正确性。但微服务无法访问其他服务时，常规的测试就无法应付。

在最简单的情况下，技术测试可以只负责微服务的启动和部署。因此，部署和控制已经通过测试。但所依赖的微服务不一定要进行测试。为了保证容错性，即便所依赖的微服务无法访问，微服务也应该能够启动。之后，还要检查日志和监控是否正常工作，确认这种情况下日志和监控记录下了微服务的异常。最后，共享的技术服务（如服务发现、配置、调度，以及安全性）也要进行测试。

这样的测试不难实现，并且关于如何解释技术准则的讨论会减少。因此，这个测试非常有用。此外，它还能测试到自动化测试所未及之处，如依赖系统出现故障的情况。

该测试不一定要面面俱到，但至少要检验微服务的基本功能。

借助脚本，可以方便地对技术标准进行测试。脚本应该以某种方式在虚拟机中安装，并启动微服务。之后就可对日志和监控的行为进行测试。技术标准是针对特定项目的，因此很难制定统一的方案。某些情况下，可以采用 Serverspec 之类的工具。这类工具用于检查服务器的状态，因此能够方便地检查某个端口是否被占用，或某个服务是否可用。

10.9 总结

进行测试的原因有两个：发现生产环境中可能出现的问题；以测试作为系统的规范（见 10.1 节）。

10.2 节介绍了如何借助测试金字塔的概念来构建测试。其中的重点是快速、简单的自动化单元测试，因其能发现逻辑错误。集成测试和 UI 测试只保证微服务相互间的集成以及微服务和 UI 的集成是正确的。

如 10.3 节所述，微服务能减少生产环境出错的风险：微服务能快速部署，并且只影响系统的一小部分，甚至不经测试就能部署到生产环境，因而降低了部署的风险。因此，在部署到生产环境前，可以对微服务选择性地进行测试，而无须进行全面的测试。另外，该节分析了微服务系统的两类测试金字塔：每个微服务对应一个测试金字塔，或整个系统对应一个测试金字塔。

每当一个微服务发生改动时，都要运行整体测试。所以，整体测试可能会成为瓶颈，因其运行速度必须非常快。微服务测试的一个目标就是减少所有微服务一起进行的集成测试（见 10.4 节）。

通过微服务替代遗留应用时，不仅要将其功能转移到微服务中，而且其功能测试也要转为微服务的测试（见 10.5 节）。另外，每次对微服务进行修改后，都要与生产环境中的遗留应用进行集成测试。遗留应用的发布频度通常远低于微服务。因此，遗留应用当前开发中的版本必须与微服务一起进行测试。

当测试各个微服务时，其他微服务要用 stub 代替。这能解除各个微服务测试之间的耦合。10.6 节介绍了一些创建 stub 的实用技术。

10.7 节介绍了消费者驱动的契约测试。借助这种方案，能够明确微服务之间的契约，无须进行集成测试，即可确认微服务是否满足其他微服务的需求。在该领域同样有一些工具可供选择。

最后，10.8 节说明了微服务的技术需求能以自动化方式进行测试。这能明确地判断一个微服务是否满足所有的技术标准。

要点

- 为微服务确立最佳实践方案是明智的，例如测试金字塔。
- 涉及所有微服务的普通测试可能会成为瓶颈，因此应该减少。例如，可以采用消费者驱动的契约测试来达到这一点。
- 可以借助合适的工具为微服务创建 stub。

第 11 章 微服务的运维及持续交付

部署和运维是持续交付流水线的附加部分（见 10.1 节）。微服务通过流水线的测试后，将被部署到生产环境。监控和日志系统将收集生产环境的信息，用于微服务的进一步开发。

与单体部署系统相比，微服务系统中要监控更多的可部署单元，因此运维任务更加艰巨。11.1 节详细探讨了微服务系统运维相关的典型挑战。11.2 节探讨微服务的日志系统。11.3 节关注微服务的监控。11.4 节关注微服务的部署。在 11.5 节中，来自 Hypoport AG 的 Jörg Müller 讨论了多个服务究竟是应该共同部署，还是应该相互独立部署。11.6 节展示从系统外部重定向到微服务的基本方法。最后，11.7 节讨论适合微服务运维的基础设施。

微服务运维的挑战不应被轻视。采用微服务后，最复杂的问题常常出现在运维方面。

11.1 微服务运维的挑战

微服务运维面临着一些挑战，本节将择要介绍。

数量众多的构件

一些团队过去只运维过单体部署应用，现在则要面对微服务系统中数量众多的可部署构件。每个微服务均可独立地部署到生产环境，因此都是单独的可部署构件。微服务数量可达到 50 个，100 个，甚至更多，具体数量取决于项目规模和微服务的大小。微服务架构以外的架构中几乎找不到如此多的可部署构件。所有这些构件都必须独立进行版本控制，因为只有这样才能跟踪当前生产环境中的代码。另外，这样做也使得每个微服务的新版本能够独立地部署到生产环境。

与大量构件相对应的是同等数量的持续交付流水线。流水线不仅负责将构件部署到生产环境，还包含各个测试阶段。另外，生产环境的日志和监控系统需要监控更多的构件。除非上述所有流程均进行自动化，否则将无法实现。当组件数量较少时，人工操作是可行的。但在微服务系统中，人工操作显然已经无法应付大量的构件。

引入微服务后，最大的挑战来自部署和基础设施。无论是用于微服务还是用于其他架构方案，自动化都具有明显的优势。然而，许多组织并没有熟练掌握自动化技术。

下面将介绍多种实现自动化的方案。

委派给团队

将运维委派给负责微服务开发的团队，这是最简单的方案。在这种情况下，每个团队不仅负责微服务的开发，还负责微服务的运维。团队可以自行选择合适的自动化方案，或引入其他团队的自动化方案。

团队不必涵盖所有方面。例如，尽管日志监控对于实现可靠运维是必不可少的，但如果团队认为不必通过分析日志数据来提升运维的可靠性，那么团队就可以不去实现日志数据的分析系统。而这样做所带来的风险将由相应团队承担。

该方案的一个问题是，只有当团队对运维非常熟悉时，这种方案才具备可行性。另一个问题是，各个团队会多次重复造轮子：每个团队可能会用不同的工具独立地实现各自的自动化方案。而且由于各个团队采用不同方案，微服务运维会变得更加困难。虽然团队接管运维可能会影响其他开发工作的进度，但非集中化的技术决策有助于提高团队间的独立性。

统一工具

为了提高效率，采用统一的部署方案是合理的。最简单的做法是为各个领域指定唯一的工具——包括部署、测试、监控、日志，以及部署流水线。另外，还要提供开发规范和最佳实践，如不可变服务器（immutable server），构建环境与部署环境分离等。这样一来，所有微服务将采用统一的实现方式。对于每个领域，团队只需熟悉一款工具即可，从而便于运维。

行为说明

另一种做法是详细规定系统的行为。例如，如果希望统一所有服务日志的处理，那只需要制定统一的日志格式，而不必统一日志框架。当然，如果能提供某个日志框架的配置文件，就能够引导团队采用该日志框架。为了最小化其学习成本，各个团队将自发采用统一的技术，而无须强制规定。当然，如果团队希望采用其他日志框架，或者因为所用的编程语言的原因，采用其他日志框架更有优势，那么团队仍然可以使用新的技术。

定义统一的日志格式还有一个好处：能够将信息传递给不同的工具，进行不同的加工处理。运维人员可以通过日志文件发现错误，而业务人员可以从日志中统计数据。基于统一的日志格式，运维和业务人员可以采用不同的工具进行处理。

类似地，其他运维领域（包括部署、监控，以及部署流水线）的行为也可以规范化。

微观架构和宏观架构

有些决策可以取决于团队，有些决策则必须取决于整个项目，这与微观架构和宏观架构的划分有关（见 12.3 节）。一个团队就能做出的决策属于微观架构，而项目内所有团队一起做出的决策属于宏观架构。日志的行为预期和所用技术，既可以属于宏观架构，也可以属于微观架构。

模板

模板能统一微服务的某些领域，并提高团队的开发效率。一个非常简单的微服务示例模板就能够演示技术的使用方法，以及微服务与运维基础设施的集成方式。示例模板可以用固定返回值来响应请求，因为领域逻辑并不是示例模板的重点。

借助模板，团队能够简单快捷地实现一个新的微服务，同时每个团队能够方便地采用统一的技术栈，因此这个统一技术方案也将是最有吸引力的方案。模板能够引导微服务采用统一的技术，而不必预先指定所用的技术。另外，由于有模板的正确示范，开发者能够避开技术上的陷阱。

除了代码，模板还应该包含示例微服务所用的完整基础设施，包括持续交付流水线、构建平台、持续集成平台、部署到生产环境，以及运行微服务的必要资源。构建和持续交付流水线尤其重要，因为只有在实现了自动化构建和持续交付流水线之后，才能部署大量的微服务。

如果模板包含完整的基础设施示例，那么模板将非常复杂——即使相应的微服务是非常简单的。因此，模板可以逐步完善，不一定要一次性提供一个完整且毫无瑕疵的解决方案。

模板可以复制到各个项目中。这种做法带来的问题是，模板更新后，已有的各个项目不会同步更新。但相比于微服务随模板同步更新的方案，这种做法更加容易实现。此外，同步更新的方案会导致模板与实际的微服务之间产生依赖，而微服务架构应该避免这样的依赖。

模板让创建新的微服务变得更加简单，团队也就会更倾向于创建新的微服务。借助模板，将微服务拆分成更小的微服务变得更加简单，因此能让微服务避免变大。当微服务较小时，微服务架构的优势能得到更充分的发挥。

11.2 日志

应用通过日志记录所发生的事件。所记录的信息可能是错误信息，但也可能统计感兴趣的事件（如新用户注册）。日志数据所提供的详细信息可帮助开发人员定位错误。

在一般的系统中，日志写入通常非常简单，并且日志数据保存非常方便。此外，日志文件是人类可读的文本，也便于搜索。

微服务日志

对微服务来说，仅能写入和分析日志文件是不够的。

- 许多请求的处理要通过多个微服务的交互来完成。在这种情况下，仅仅查看一个微服务的日志是不足以理解事件的完整流程的。
- 负载通常被分配给一个微服务的多个实例。因此，单个实例的日志文件所包含的信息并不完整。
- 最后，由于负载增加、版本更新、程序崩溃等原因，微服务会不断启动新的实例。如果虚拟机被关闭并且硬盘被删除，那么日志数据可能会丢失。

因此，微服务不应将日志写入文件系统，因为这样做让日志分析变得非常困难。正确做法是写入集中式日志服务器，这样做还能让微服务占用更少的本地存储空间。

通常，应用仅将文本字符串写入日志。集中式日志会解释字符串，并在解释过程中提取时间戳和服务器名称等相关信息。日志解释不仅限于此，并且通常还会进一步对文本信息进行分析。例如，如果从日志中能够确定当前用户的身份，那么就可以从微服务的日志数据中查询出该用户的所有信息。微服务可以通过某种方式将相关信息附加在日志字符串中，日志系统进行处理时再将其拆分出来。为了便于解析，日志数据可以转换成 JSON 这样的数据格式。这种情况下，在日志记录过程中，日志数据就已经完成了结构化，而不是先打包成一个难以解析的字符串。同样，制定统一的标准是合理的：如果微服务日志将某个事件记录为错误，那么微服务就应该确实发生了错误。另外，对于所有微服务，其他的日志级别的语义也应该是统一的。

通过网络进行日志记录的技术

为了实现支持集中式日志记录，微服务可以直接通过网络发送日志数据。大部分日志库都支持这种方式，也可以借助 GELF（Graylog 扩展日志格式）这样的特殊协议，或 syslog（UNIX 系统中进行日志记录的基础）等历史悠久的协议来实现。利用类似 logstash-forwarder、Beaver 或 Woodchuck 等工具，可将本地文件通过网络发送给集中式日志服务器。如果日志数据存储在本地文件中，那么这些工具将非常实用。

ELK 日志聚合

Logstash、Elasticsearch 和 Kibana 可以作为日志收集的工具，以及在中央服务器上处理日志的工具（见图 11-1）。这些工具组成了 ELK 栈（Elasticsearch、Logstash、Kibana）。

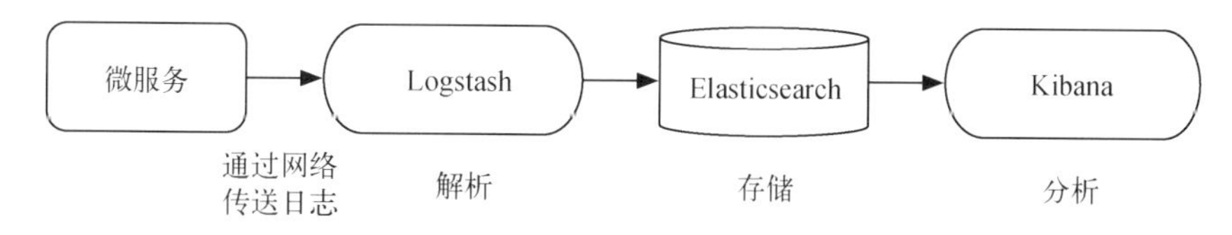

图 11-1 用于日志分析的 ELK 基础设施

- 借助 Logstash，网络中的服务器可以解析和收集日志文件。Logstash 是一个非常强大的工具。它可以从源读取数据，修改或过滤数据，最后将其写入接收器（sink）。除了能够导入网络数据并将数据存储到 Elasticsearch 中，Logstash 还支持许多其他的数据源和数据接收器。例如，可以从消息队列或数据库中读取数据，或将数据写入消息队列或数据库中。最后，Logstash 还可以解析数据，并对其进行补充。例如，可以在每条日志条目中添加时间戳，或者删除单个字段并进一步处理。
- Elasticsearch 存储日志数据以便于分析。Elasticsearch 不仅可以使用全文检索来搜索数据，还可以搜索结构化数据的各个字段，并像数据库一样永久存储数据。最后，Elasticsearch 提供了统计功能，可以利用这些功能分析数据。作为搜索引擎，Elasticsearch 针对快速响应进行了优化，以便于准交互式的数据分析。
- Kibana 是一个 Web 用户界面，可以分析来自 Elasticsearch 的数据。除了简单的查询之外，还可以创建统计评估、可视化界面和图表。

上述三个工具都是开源项目，可以在 Apache 2.0 许可下使用。

ELK 可伸缩性

日志数据通常会大量累积，尤其是在使用微服务的情况下。因此，在微服务架构中，集中式的日志处理系统应该是高度可伸缩的。良好的可伸缩性是 ELK 协议栈的优势之一。

- Elasticsearch 可以将索引分散到分片中。每个数据集存储在一个分片中。分片位于不同的服务器上，因此可以实现负载均衡。另外，可以在多个服务器上复制分片，以提高系统的容灾能力。另外，读取访问可以指向数据的任意副本，因此多副本能提升访问的吞吐量。
- Logstash 可以将日志写入不同的索引。如果采用默认的配置，Logstash 会将每天的数据写入不同的索引。由于最新数据的读取通常更为频繁，针对典型请求需要搜索的数据量会减少，因此提高了性能。此外，还有将数据分配给索引的其他方式——例如，根据用户的地理位置。这也有助于优化搜索所需的数据量。
- 在交给 Logstash 处理之前，日志数据可以缓存在一个 broker 中。broker 充当缓冲区。当日志消息过多时，它可以存储无法立即处理的信息。Redis 是一个高性能内存数据库，经常被用作 broker。

Graylog

ELK 架构并非日志文件分析的唯一解决方案。Graylog 也是一个开源的解决方案，同样利用 Elasticsearch 来存储日志数据。此外，Graylog 采用了 MongoDB 来存储元数据。Graylog 为日志消息定义了自己的格式，即前文已经提到的 GELF（Graylog 扩展日志格式）让网络传输的数据标准化。许多日志库和编程语言都支持 GELF 的扩展。同样，可以从日志数据中提取相应的信息，或者使用 UNIXsyslog 工具记录。Logstash 支持 GELF 作为输入和输出格式，因此 Logstash 能与 Graylog 结合使用。Graylog 有一个 Web 界面，可以分析日志中的信息。

Splunk

Splunk 是一个经过市场长期验证的商业解决方案。Splunk 作为一种解决方案，不仅可以分析日志文件，还可以广泛地分析机器数据和大数据。在处理日志过程中，Splunk 通过转发器（forwarder）收集数据，通过索引器（indexer）检索数据，搜索头部（search head）还负责搜索请求的处理。通过安全管理与设定，Splunk 强调了其作为企业级解决方案的可用性。Splunk 能实现定制化分析，以及针对特定问题的告警。Splunk 可以通过大量插件进行扩展。除此之外，还有为某些基础设施（如 Microsoft Windows Server）提供现成解决方案的应用。该软件并不一定要安装在你自己的计算中心，也可以安装在云端。

日志的相关人员

日志记录有不同类型的相关人员。但是日志服务器的分析选项非常灵活，且分析需求十分相似，因此通常一个工具就够用了。相关人员可以基于相关的信息创建自己的仪表盘。对于特定的需求，可以将日志数据传递给其他系统进行评估。

关联 ID

通常多个微服务共同响应一个请求。请求通过各个微服务的路径必须可以追溯，以便于分析。为了从所有日志条目中过滤到某个客户或某个请求，可以使用关联 ID（correlation ID）。此 ID 针对整个系统唯一标识了某个请求，并在微服务之间通信传递该请求。通过这种方式，可以在集中式日志系统中轻松查找单条请求的所有日志条目，以便在所有微服务中跟踪该请求的处理。

上述方案可以通过在报头或负载内传送每个消息的请求 ID 来实现。许多项目在未使用框架的情况下，在自己的代码中实现请求 ID 的传输。Java 项目可采用 tracee 库实现 ID 的传输。某些日志框架支持上下文环境，同一上下文环境中的日志消息将被记录在一起。在这种情况下，只需要在接收消息时将关联 ID 放入上下文环境中，而无须在方法之间传递关联 ID。如果关联 ID 绑定到线程，那么处理涉及多个线程的请求时可能会出现问题。在环境中设置关联 ID，可确保所有日志消息都包含关联 ID。在所有微服务中，日志记录关联 ID 的方式必须是统一的，以便让日志中的请求搜索适用于所有微服务。

Zipkin：分布式追踪

性能评估也必须跨微服务进行。如果可追踪请求的完整路径，就可以识别出哪个微服务造成了瓶颈，并且需要很长时间来处理请求。借助于分布式跟踪，可以确定微服务响应请求需要多长时间，以及如何优化。

Zipkin 支持这类的调查。Zipkin 支持多种网络协议，可通过网络协议自动传递请求 ID。与关联 ID 不同，其目的并非关联日志条目，而是分析微服务的时间行为。为此，Zipkin 提供了合适的分析工具。

动手实践

- 定义一个技术栈，让微服务架构能够实现日志记录。
  - 日志消息的格式应该如何定义？
  - 根据需要定义一个日志框架。
  - 确定收集和评估日志的技术。

本节列出了不同领域的一些工具。哪些特性更为重要？目标并非是对产品进行全面评估，而是整体地权衡利弊。

- 第 13 章展示了一个微服务架构的示例。13.15 节就如何通过日志分析对架构进行补充给出了建议。
- 你目前的项目是如何处理日志的？你的项目能否实现这些方法和技术的一部分？

11.3 监控

监控系统可以监控微服务的指标，并可以使用日志以外的信息源。监控主要使用与应用当前状态信息相关的指标，并提供此状态随时间而变化的趋势。这样的指标包括：在一定时间内处理的调用数量，处理调用所需的时间，以及 CPU 或内存利用率等系统指标。如果超出或低于特定的阈值，则表示存在问题，并可能触发告警以通知相关人员解决问题。在更好的情况下，甚至能够自动解决问题。例如，可以通过启动额外的实例来解决超载问题。

监控提供的生产环境的反馈不仅与运维相关，而且还适用于开发人员以及系统用户。根据监控所提供的信息，他们可以更好地了解系统的状态，从而做出如何进一步开发系统的决策。

基本信息

所有的微服务应该强制要求提供基本的监控信息，以便更好地掌控系统的状态。所有的微服务应以相同的格式提供所需的信息。此外，微服务系统的组件也可以使用这些监控信息。例如，负载均衡可以通过健康状态检测来避免访问无法处理访问的微服务。

所有微服务应该提供以下的基本监控指标。

- 应该提供指示微服务可用性的指标。这样就可确定微服务是否能够处理调用(即“存活”)。
- 有关微服务可用性的详细信息是另一个重要的指标。其中包括该微服务所使用的所有微服务是否可用，以及所有其他资源是否都可用（即“健康”）。这些信息不仅表明微服务是否可以正常运行，还能告诉我们微服务的哪些部分当前不可用以及为何不可用。重要的是，该指标能够说明，微服务之所以不可用，究竟是因为另一个微服务不可用，还是因为微服务本身存在问题。
- 关于微服务版本的信息和其他元数据信息（例如存在合作关系的微服务、使用的库或构件，以及版本）均能以指标的方式提供。这可能与文档部分内容存在重合（见7.15节）。另外，指标也可提供当前生产环境中运行的微服务版本，这有助于故障的定位。此外，只需简单地查询指标的值，就可以实现微服务及所用软件的自动化的连续盘存（continuous inventory）。

其他指标

监控还能记录其他的指标。例如，响应时间、某些错误的出现频率、访问数。这些指标通常是针对特定的微服务，因此并非所有微服务都必须提供这些指标。当达到某个阈值时，可以触发告警。各个微服务的阈值并不相同。

尽管如此，如果所有的微服务使用同一款监控工具，应该统一获取这些指标的接口。统一能够大大降低在这一方面的成本。

相关人员

以下是监控的相关人员。

- **运维人员**要在出现问题后及时通知，以顺利进行微服务的运维。当发生严重问题或故障时，他们希望通过多种方式（如寻呼机或短信通知），随时得到告警。只有当故障需要更细致的分析时（通常是与开发人员一起分析），才需要详细的信息。运维人员不仅需要观察微服务本身的指标，而且还要监控操作系统、硬件或网络的相关指标。
- **开发人员**主要关注应用的信息。他们想了解应用在生产环境下的工作方式，以及用户如何使用应用。他们从这些信息中可以推断出优化方向，尤其是技术层面的优化。因此，他们需要非常具体的信息。例如，如果应用对某种类型的访问响应过慢，则系统必须针对该类型的访问进行优化。为此，有必要获得尽可能多的关于这类访问的信息，而不需要关注其他类型的访问。开发人员会详细评估这些信息，他们甚至可能对分析某个特定用户或某个用户群体的访问感兴趣。

- **业务人员**对业务状况以及业务数量感兴趣。这些信息可以通过应用，专门提供给业务人员。业务人员随后根据这些信息生成统计数据，为业务决策做准备。另一方面，他们通常并不关心技术细节。

不同的相关人员所关心的指标以及所用的分析方法差异较大。因此，有必要对数据格式进行标准化，以便支持不同的工具，让所有相关人员均能访问所有的数据。

图 11-2 展示了一个微服务系统的监控方案。微服务通过统一的接口提供指标。运维人员利用监控系统对阈值等数据进行监控。开发人员利用详细的监控数据，了解应用内部的流程。最后，业务人员可以查看业务数据。各类相关人员或多或少会使用类似的方案：例如，业务人员可以使用具有不同仪表盘的监控软件，或者完全不同的软件。

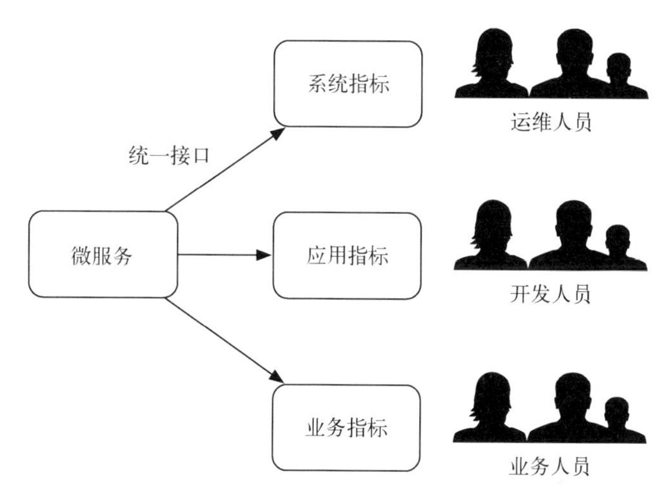

图 11-2　相关人员及其关注的监控指标

关联事件

此外，将数据与事件（如发布新版本）进行关联是明智之举。这要求监控系统监控事件的相关信息。这样通过监控就能发现新版本所带来的影响，例如新版本带来了可观的收入，或者是导致响应时间变长。

监控=测试？

在某种程度上，监控是另一种形式的测试（见 10.4 节）。测试人员在测试环境中验证新版本的功能，而监控检查应用在生产环境中的行为。集成测试同样应该反映在监控过程中。当故障导致集成测试失败时，可能需要发送相关的监控告警。此外，在测试环境中也应该启动监控，以查明测试中存在的问题。如果采取了有效措施来降低部署相关的风险（见 11.4 节），那么监控甚至可以取代测试的一部分作用。

动态环境

在采用微服务架构时，另一个挑战是微服务的状态变化。在部署新版本的过程中，会停止旧的实例，并启动新版本的实例。当服务器发生故障时，原有实例关闭，新的实例启动。出于这个原因，监控系统应该独立于微服务。否则，微服务的停止将影响监控基础设施，甚至可能导致其不可用。此外，微服务是一个分布式系统。单个实例的指标并不能代表整体情况。只有收集多个实例的指标，监控信息才能代表微服务的状态。

具体技术

微服务的监控有多种技术可供选择。

- Graphite 可以存储数值数据，并针对时间序列数据的处理进行了优化。时间序列数据在监控中是十分常见的。数据可以在 Web 应用中分析。Graphite 将数据存储在自己的数据库中。超出特定期限的数据将被自动删除。Graphite 通过 socket 接口，以简单格式接收监控指标。
- Grafana 通过可选的仪表盘和其他图形元素扩展了 Graphite。
- Seyren 通过触发告警的功能扩展了 Graphite。
- Nagios 是一个全面的监控解决方案，可以替代 Graphite。
- Icinga 最初是 Nagios 的一个分支，因此功能非常相似。
- Riemann 侧重于事件流的处理。Riemann 以一种函数式编程语言来编写某些事件的响应逻辑。为此，可以配置适合的仪表盘。消息可以通过短信或电子邮件发送。
- Packetbeat 通过代理来记录受监控的计算机上的网络流量，因此 Packetbeat 能够轻松地确定哪些请求耗费多长时间，以及哪些节点彼此通信。Packetbeat 采用 Elasticsearch 存储数据，采用 Kibana 分析数据。这些工具也被广泛用于分析日志数据（见 11.2 节）。日志和监控的存储及分析采用同一个技术栈，能够降低环境的复杂性。
- 此外，还有各种商业工具。其中包括惠普 Operations Manager、IBM Tivoli、CA Opscenter 和 BMC Remedy。这些工具覆盖范围十分全面，已经过市场的长期检验，并为许多软件和硬件产品提供支持。这种平台通常在企业范围内使用，将其引入组织是一个非常复杂的项目。其中一些解决方案还可以分析和监控日志文件。由于微服务数量众多而且环境多变，即使已经存在企业范围的标准，微服务依然有必要建立自己的监控工具。如果所建立的流程和工具仍然严重依赖于手动管理，那么大量的微服务和微服务环境的动态性将带来难以承受的开销。
- 监控可以移植到云端。在这种情况下，无须安装额外的基础设施。这有助于引入工具和监控应用。其中一个例子是 NewRelic。

上述工具对运维人员和开发人员均十分有用。业务监控可以采用其他工具来实现，因为业务监控不仅基于目前的趋势和数据，同时也要参考历史数据。因此，业务监控所需的数据量远远高于运维和开发监控。数据可以导出到一个单独的数据库中，或者采用大数据解决方案来探索。事实上，分析 Web 服务器的数据，正是最先采用大数据解决方案的领域之一。

在微服务中启用监控

微服务需提供监控方案所需的监控数据。微服务可以通过一个类似于 HTTP 的简单接口，以 JSON 等格式提供数据。然后监控工具就可以读取数据并导入。为此，开发人员可以编写脚本实现一些适配器，这样就可以通过同一个接口向多种工具提供数据。

Metrics

Java 应用可以使用 Metrics 框架。该框架提供记录自定义指标并将其发送给监控工具的功能。这样，就能够在应用中记录指标，并将其传递给监控工具。

StatsD

StatsD 可以收集不同来源的指标，执行计算并将结果传递给监控工具。借助该工具，可以在数据传递到监视工具之前对数据进行压缩，从而减轻监控工具的负载。StatsD 还有许多 StatsD 客户端库，可以将数据发送到 StatsD。

collectd

collectd 收集系统的相关统计信息，例如 CPU 利用率。数据可以用前端界面进行分析，也可以存储在监控工具中。collectd 可以从 HTTP JSON 数据源收集数据，并将其发送到监控工具。通过不同的插件，collectd 可以从操作系统和基本流程中收集数据。

监控技术栈

一个用于监控的技术栈包含不同的组件（见图 11-3）。

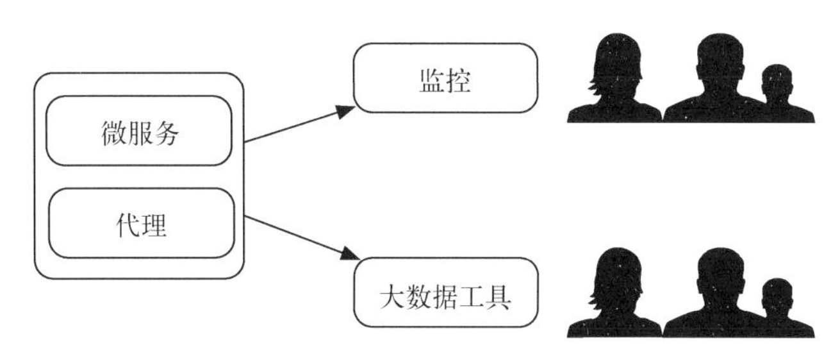

图 11-3 监控系统的组件

- 在微服务中，必须记录数据并提供给监控系统。为此，可以使用一个直接与监控工具交互的库。另外，数据可以通过统一的接口提供，例如通过 HTTP JSON，还有一个工具收集数据并发送到监控工具。
- 此外，如有必要，可以通过一个代理来记录操作系统和硬件的数据，并将其传递给监控系统。
- 监控工具可以存储数据并使数据可视化，必要时可以触发告警。不同的方面可以由不同的监控应用覆盖。
- 对于历史数据分析或基于复杂算法的分析，可以同时建立一套基于大数据工具的解决方案。

对各个微服务的影响

微服务必须集成到基础设施中。微服务必须把监控数据传递给监控基础设施，并提供某些强制性要求的数据。这可以通过合适的微服务模板和测试来保证。

动手实践

- 定义一个能够监控微服务系统的技术栈。为此，首先需要定义相关人员以及与其相关的数据。每个相关人员都需要工具来分析与其相关的数据。最后，确定采用哪些工具来记录数据，以及如何存储数据。本节列出了适用于不同领域的一些工具。通过进一步研究，你可以构建出适合各个项目的技术栈。
- 第 13 章给出了一个微服务架构的示例，13.15 节中也提出了一个关于如何通过监控来扩展架构的建议。你目前的项目是如何处理监控的？本节介绍的一些技术是否也可以用在你的项目中？哪个技术可用？为什么？

11.4 部署

独立部署是微服务的核心目标。此外，由于微服务庞大的数量，手动部署或者手动更正已经不具备可行性，因此部署必须实现自动化。

自动化部署

自动化部署有多种可能的方案。

- 可以使用仅在计算机上安装软件的**安装脚本**。这样的脚本可以用 shell 脚本的形式来实现。脚本可以安装必要的软件包，生成配置文件，并创建用户账户。当这些脚本被重复调用时，可能会出现问题。在脚本重复运行时，计算机上已经安装过软件，而软件更新与重新安装并不相同，因此在这种情况下，脚本有可能会失败。例如，由于用户账户或配置文件已经存在，并且无法简单地覆盖，当脚本需要处理更新情况时，脚本的开发和测试将变得更加费力。

- 不可变服务器是处理这些问题的一个方案。该方案会重新部署服务器，而非更新服务器上的软件。这不仅有助于部署的自动化，同时还有利于完整地重现服务器上安装的软件环境。该方案仅需要考虑重新安装即可。与更新软件的方案相比，重新安装的方案更容易重现环境。这是因为更新软件的方案可以会从不同的配置状态开始，最终却需要重现完全一样的状态。类似于 Docker 的方法可以极大地降低软件安装的成本。Docker 是一种轻量级的虚拟化方案，同时优化了虚拟硬盘的处理。如果已经拥有一个带有正确数据的虚拟硬盘驱动器，那么 Docker 会重复使用它，而不是重新安装软件。在安装像 Java 这样的软件包时，首先会查找已经安装了该软件的虚拟硬盘驱动器。只有当软件不存在时，才会执行安装。如果不可变服务器从旧版本升级到新版本的过程中，只有配置文件发生变化，那么 Docker 将在后台回收旧的虚拟硬盘驱动器，并仅补充新的配置文件。这不仅减少了硬盘空间的消耗，同时还加快了服务器的安装。Docker 也减少了虚拟集群启动所需的时间。上述优化措施让用 Docker 实现不可变服务器成为了一个不错的方案。Docker 部署新服务器的速度非常快，新服务器也可以快速启动。
- 还有一些其他工具，如 Puppet、Chef、Ansible 或者 Salt，专用于软件安装。这些工具的脚本描述了系统安装后预期的状态。在安装期间，这些工具将采取必要的步骤将系统转换到预期的状态。首次运行新系统时，该工具会完全安装软件。如果之后立即再次运行安装，则系统将不会进一步更改，因为系统已处于预期状态。另外，这些工具可以自动统一安装大量的服务器，并且能够对大量服务器进行更改。
- 源自 Linux 的操作系统提供诸如 rpm（RedHat）、dpkg（Debian/Ubuntu）或 zypper（SuSE）等软件包管理器。它们可以将软件集中更新到大量的服务器上。这些工具采用了十分简单的文件格式，因此易于以统一的格式生成安装包。不过，主要问题是软件的配置。安装包管理器通常支持在安装过程中执行脚本。这样的脚本可以生成必要的配置文件。另外，也可以为每台主机配备一个具有单独配置的软件包。此处所提到的安装工具也可以使用软件包管理器来安装实际的软件，这样它们只需生成配置文件即可。

安装和配置

7.10 节已经描述了可用于配置微服务的工具。一般来说，很难将安装与软件配置分开。安装必须生成一个配置。因此，诸如 Puppet、Chef、Ansible 和 Salt 等工具，都可以创建配置并将其更新到服务器上。因此，这些安装解决方案也可以作为微服务配置的替代方案。

微服务部署相关风险

微服务让简单而独立的部署成为现实。尽管如此，我们仍然无法排除生产环境中可能出现的问题。微服务架构本身有助于降低风险。当一个微服务由于新版本的问题而不可用时，影响范围应仅限于这个微服务的功能。此外，系统应该能继续工作。这主要得益于 9.5 节中描述的微服务的稳定性和容错性。因此，部署一个微服务的风险比部署单体系统的风险小得多。在部署单体系统时，要将某个功能故障的影响限制在一定范围内是非常困难的。如果单体部署系统的新版本存在内存泄漏，则会导致整个进程崩溃，从而导致整个系统不可用。微服务中的内存泄漏仅会对这个微服务造成影响。微服务本身则面临着不同的挑战：例如关系数据库中的模式变更，往往非常耗时，并且可能会失败，特别是当数据库已经包含大量数据的时候。由于微服务具有自己的数据存储，模式变更通常仅限于一个微服务。

部署策略

为了进一步降低微服务部署的风险，可以采用如下的策略。

- **回滚**将旧版本的微服务重新部署到生产环境。数据库处理可能会产生问题：旧版本的微服务通常无法匹配新版本微服务的数据库模式。当数据库中已经有数据使用新的模式时，在不丢失新数据的前提下重现旧状态会变得非常困难。另外，回滚过程很难进行测试。
- **前滚**将一个修复了问题的新版本微服务部署到生产环境。该过程与部署任何其他新版本微服务的过程相同，因此不需要特殊的处理。这一操作所导致的变化很小，因此应该快速通过持续交付流水线，并完成部署。
- **持续部署**甚至更为激进：微服务的每次更新在成功通过持续交付流水线后都将部署到生产环境中。这进一步减少了修复故障所需的时间。此外，这意味着每次发布的更新减少，这进一步降低了风险，并且更容易跟踪代码更改所导致的问题。当部署流程运作良好时，部署到生产环境将会成为例行流程，持续部署正是这种情况的结果。另外，由于每次版本更新都会被部署到生产环境，团队将更加关注代码的质量。
- **蓝/绿部署**为新版本的微服务创建一个全新的环境。团队可以完整地测试新版本，然后再将其投入生产。如果新版本出现问题，保留的旧版本可以再次使用。在这种情况下，数据库模式的改动也会带来挑战。从微服务一个版本切换到另一个版本时，数据库也必须进行切换。从新环境创建完毕到切换到新环境这段时间内，旧数据库所发生的数据写入都必须传输到新数据库。
- **金丝雀发布**是只在集群中的一台服务器上部署新版本。当新版本在服务器上无故障运行后，就可以在其他服务器上部署。数据库必须同时支持旧版本和新版本的微服务。
- **微服务**也可以不经过测试，直接部署到生产环境。在这种情况下，新版微服务可以接收所有请求，但不会更改数据，调用也无法被传递。通过监控、日志分析和比照旧版本，可以确定新版本服务的实现是否正确。

理论上，上述部署方案同样支持单体部署系统，但实际上这是非常困难的。微服务是更小的部署单位，因此更容易实施。微服务所需的集成测试更少，安装和启动速度也要快得多。因此，微服务可以更快地通过持续交付流水线，进入生产环境。由于修复问题所需时间更短，因此更有利于前滚或回滚。单个微服务所占用的运维资源更少，因此也有助于金丝雀发布或蓝/绿色部署，因为这两种方案都必须建立新的环境。如果所需资源更少，那么这些方法将更容易实现。而对于单体部署系统而言，建立新环境通常是非常困难的。

11.5 联合部署还是独立部署

作者：Jörg Müller，Hypoport AG

多个服务究竟是应该共同部署，还是应该相互独立部署，这个问题远比想象中关键。本文是我们在一个大约五年前开始的项目中所总结出来的经验。

“微服务”这个词在我们的领域并不常见。项目开始时，我们的目标是实现模块化。整个应用最初由一些典型的 Java Web 应用归档（WAR）形式的 Web 模块组成，包括根据领域和技术标准拆分的多个模块。除了模块化之外，我们从一开始就采用持续部署方案来部署应用。每次代码提交都直接部署到生产环境。

最初，为整个应用构建集成部署流水线似乎是一个显而易见的选择。这样就能够实现包含所有组件的集成测试。即使应用的多个组件是并行改动的，整个应用也能采用单个版本，让行为更可控。最后，流水线本身也更容易实现。后者是一个重要原因：因为当时持续部署的工具比较少，所以我们不得不自己构建。

但一段时间后，这一方案的缺点愈发明显。首先，部署流水线的运行时间越来越长。构建、测试和部署的组件数量越多，处理时间就越长。当流水线的运行时间变长时，持续部署的优势就逐渐减少。我们的第一个优化方案是只对更新了的组件进行构建和测试。然而，这大大增加了部署流水线的复杂性。与此同时，该方案也无法解决核心组件发生变化时的运行时间，以及构件的大小等问题。

这里面还有一个更隐蔽的问题。集成测试的集中展开提供了强大的安全网络。在多个模块中执行重构是十分容易的。但由于模块间的接口太容易改动了，模块之间的接口就经常发生变动。原则上，这是一件好事。然而，结果是整个系统启动变得非常频繁。这成为了一个很大的负担，尤其是在开发时，因其对硬件的要求非常高，周转时间也大大延长。

当多个团队都使用这个集成流水线时，该方案就变得更加复杂。在一个流水线中测试的组件越多，出错就越频繁。这导致流水线被阻塞，因为错误必须先被修复。仅有一个团队依赖流水线时，很容易找到责任人来解决问题。但有多个团队依赖流水线时，就很难确定责任人。这意味着在很长时间内，流水线中的错误始终存在。同时，各种技术的增加导致复杂性再次上升，同时维护费用增加，稳定性下降。这条流水线需要非常专业的解决方案。持续部署的价值难以体现。

显然，在一条流水线中的联合部署无法再继续下去了。所有的新服务，无论是微服务还是大型模块，现在都拥有了自己的流水线。但将之前基于共享部署的流水线拆分成多个流水线，带来了许多额外成本。

在一个新的项目中，初期进行联合部署可能是一个正确的决定，尤其是在各个服务的接口边界尚不明确的情况下。在这种情况下，良好的集成测试和简单的重构可能非常有用。但是，达到一定规模后必须进行独立部署。参考指标是模块或服务的数量，部署流水线的运行时间和稳定性，以及最重要的——有多少个团队在整个系统上开发。如果忽略这些指标，错过了分开部署的合适时机，那将很容易发生这样的情况：你建立了一个由许多小型微服务组成的单体部署应用。

11.6 控制

微服务运行时可能需要干预措施。例如，微服务上的问题可能需要重新启动相应的微服务来解决。同理，当微服务发生故障，或负载均衡器需要终止无法处理请求的实例时，就需要施加相应的控制，如启动或停止微服务。

控制微服务可以采用不同的措施。

- 如果微服务运行在**虚拟机**中，则可以关闭或重新启动虚拟机。在这种情况下，微服务本身无须特别处理。
- 操作系统启动时，能够让**服务**随之启动。通常，服务也可以通过操作系统来停止、启动或重新启动。在这种情况下，安装时仅需要将微服务注册为服务。对于运维来说，使用服务是非常基本的技能。
- 最后，可以使用一个**接口**来启用或关闭微服务，例如通过 REST。这种接口必须由微服务本身来实现。微服务领域有多个库可提供这样的支持，例如第 13 章中实现示例所用的 Spring Boot。这样的接口可以利用简单的 HTTP 工具（如 curl）来调用。

从技术上来讲，控制机制的实现并不困难，但是对微服务的运维十分有必要。如果所有的微服务实现了同样的控制机制，那就可以减少运维的开销。

11.7 基础设施

微服务需运行在适当的平台上。各个微服务最好运行在单独的虚拟机（VM）中，否则很难保证各个微服务的独立部署。

如果多个微服务运行在同一个虚拟机上，那么一个微服务的部署会影响另一个微服务。部署时可能会产生较高的负载，或者改变虚拟机环境，这些改变将影响到运行在同一个虚拟机上的其他微服务。

此外，为了提高稳定性和容错性，微服务应该相互隔离。当一个虚拟机上运行多个微服务时，如果某个微服务负载过大，将导致其他微服务出现故障。但是需要特别防止这一情况的发生：当一个微服务不可用时，造成的影响应限制在这个微服务中，而不应影响到其他的微服务。虚拟机的隔离有助于将故障或负载的影响限制在一个微服务中。

当各个微服务运行在单独的虚拟机中时，微服务的扩容同样变得更加容易。当负载过高时，只需启动新的虚拟机并将其注册到负载均衡器即可。

在出现问题的情况下，由于虚拟机上的所有进程都属于一个微服务，分析错误也更为容易。系统上的每个指标均仅属于这个微服务。

最后，当每个微服务运行在各自的虚拟机上时，微服务可以作为硬盘镜像来交付。这种部署方案的好处是，整个虚拟机环境是完全根据微服务的需求而定制的，微服务可以指定其所需的技术栈和运行的操作系统。

虚拟化或云化

部署新的微服务几乎不可能安装新的物理硬件。此外，虚拟化或云化让基础设施变得更加灵活，因此微服务能够从中受益。扩容或测试环境所需的新虚拟机可以轻松地获取。在持续交付流水线中，微服务不断开始执行不同的测试。而在生产环境中，必须根据负载启动新的实例。

因此，我们应能通过完全自动化的方式启动新的虚拟机。云化方案可以通过简单的 API 调用来启动新的实例。为了真正实现微服务架构，应该采用一套云基础设施。仅仅通过手动方式创建虚拟机是不够的。这也表明，没有现代化的基础设施，微服务就难以运行。

Docker

当每个微服务都运行在单独的虚拟机上时，生成一个包含所有微服务的测试环境将十分不便。即使创建一个包含较少微服务的环境，对开发人员的机器而言也是一大挑战。在这种环境中，RAM 和 CPU 的使用率非常高。实际上，一个虚拟机中安装一个微服务是不切实际的。微服务只应运行并集成日志和监控功能。因此，类似 Docker 的解决方案非常方便：Docker 不包含许多常见的通用操作系统功能。

11

相反，Docker 提供了非常轻量级的虚拟化方案。为此，Docker 采用了不同的技术。

- Docker 采用 Linux 容器代替完整的虚拟化。Microsoft Windows 也已经宣布支持类似的机制。Docker 提供能取代虚拟机的轻量级实现：所有容器共享同一个内核。内存中只有一个内核实例。而进程、网络、数据系统和用户则是彼此隔离的。与拥有单独内核，通常还带有许多操作系统服务的虚拟机相比，容器的开销非常低。普通笔记本电脑上就可以运行数百个 Linux 容器。另外，与拥有单独内核和完整操作系统的虚拟机相比，容器的启动速度要快得多。容器不必启动整个操作系统，只需要开启一个新的进程即可。容器本身不会带来大量的开销，其资源开销由容器自定义的资源配置决定。

- 另外，文件系统经过优化：可以使用基本的只读文件系统。与此同时，可以将额外的文件系统添加到容器中，同样能进行读写。一个文件系统可以置于另一个文件系统的上层。例如，可以生成包含操作系统的基本文件系统。如果软件安装在正在运行的容器中，或者如果文件被修改，容器只需要将这些附加文件存储在一个容器专用的文件系统中即可。通过这种方式，容器对空间要求大大降低。

此外，还有一些有趣的方案。例如，可以使用操作系统启动基本文件系统，随后就可以安装软件。如前所述，只有在安装软件后，对文件系统的更改才会被保存。基于这个增量，可以生成一个文件系统。然后，将这个增量文件系统置于包含操作系统的基本文件系统之上，并启动一个容器。然后还可以在另一层中安装其他软件。通过这种方式，文件系统中的每个“层”都可以包含特定的更改。运行时真正的文件系统可以由许多这样的层组成。这种方案让软件安装过程能够重复利用已有的层，因此非常高效。

图 11-4 展示了运行的容器中的文件系统。最底层是安装 Ubuntu Linux。上一层是安装 Java 引入的变化。再上一层是应用。为了使容器能够将改动写入文件系统，最上面还有一层能让容器写入的文件系统。当容器需要读取文件时，它将从上到下遍历各层，直到找到相应的数据为止。

图 11-4　Docker 的文件系统

Docker 容器与虚拟化

Docker 容器提供了一个非常高效的虚拟化替代方案。虽然容器具有独立的资源、内存和文件系统，但由于容器共享内核，因此容器并不是“真正的”虚拟化。所以这一方法存在一些缺陷。Docker 容器只能使用 Linux，并且只能使用与主机操作系统相同的内核，因此 Windows 应用的容器无法在 Linux 上运行。容器的隔离不像真实的虚拟机那样严格。例如，内核的错误会影响所有容器。另外，Docker 也无法运行在 Mac OS X 或 Windows 上。不过，Docker 可以直接安装在这些平台上，其背后运行了一个 Linux 虚拟机。Microsoft 已经公开宣称，开发了一个可以运行 Windows 容器的 Windows 版本。

Docker 容器之间的通信

Docker 容器必须相互通信。例如，Web 应用与其数据库进行通信。为此，容器将导出其他容器使用的网络端口。此外，也可以通过文件系统进行通信。容器中写入文件系统的数据可以被其他容器读取。

Docker Registry

Docker 镜像包含虚拟硬盘驱动器的数据。Docker Registry 可用来保存和下载 Docker 镜像。这样就可以将构建过程的结果保存成 Docker 镜像，并随后部署到服务器上。由于镜像的高效存储机制，即使安装十分烦琐，镜像也能以高效的方式进行分发。此外，许多云解决方案可以直接运行 Docker 容器。

Docker 与微服务

Docker 是微服务理想的运行环境。Docker 几乎不限制微服务所用的技术，每种类型的 Linux 软件都可以运行在 Docker 容器中。Docker Registry 可以轻松地分发 Docker 镜像。另外，与常规的进程相比，Docker 容器带来的额外开销可以忽略不计。由于微服务需要大量虚拟机，因此这些优化十分有价值。Docker 非常高效，同时又不会限制技术的自由度。

> **动手实践**
>
> - 在 https://docs.docker.com/get-started/上可以找到 Docker 在线教程。请按提示完成教程，其中演示了 Docker 使用的基础知识。该教程可以快速完成。

Docker 与服务器

Docker 的服务器有多种可选方案。

- 可以在 **Linux 服务器**上安装 Docker，运行一个或多个 Docker 容器，即可将 Docker 作为软件配置的解决方案。集群启动新服务器后，同样会再次安装 Docker 容器。Docker 仅用于在服务器上安装软件。
- Docker 容器直接在**集群**上运行。Docker 容器具体运行在哪一台物理计算机上，是由集群管理软件所决定的。调度程序 Apache Mesos 支持类似的方案，Mesos 管理一组服务器并将任务调度到相应的服务器。Mesosphere 与 Mesos 调度程序配合，能够运行 Docker 容器。除此之外，Mesos 还支持其他多种类型的任务调度。
- Kubernetes 同样支持在集群中运行 Docker 容器。但是，Kubernetes 所采用的方法与 Mesos 不同。Kubernetes 提供在集群中调度 Pod 的服务。Pod 是相互连接的 Docker 容器，同一个 Pod 中的容器运行在同一台物理服务器上。作为容器运行的基础，Kubernetes 只需在操作系统上安装，因其实现了集群管理。

- CoreOS 是一个轻量级的服务器操作系统。通过 etcd，它支持集群范围的配置分配。fleetd 支持在集群中部署服务——冗余安装、故障安全、依赖处理，以及节点上的共享部署。除了操作系统本身基本保持不变，CoreOS 上所有服务都必须部署为 Docker 容器。
- Docker Machine 支持在不同的虚拟化和云化系统上安装 Docker。此外，Docker Machine 可以配置 Docker 命令行工具，以便与 Docker 系统进行通信。通过 Docker Compose，多个 Docker 容器可以集成到同一系统中。示例应用采用了 Docker Compose 部署——可对比 13.6 节和 13.7 节。Docker Swarm 提供了一种配置和运行集群的方法：通过 Docker Machine 完成各台服务器的安装，然后通过 Docker Swarm 组成一个集群。Docker Compose 可以在集群中的特定机器上运行 Docker 容器。

Kubernetes、CoreOS、Docker Compose、Docker Machine、Docker Swarm 和 Mesos 会影响软件的运行方式，因此采取这些方案后需改变运维流程，而不是改变虚拟化方案。这些技术解决了虚拟化方案所面临的挑战。现代虚拟化技术在集群中的节点上运行虚拟机，并管理集群。上文所提到的容器技术将容器分配到集群中。由于集群管理是由不同的软件来实现的，因此需要运维流程做出根本性的改变。

PaaS

PaaS（平台即服务）则基于一种完全不同的解决方案。通过在版本控制中更新应用，即可方便地实现应用的部署。PaaS 获取改动，构建应用并将其部署到服务器。这些服务器由 PaaS 安装，代表了一个标准化的环境。实际的基础架构（即虚拟机）对应用是隐藏的。PaaS 为应用提供了一个标准化的环境。例如，环境接管了扩容，同时可以提供数据库和消息系统等服务。平台统一性限制了 PaaS 系统的技术自由度，而技术自由度通常是微服务的优势。只有 PaaS 支持的技术才能使用。另一方面，部署和扩容得到了进一步加强。

微服务对基础设施提出了很高的要求。自动化是运维大量微服务的基本先决条件。PaaS 极大地促进了自动化，因此能够提供良好的基础。如果自行研发自动化过于费力，同时也不了解如何构建必要的基础设施，那么使用 PaaS 尤其可行。但是，由于 PaaS 提供的技术有限，因此也限制了微服务的功能。如果一开始就在 PaaS 上开发微服务，那么这样做并不困难。但如果需要将微服务迁移到 PaaS 平台上，成本则会相当可观。

纳米服务（见第 14 章）有着不同的运维环境，也更进一步限制了技术的选择。但在资源使用上，纳米服务往往更易于运维，甚至更高效。

11.8　总结

采用微服务时，微服务系统的运维是主要挑战之一（见 11.1 节）。微服务系统包含大量的微服务以及操作系统进程，50~100 个虚拟机并不罕见。微服务的运维可以委派给团队。但是，这种方法将导致更高的整体成本。标准化运维是更为可行的策略。利用模板，可以在不施加额外压力的情况下实现一致性。模板让统一的解决方案更容易实施。

对于日志（见 11.2 节），必须提供一个集中式的基础设施来收集所有微服务的日志。对此，有多种技术可供选择。为了追踪不同微服务的调用，可以使用关联 ID 将调用识别出来。

监控（见 11.3 节）必须提供基本信息，如微服务的可用性。其他指标可以提供系统的整体状态，也可以用于负载均衡。各个微服务可以单独定义性能指标。与监控系统相关的人员包括运维人员、开发人员和业务人员。他们关注不同的指标，必要时使用各自的工具来评估微服务数据。每个微服务都必须提供一个接口，以便各种工具获取指标。所有微服务的接口应该是统一的。

微服务的部署（见 11.4 节）必须自动化。结合简单脚本、不可变服务器、特殊的部署工具以及软件包管理器，可以达成这一目的。

微服务是小型的部署单元，具有稳定性和容错性，使其在其他微服务失效时仍然能正常工作。因此，微服务架构本身已经降低了部署相关的风险。回滚、前滚、持续部署、蓝/绿部署，或直接部署到生产环境等策略可以进一步降低风险。微服务作为小型的部署单元，所消耗的资源也很少，因此上述策略很容易实现。微服务的部署速度更快，而且更容易提供蓝/绿部署或金丝雀发布所需的环境。

控制（见 11.6 节）包括简单的干预策略，例如微服务的启动、停止和重启。

虚拟化或云化是微服务基础设施的良好选择（见 11.7 节）。每台虚拟机只应运行一个微服务，以实现更好的隔离性、稳定性和可伸缩性。Docker 技术十分有趣，因为 Docker 容器的资源消耗远低于虚拟机。即使微服务数量众多，每个微服务也可以独占一个 Docker 容器。PaaS 同样也十分有趣。PaaS 简化了自动化过程，但同时也限制了技术的选择自由。

本章仅侧重于微服务环境的持续交付和运维细节。持续交付是引入微服务的最重要原因之一。同时，微服务的运维也带来了最大的挑战。

要点

- 运维和持续交付是微服务的核心挑战。
- 微服务应该以统一的方式处理监控、日志和部署，这是降低成本的唯一途径。
- 虚拟化、云化、PaaS 和 Docker 是微服务基础设施的可选方案。

第 12 章 微服务架构的组织效应

每个微服务由各自的团队负责，这是微服务方案的一个基本特征。因此，我们使用微服务架构进行工作时，不仅有必要着眼于微服务架构，而且还需要注意团队组织，及其各自负责的微服务。本章主要探讨微服务的组织效应（organizational effect）。

12.1 节主要介绍微服务架构的组织优势。之前已经介绍过，团队可以根据康威定律（系统的架构必然与组织的沟通结构保持一致）进行划分，而 12.2 节探讨另一种方案——集体拥有代码。团队的独立性是采用微服务的主要优势，12.3 节定义微观架构与宏观架构，并介绍这些架构方法是如何实现团队间高度自治的，从而让团队能独立决策。与之密切相关的一个问题是技术领导力的作用（见 12.4 节）。DevOps 是一种组织方案，这种方案将开发（Dev）与运维（Ops）结合到一起（见 12.5 节）。DevOps 与微服务架构能够相辅相成。微服务架构主要从领域的角度关注独立开发，但也会影响产品负责人和业务人员（例如使用软件的业务部门）。12.7 节讨论的是这些群组如何处理微服务架构。正如 12.8 节所述，在微服务系统中，必须通过组织层面的措施才能实现代码复用。12.9 节探讨能否在不改变组织结构的前提下引入微服务架构。

12.1 微服务的组织效益

微服务是小型团队应对大型项目的一种方案。由于团队之间是相互独立的，因此团队之间所需的协调较少。沟通成本会导致大型团队的工作效率低下，微服务正是解决这类问题的一种架构方案。架构有助于减少沟通需求，并且能让许多小团队取代一个大型团队完成相应的项目。每个基于领域划分的团队都有理想的规模：Scrum 指南[1]推荐的团队规模为 3~9 人。

另外，现代企业强调的是自组织性（self-organization）和直接以市场为导向的团队。每个微服务均由单个团队（按康威定律划分）负责（见 3.2 节），微服务能够支持这一方案。因此，微服务架构非常适合自组织。每一个团队都能独立地实现新功能，并且独立地评估市场表现。

[1] 参见 https://www.scrumguides.org/scrum-guide.html#team。

另一方面，独立性与标准化存在一定冲突：为了让团队自行开展工作，团队间必须是独立的。标准化会限制独立性，例如采用何种技术的统一标准。如果项目在某一技术栈上是标准化的，那么团队将无法独立决定采用何种技术。除此之外，独立性与避免冗余的意愿会产生冲突：如果希望系统没有任何冗余，那么团队之间必须进行协调，以便识别并剔除冗余。这反过来将限制团队的独立性。

技术独立性

技术性解耦是非常重要的一方面。微服务可以采用不同的技术，并具有完全不同的内部结构。这意味着不同团队的开发人员只需要少量的协调，足以共同决定某些基本决策即可，其余所有技术决策均由团队自行做出。

单独部署

每一个微服务都能独立于其他微服务部署到生产环境。因此，团队之间无须就发布日期和测试阶段进行协调。各个团队可以自行决定各自的开发进度和时间节点。某个团队的延期发布并不会影响其他团队。

独立的需求流程

每个团队可以独立地实现各自的用户故事和需求，因此各个团队能够追求各自的业务目标。

独立性的三个层面

微服务能带来三个层面的独立性。

- 通过独立发布进行解耦：每个团队负责一个或多个微服务。开发团队能够独立于其他团队和其他微服务，将微服务发布到生产环境。
- 技术的解耦：某个团队所做出的技术性决策仅影响他们自己的微服务，而不会影响其他任何微服务。
- 领域的解耦：将领域划分到各个组件，让各个团队实现各自的需求。

相比之下，单体部署架构的技术协调与部署将影响整个单体系统（见图 12-1）。最终，共同开发单体项目的所有开发人员必须紧密协调，就如同一个团队。

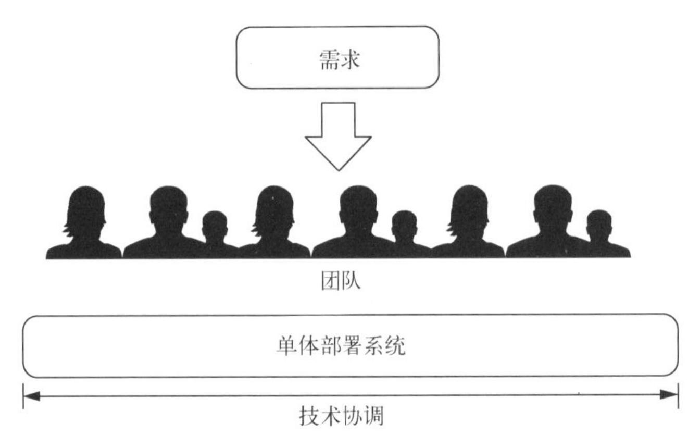

图 12-1　单体部署系统

架构确实能提供微服务所必需的独立性，这是微服务团队独立性的先决条件。架构必须是一个设计良好的领域架构，同时能让各个团队独立地实现需求流程。

在图 12-2 中有如下几个团队。

- 用户注册团队负责管理用户在电商网站中完成注册的过程。其业务目标可能是获得大量的注册用户，因此新功能旨在提升注册用户数量。团队负责的组件包括注册所需的流程和用户界面元素。团队可按照自己的意愿对其进行改动和优化。
- 订单流程团队负责从购物车商品到订单的转化。因此，该团队的目标可能是将尽可能多的购物车商品转化为订单。整个流程均由该团队负责实现。
- 商品搜索团队负责改善商品的搜索功能。该团队的成功与否取决于搜索出来的商品有多少被加入购物车。

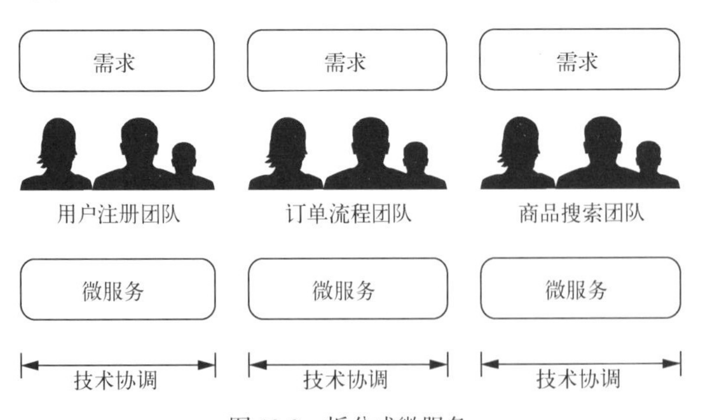

图 12-2　拆分成微服务

当然，还有其他不同目标的团队。总体来说，这种方案将开发电商网站的任务分配给多个团队，并且每个团队都有各自的目标。由于系统架构被划分成多个微服务，各个团队可以独立开发，因此在追求各自目标的过程中，各个团队很大程度上是独立的，也无须过多的协调。

此外，小型项目还有许多其他的优势。

- 由于涉及的工作更少，因此更容易精确地预估。
- 小型项目更容易规划。
- 风险会降低，因为预估更精确，并且预测也更为可靠。
- 由于项目较小，因此出现问题时所造成的影响也更小。

另外，微服务架构能够带来更高的灵活性。由于风险更小，因此进行决策也更快、更轻松，变更的实现也更快。这为要求更高灵活性的敏捷软件开发提供了完美的支持。

12.2　康威定律的替代方案

3.2 节介绍了康威定律。依据该定律，一个组织所设计的架构必然反映该组织的沟通结构。在微服务架构中，团队是围绕微服务而组建的。每一个团队负责开发一个或多个微服务，因此每一个微服务只能由一个团队负责开发。因此，除了微服务的划分，组织的划分同样为领域架构的实施提供支持，以防止项目脱离架构设计。此外，如果功能限制在一个微服务内，团队便能够独立完成该功能的开发。因此，微服务系统的领域划分非常重要。

康威定律的相关挑战

但这种方案也有一些缺点。

- 团队必须长期保持稳定。尤其是当各个微服务采用不同的技术时，微服务的爬坡期是非常长的。而且开发人员将很难在团队间进行调动。尤其是在有外部咨询人员的团队中，长期的稳定性通常很难保证。因此，在使用微服务架构时，人员的频繁流动便构成了一个非常大的挑战。在最坏的情况下，如果某个微服务没有任何人维护，那么这个微服务可能会被重写。当然，由于规模较小，微服务很容易被替换，但这也将产生一定的开销。
- 只有开发团队才能理解该组件。如果团队成员都离职了，那么微服务相关的知识也会随之流失。在这种情况下，微服务将无法修改。因此，必须避免出现这种“知识孤岛”。在这种情况下，由于缺乏相关的领域知识，微服务也无法被替代。
- 如果需要多个团队进行协调，那么改动将很难实施。如果一个团队能够在自己的微服务内完成实现一个功能所需的全部修改，那就表明微服务的架构和开发规模非常合理。但如果该功能涉及其他团队的另一个微服务时，就需要其他团队对相应微服务进行改动。这不仅需要沟通，而且功能所需的改动还要与其他团队的需求进行优先级排序。如果团队的工作以冲刺为周期，那么团队只能在下一个冲刺周期开始交付所需的改动——这显然会造成延期。如果冲刺周期是两周，那将造成两周的延期——前提是团队给予这个改动足够高的优先级，让该任务在下一个冲刺周期优先完成，否则造成的延迟将更长。

集体拥有代码

如果只有负责相应微服务的团队才能修改代码，那将带来上述的挑战，因此很有必要考虑替代方案。敏捷过程已经提出了“集体拥有代码”（collective code ownership）的理念。该理念认为，每一位开发人员不仅有权，而且有义务修改任何代码。例如，当开发人员认为某一块代码质量太差的时候。因此，所有开发人员都要关心代码质量。除此之外，阅读并修改代码能加深技术人员对技术的理解，有助于交流技术决策。技术理解的加深，有助于引出对决策的批判性质疑，从而提升系统的总体质量。

集体拥有代码也涉及团队以及团队的微服务。由于团队在其组织中相对自由，这种方案能够避免过多的沟通协调。

集体拥有代码的优势

原则上，一个团队可以修改其他团队所负责的微服务。这种方案具有一些优势，因此一些微服务项目采用这种方案来应对上述的挑战。

- 能够更方便快捷地改动其他团队的微服务。当需要改动某个微服务时，改动不是由负责微服务的团队来实施，而是由需要修改微服务的团队自行实施。这样一来，就可以优先完成这一改动，而无须等待该组件的其他改动。
- 团队的构成变得更灵活。由于开发人员需要改动其他团队的微服务，因此开发人员将熟悉更多的代码。这使得团队成员甚至是整个团队变得更容易替换，扩大团队的规模也变得更方便。新加入的开发人员不必从头开始学习。当然，一个稳定的团队依旧是最佳选择——但团队通常难以长期保持稳定。
- 微服务的划分更容易更改。由于开发人员掌握的知识面更广，因此将一个微服务转交给另一个团队也会更容易。如果微服务间存在很强的依赖性，但分别由不同团队负责，而且团队间需要大量密切的沟通时，这种做法是合理的。与其让两个团队分别开发两个微服务，不如让一个团队负责两个密切耦合的微服务，这样协调沟通会变得更简单。一个团队的成员通常坐在同一间办公室内，因此团队成员之间方便直接沟通。

集体拥有代码的劣势

但是，这种方案同样存在劣势。

- 集体拥有代码与技术自由是对立的：如果每个团队使用不同的技术，那么开发人员将很难修改其他团队的微服务，因为开发人员甚至不了解该微服务所采用的技术。
- 团队可能会抓不住工作重心。开发人员将了解到整个系统的概况，但对开发人员来说，将精力集中于各自的微服务也许更妥当。

- 架构将不再那么稳定。开发人员在探索和了解其他组件的代码和内部结构后，可能会快速建立起架构预期之外的依赖。最后，依据康威定律进行的团队划分，倾向于将领域组件之间的接口转化为团队之间的接口。但如果每个人都能够修改其他团队的代码，那么团队之间的接口就会失去意义。

借助 pull request 进行协调

团队之间依旧需要沟通。毕竟，负责该微服务的团队对其最为了解，因此对微服务的修改应该与负责团队进行协调。这在技术上也能得到保障：外部团队引入的修改一开始与其他修改相分离，随后通过 pull request 发送至负责团队。pull request 以源代码的形式提交改动。在开源社区，这是非常流行的一种做法，开发团队能在不放弃项目控制权的前提下引入外部贡献。负责团队可以选择接受 pull request 或要求提交者继续修改。也就是说，负责团队会对每一个修改进行审查。因此，负责团队能够确保微服务架构和设计的合理可靠。

由于团队之间仍然需要沟通，因此这种方案并不违背康威定律，仅仅是另一种做法而已。如果微服务架构中的团队划分不合理，那么将带来非常多的问题。跨微服务的调整是非常困难的，这一点我们在 7.4 节已经讨论过。不合理的微服务划分将导致团队之间被迫需要大量的沟通，导致工作效率急剧下降。而且微服务的划分还难以改动。集体拥有代码方案可用于减少沟通需求。团队可以直接改动其他团队的代码来实现需求。这一过程减少了所需的沟通，并提高了工作效率。为此需要限制技术的自由度。微服务的改动依旧要通过协调——至少代码审查是完全有必要的。但如果从一开始架构的设计就非常合理，那就没有必要将这种方案作为变通方案。

动手实践

- 你接触过集体拥有代码方案吗？你的经历是怎样的？
- 在你当前的项目中，当开发人员想要修改同一团队或其他团队的开发人员所编写的代码时，会有哪些限制？是否禁止修改其他团队的代码？在这种情况下，还有什么方法可以实现必要的修改？该方案会面临哪些问题？

12.3　微观架构与宏观架构

微服务架构很大程度上能够使你避免做出全局的架构决策。各个团队能够为自己的微服务选择最佳的架构。

这样做的基础便是微服务架构。微服务架构能够提供较大的技术自由度。各个微服务不一定要采用统一的技术——虽然出于技术的考虑通常会强制要求使用相同的技术。当然，采用统一的技术还有其他的原因。关键在于，哪些人做出了哪些决策。决策分为两个层面。

- 宏观架构是涉及整个系统的决策。宏观架构的决策应该至少包含第 7 章中所讨论的所有微服务共用的领域架构和基础技术，以及通信协议（见第 8 章）。各个微服务的性质与技术也能够预先设定（见第 9 章）。当然，各个微服务内部的决策并不一定要在体现在宏观架构中。
- 微观架构是各个团队可以自行作出的决策。这些决策只涉及各个团队自己开发的微服务。这些课题涉及第 9 章中所介绍的各个方面，前提是这些课题在宏观架构中并未界定。

宏观架构必须持续改进，其设计无法一蹴而就。新功能对领域架构或技术不断提出新的需求，因此宏观架构的优化是长期的过程。

决策=责任

问题是，宏观架构和微观架构由谁来负责界定和优化？需要记住的是，每一个决策同样也是一份责任。谁做决策，谁就要承担其后果，无论是好还是坏。反过来说，负责某个微服务时，就要为其架构做出必要的决定。在宏观架构定义某些技术栈的过程中，定义技术栈的责任以及后续可能会出现的问题，将由负责宏观架构的人员承担，而非由使用技术栈的微服务开发团队承担。因此，宏观架构对各个微服务的技术自由度施加较强的约束通常不会有什么帮助。这样做仅仅是将决策和责任转移到与各个微服务并没有太大关联的层面。这会产生一种象牙塔式的架构，这种架构完全脱离实际需求。这种情况下，无视这样的宏观架构是最好的选择。最糟糕的状况是其在实际应用中引起严重问题。微服务能让你尽量免于做出宏观架构决策，以避免出现此类象牙塔式的架构。

谁来创建宏观架构

宏观架构所做出的决策将影响所有微服务。各个团队只负责各自的微服务，因此任何团队都无法做出此类决策。宏观架构决策已经超出了各个微服务的影响范畴。

宏观架构可以由来自各个团队的成员所组成的一个团队来界定。这种做法的优势显而易见：所有团队均可表达各自的观点，没有人能够强行指定方案，并且所有团队均参与到决策过程中。有许多微服务项目已经采用这种做法，并获得了成功。

但是，这种方法也有缺点。

- 为了在宏观架构层面做出决策，决策者需要了解整个系统，并对整个系统的开发感兴趣。各个团队的成员通常会强烈关注各自的微服务，因为他们的主要工作就是开发这个微服务。但他们很难做出这种全局性的决策，因为这需要从截然不同的角度来考虑问题。
- 群组的规模可能会非常大。高效的团队通常最多有 5~10 名成员。如果团队的数量众多，并且每个团队至少派一名成员参加，那么宏观架构团队的人数将变得很多，导致团队无法高效地工作。这样的大型团队很难完成宏观架构的界定和维护。

另一种方案是让一名架构师或一个架构师团队完全负责宏观架构的设计。对于大型项目而言，该任务的要求极高，因此通常需要整个架构团队致力于此项工作。该架构团队需要站在整个项目的角度思考。这种做法有可能出现的问题是，架构团队的设计脱离了其他团队的实际情况，并最终会做出象牙塔式的决策，或者致力于解决其他团队实际上并未遇到的问题。因此，架构团队应当主要控制决策的流程，并确保考虑到所有团队的需求。架构团队不应独断专行地做出决策，因为所有微服务团队最终都要承担架构团队的决策所产生的后果。

宏观架构的范畴

将架构划分为宏观架构和微观架构，既没有唯一正确的方法，也不能仅听从于某个人。公司文化、自组织程度和其他组织标准都发挥着重要的作用。一个高度等级化的组织能够赋予团队的自由度极为有限。当需要尽可能多地在微观架构层面做决策时，团队将被赋予更多的责任。这通常会带来积极的效果，因为当团队感受到责任感时，他们会采取相应的行动。

例如，美国的 NUMMI 汽车制造工厂曾是一个低效的工厂，该工厂曾因工人捣乱和怠工而臭名昭著。然而，当公司将更多精力放在培养团队合作和信任上时，相同的工人竟然成为了生产效率极高的劳动力。当团队有更多的自主决策权，并有更多的选择自由时，工作氛围及生产效率都会得到极大的提升。

此外，授予团队自主决策权，还能减少团队花费在协调上的时间，从而提升团队的工作效率。授予团队以及微观架构更多的自主决策权，有助于减少沟通需求，这也是架构扩展的关键。

当团队在自主决策方面受到较多限制时，微服务的一个主要优势便无法体现。微服务架构增加了系统的技术复杂性，这是微服务的缺点，因此应该充分发挥微服务架构的优势，才不至于得不偿失。所以，在做出关于微服务的决策时，应该尽可能多考虑微观架构，并尽可能少考虑宏观架构。

宏观架构决策的多少，可由系统的不同部分自行决定。。

技术：宏观架构/微观架构

对技术而言，可以做出下列有关宏观架构与微观架构的决策。

- 统一的安全性（见 7.14 节）、服务发现（见 7.11 节）和通信协议（见第 8 章），对微服务之间的通信而言是必不可少的。因此，这些领域的决策明显属于宏观架构。此外，为了保障微服务的独立部署，接口向下兼容的使用和细节同样属于宏观架构。
- 配置与协调（见 7.10 节）不一定要从整个项目的全局角度决定。当各个团队运维各自的微服务时，团队可以采用自行选择的工具进行配置。但对于所有微服务而言，统一的工具有着明显的优势，并且也没有充分的理由让各个团队都采用不同的配置和协调机制。

- 容错性（见 9.5 节）和负载均衡机制（见 7.12 节）可在宏观架构中界定。宏观架构既可以制定技术标准，也可以强制要求各个微服务在实现过程中必须实现容错和负载均衡。例如，可以通过测试（见 10.8 节）来保障容错性和负载均衡。测试能够检查微服务在其所依赖的微服务失效之后是否依然可用。除此之外，测试还能够检查负载是否分配到多个微服务中。理论上，团队可以自行决定是否采用容错性和负载均衡机制。如果团队为服务的可用性和性能负责，那就应该具备技术的自主选择权。假如在未采用容错性和负载均衡机制的情况下，微服务仍然能够保证高可用，那么他们的方案便是可以接受的。但在实际工作中，这种情景很难想象。
- 至于平台和编程语言的决策，既可以在宏观架构层面，也可以在微观架构层面进行。这些决策不仅会影响开发团队，还会影响运维人员，因为运维人员处理故障的前提条件是理解技术。不一定要限制采用特定的编程语言，但可以规定所用的技术。例如，规定只能采用支持多种程序语言的 JVM（Java 虚拟机）。至于平台，一种的可能折中方案是采用运维所提供的数据库，但开发团队也可以选择其他数据库并自行运维。宏观架构是否需要界定平台和编程语言，也取决于开发人员是否需要在团队之间调动。采用统一的平台能够便于将微服务转给其他团队负责。

图 12-3 右边列出了属于宏观架构的决策，左边列出了属于微观架构的决策。中间部分既可以属于宏观架构，也可以属于微观架构。不同的项目可以采用不同的划分方式。

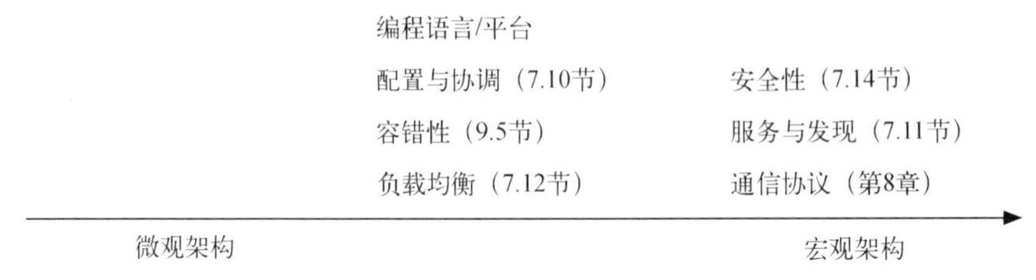

图 12-3　技术：宏观架构与微观架构

运维

在运维层面（见图 12-4），需考虑控制（11.6 节）、监控（11.3 节）、日志（11.2 节）和部署（11.4 节）。为了降低环境的复杂性，并统一运维方案，宏观架构必须对上述领域进行界定。平台和编程语言也是如此。但标准化并非是强制的。如果微服务运维完全由开发团队负责，那么理论上各个团队可以采用不同的技术，但这并不会带来任何好处，反而会增加技术复杂性。但团队针对特定任务采用不同的解决方案也是可行的。例如，假设业务人员要求以某种方式将收入数据发送给监控系统，那么这样做当然是可行的。

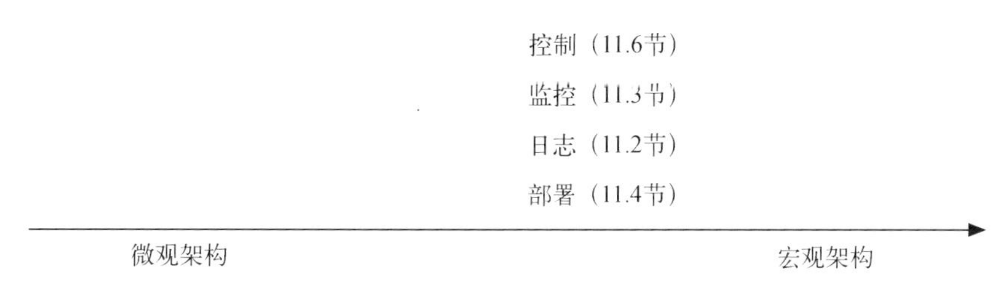

图 12-4 运维：宏观架构与微观架构

领域架构

在领域架构层面（见图 12-5），将领域划分给团队也属于宏观架构的一部分（见 7.1 节）。领域划分不仅会影响架构，而且还决定了各个团队所负责的领域，因此领域划分不能归类为微观架构。但各个微服务的领域架构必须由团队决定（见 9.1 节~9.4 节）。如果要从宏观层面指定各个微服务的领域架构，那么由于整个架构是集中式协调的，微服务在组织层面就等同于单体系统。这种情况下还不如开发一个单体系统，因为单体系统的技术难度还比较低。在宏观层面指定各个微服务的领域架构是不明智的。

图 12-5 架构：宏观架构与微观架构

测试

在测试层面（见图 12-6），集成测试（见 10.4 节）属于宏观架构。在实践中，需要决定是否对特定领域进行集成测试，以及由谁进行测试。只有在涉及跨团队的功能时，集成测试才有意义。对于其他功能，各个团队均可自行完成测试。因此，集成测试必须在团队之间进行全局协调。宏观架构可以指定各个团队的技术测试（见 10.8 节）。为了实施并控制全局标准以及宏观架构，技术测试是一个不错的方法。通过消费者驱动的契约测试（CDC，见 10.7 节）和 stub（见 10.6 节），团队之间可以自行协调。作为宏观架构的一部分，统一的技术基础能够极大地方便开发。对于微服务测试，由于团队需要使用消费者驱动的契约测试和其他团队的 stub，因此采用统一的技术是非常明智的。当所有团队采用同一种技术时，测试会更容易实施。但这并不意味着需要通过宏观架构来严格规定所用的技术。

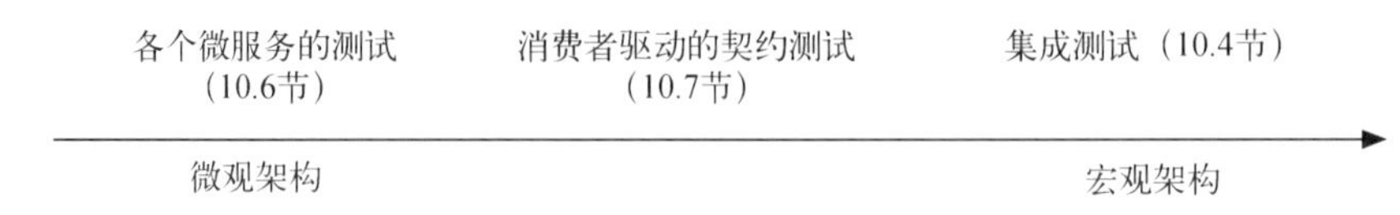

图 12-6　测试：宏观架构与微观架构

微服务的质量是由相应团队负责的，因此微服务的测试也应当由相应团队负责。

许多方面的决策，既可以从宏观架构层面来考虑，也可以从微观架构层面来考虑。由于微服务架构的核心目标是给予各个团队尽可能高的独立性，因此应该尽可能在微观架构层面上做出决策，即由各个团队自行做出决策。然而在运维层面有个问题：团队自由选择各自的工具，是否真的能带来好处？回答通常是否定的：技术栈变得更加庞大，却并未带来任何好处。与此相关的领域是 DevOps（见 12.5 节）。开发人员和运维人员之间合作的密切程度决定了不同的技术自由度。如果开发人员和运维人员之间分工明确，运维将会界定宏观架构中的许多标准。最后，运维将负责维护生产环境中的微服务。如果所有的微服务采用统一的技术，运维的任务将轻松得多。

在界定编程语言和平台时，我们同样应当权衡特定技术栈所带来的优势，以及整个系统技术栈异构化所带来的问题。无论是选择统一的技术栈，还是让各个团队自行选择技术，都取决于你的具体应用场景，并没有严格意义上的高下之分。统一的技术栈便于微服务的运维，并且让开发人员在微服务和团队之间调动更为容易。而选择专门的技术栈能让微服务更好地应对特定的技术挑战，并且能够激励喜欢尝试新技术的员工。

通过测试可以验证微服务是否符合宏观架构的要求（见 10.8 节）。这类测试可以作为宏观架构的一个构件。负责宏观架构的团队通过该构件对宏观架构进行明确界定，这样也便于检查各个微服务是否与宏观架构相一致。

12.4　技术领导力

宏观架构和微观架构的划分将彻底改变技术领导团队，这是微服务架构的一个主要优势。宏观架构界定的是技术选择的职责和自由，而选择的自由也伴随着接踵而来的责任。

例如，宏观架构可以指定所用的数据库，从而将选择数据库的责任委派给技术领导团队。如果数据库决策属于微观架构，那么微服务团队应决定采用何种数据库，并且数据库也应当由团队负责运维，其他团队无须承担该决策所带来的潜在后果（见 7.9 节）。技术领导团队也能做出这样的决策，但技术领导团队在做出决策同时也将承担起原本属于微服务团队的责任。

自由度越高，责任越大：团队在享受这种自由的同时，也将承担起相应的责任。然而实际情况往往更为复杂：到底是扩充还是缩减宏观架构（通过改善组织结构，最终实现自组织）常常会引起争论。技术领导团队的目标之一是缩减宏观架构，以便实现更高程度的自组织。

开发人员无政府主义方案

在团队的自由度方面，开发人员无政府主义（Developer Anarchy）方案甚至更为激进。这种方案意味着开发人员将肩负起全部责任。开发人员不仅能自由选择技术，甚至还有权重写代码（如果开发人员认为有必要）。除此之外，开发人员可以直接与业务人员进行沟通。快速成长的企业通常会采用这种方案，并且这种方案也非常适合这类企业。这个想法是由 Fred George 提出来的，他曾供职于多家公司，拥有超过 40 年的工作经验。该模型彻底废除了宏观架构和单体部署，开发人员能做他们认为最合适的事情。这种方法非常激进，能够充分展现开发人员的想法。

动手实践

- 图 12-3~图 12-5 标记了既可以属于宏观架构也可以属于微观架构的区域，即靠近图中间的部分。你会把这些元素归为宏观架构还是微观架构？重点是，为什么要这样归类？需要注意的是，在微观架构层面而非宏观架构层面进行决策，这与微服务团队独立的思想是一致的。

12.5 DevOps

DevOps 表示的是将开发（Dev）和运维（Ops）融合到一个团队（DevOps）的概念。DevOps 是一种组织变革：每个团队中都有开发人员和运维专家，两者相互配合完成微服务的开发和运维。在过去，开发人员通常并不熟悉运维相关的课题，而运维人员通常并不参与到项目中，而是独立于项目。DevOps 要求我们改变这种思维模式。最终，开发和运维的技术将变得越来越接近：运维更加关注自动化以及相关的测试——这最终会体现在软件开发上；而开发人员更加关注监控、日志分析、部署等方面。

DevOps 与微服务

DevOps 与微服务是完美的互补关系。

- 团队不仅要负责微服务的开发，还要负责微服务的运维。这就要求团队同时具备运维和开发的知识。
- 相比于将团队划分为运维团队和开发团队，根据功能和微服务划分团队将更加合理。
- 由于运维和开发在一个团队中，因此沟通变得更方便。与团队间的沟通相比，团队内的沟通总是更加轻松。这与微服务架构减少沟通与协调的目标是一致的。

DevOps 与微服务可以说是珠联璧合。事实上，只有 DevOps 团队才能完成生产环境中微服务的部署和维护。DevOps 是确保团队同时具备运维和开发的能力的唯一途径。

微服务架构一定要采用 DevOps 吗

DevOps 将带来颠覆性的组织变革，以至于许多企业仍处于观望中，不愿迈出这一步。那么问题来了：能否在不引入 DevOps 的情况下实现微服务架构？事实上，这是可行的。

- 运维通过宏观架构与微观架构的划分来界定运维的标准。日志、监控、部署等技术元素都属于宏观架构。当软件遵循这些标准时，运维便能够接管软件，让其成为标准化运维流程的一部分。
- 此外，平台和编程语言也可尽量按照运维的需求来界定。如果运维人员只对在 Tomcat 上部署 Java 应用比较熟练，那么宏观架构就可以规定采用 Tomcat 平台。其他基础设施（比如数据库和消息系统）也是如此。
- 此外，运维可提出组织性的要求。例如，运维可以要求微服务团队成员在特定的时间段提供服务，以便解决生产环境出现的问题。具体来说，开发人员必须给运维人员提供电话号码，以便随时电话联系。如果电话没有接听，则应该联系该开发人员的经理。这种做法提高了接通开发人员电话的可能性。

在这种情况下，在将微服务部署到生产环境时，开发团队将承担更多的责任。但运维仍将肩负相应的责任。在持续交付流水线中，必然存在这样的一个时间节点：微服务被部署到生产环境，并由运维所接管。在该时间节点之后，微服务将由运维与相应的微服务团队共同负责。运维接管的典型时间节点是在测试阶段之后，以及探索性测试之前。运维至少要负责持续交付流水线的最后一个阶段，也就是部署到生产环境。如果同时有大量改动过的微服务需要部署到生产环境，那么运维可能会成为限制部署的瓶颈。

总之，DevOps 和微服务是相辅相成的。但采用微服务时，不一定要引入 DevOps。

12.6　当微服务遇上传统的 IT 组织

作者：Alexander Heusingfeld，innoQ

“微服务”已经影响到了无数的 IT 部门，并引起了广泛的讨论。有趣的是，引入微服务架构的举措通常是由中层管理者发起的。但微服务架构对企业 IT 组织所带来的影响，目前仍未得到充分的研究。正因为如此，接下来我要讲述在引入微服务架构的过程中我曾遇到的一些“意外”。

宠物与牲畜

“宠物与牲畜”（pets vs. cattle）是早期 DevOps 运动的一句广为人知的口号。其基本观点是，在云计算和虚拟化的时代，不应将服务器当成宠物一样对待，而是要当成一群牲畜一样对待。如果宠物生病了，宠物的主人会照顾宠物，直到其恢复健康；而生病的牲畜则可能会被立即杀死，以免疫情进一步扩散。

因此，应避免将服务器拟人化——例如，给它们起名字（例如 Leviathan、Pollux、Berlin 或 Lorsch）。如果你给服务器起了宠物一样的名字，那么很可能就要像照顾宠物一样对待这些服务器，例如提供定制化的更新、脚本、调整，以及其他特定的修改。但众所周知的是，这将给服务器安装和服务器状态的重现带来负面影响。另外，这也将影响微服务架构所需的自动扩容和故障转移的实现。

我的一个项目采用了一种非常有趣的方式来处理这一问题。服务器和虚拟机依旧有自己的名字。但是，这些系统的管理完全是通过 Puppet 自动实现的。Puppet 从 SVN 仓库中下载脚本。在 SVN 仓库中，Puppet 为每个服务器都存储了独特的脚本。该方案被称为“Puppet 自动化宠物照顾”。这种方案的优势在于可以用一个完全一样的复制品代替崩溃的服务器。

但该方案完全没有考虑可伸缩性的需求。名为 Leviathan 的“宠物服务器”必须是唯一的。另一种方案是参数化的脚本，采用类似“应用 XYZ 的生产环境虚拟机”这样的模板。同时，这种方案也能允许更灵活的部署方式，例如蓝/绿部署。这样，无论虚拟机是 app-xyz-prod08.zone1.company.com 还是 app-xyz-prod045.zone1.company.com，都可以完成任务。唯一需要注意的是，该服务平时需保持 8 个实例处于可用状态，在高负载时则增加新的实例。新的实例如何命名则无关紧要。

团队建设

> “监控是我们所关心的！”
> “这方面你们不应该插手！”
> “这不关你们的事，这是我们的地盘！”

不幸的是，在所谓的跨职能团队中，我经常会听到这类对话。这些团队由架构师、开发人员、测试人员和管理人员组成。如果团队成员先前在公司不同部门的纯职能团队工作过，那么旧日的拉锯战和偏见会被不知不觉地带入到新的团队当中。因此，及早意识到问题并主动采取措施是非常关键的。以我的经验，让新成立的团队在同一办公室内一起工作 2~4 周就会取得非常积极的效果。这能够让新的团队成员之间相互熟悉，并对同事的肢体语言、个性以及幽默感有直观的感受。这能够有效地促进团队成员在推进项目过程中的交流，并且能够避免产生误解。

此外，在开始的几周，开展一些需要团队成员相互协作的团建活动也有助于破冰，进一步了解每个团队成员的优缺点，以及建立并增强团队内部的信任感。如果忽视团队建设，那么在推进项目的过程中将会产生不良后果。如果成员之间无法相互信任，甚至彼此厌恶，那就无法相互依赖。即使只是潜意识中的相互抵触也会造成不良后果。这意味着团队将无法百分之百地投入工作。

开发、测试与运维：转换视角

许多公司都有让员工转换视角的措施。例如，销售人员在采购部门工作一天，以熟悉该部门的人员和工作流程。这种措施是为了让员工更好地理解同事的工作，并使其成为日常工作的一部分，让跨部门协作更流畅。有句格言说得好："站在另一方，获得新视角！"

在IT行业，这种视角的变化很有益。例如，开发人员能够学到关于用例或测试用例的新技能，这能够促使他们在开发过程中增强模块化，让测试变得更简单。开发人员也可以在开发的早期阶段考虑以后将要采用的标准，以便更好地监控生产环境的软件，或者更容易发现错误。深入理解应用的内部流程，有助于系统管理员实施更具体和有效的监控。转换一下视角，就能够发现应用生命周期中先前未曾考虑到的问题。这些问题有助于团队整体的进步，以及软件质量的提高。

对运维而言，从来没有"全新的领域"

微服务是一个热门话题，它带来了新技术、新概念，以及组织的变化。但我们需要时时谨记，引入微服务架构的企业几乎没有从零开始的。这些企业或多或少都有一些遗留系统或者IT环境，且不希望通过"大跃进"式的方案来替换这些系统或环境。通常情况下，这些遗留系统必须逐渐融合到微服务架构的美丽新世界中，至少必须与微服务共存。

出于这一原因，在设计微服务架构的过程中，将这些遗留系统考虑在内是非常重要的，尤其是IT成本方面。已有的硬件基础设施能否针对微服务架构进行重组？是否仍有遗留系统依赖于这些基础设施？这些都是基础设施团队和运维团队经常遇到的问题——如果公司中有这类团队的话。如果这些问题被忽视，那么等到系统测试或部署到生产环境后，就可能会出现问题。为了及早发现问题，我建议重组的项目及早提供部署流水线。在团队实现第一个业务功能之前，部署流水线就要准备到位。在这一阶段，一个简单的"Hello World"项目通常就可以了。此后，整个团队可以集中力量，使其达到其生产级别。在这一过程中，团队会遇到各种开放式的问题，最糟糕的情况下甚至还会影响系统的设计。但由于在项目的早期阶段尚未开展较多工作，因此这类改动仍旧是划算的。

小结

到目前为止，引入微服务架构所带来的（与康威定律相关的）组织变化常常被低估。陈旧的习惯、偏见，甚至还有拉锯战，这些通常已经根深蒂固，当团队成员来自不同部门的时候尤其如此。但"团结如一"不应该只是一句响亮的口号。如果能够消除偏见，并让团队成员充分发挥所长，团队就能实现共同进步。每个团队成员都必须谨记：为客户生产稳定的软件是所有成员共同的任务。如果团队成员都能从"群策群力，同舟共济"的原则出发，那么每个人都能从别人身上学到宝贵的经验。

12.7 与客户的接洽

为了确保开发工作能分配给多个团队以及微服务，每个团队需要有各自的产品负责人。依据 Scrum 方法，产品负责人将负责微服务的进一步开发。为此，负责人要界定微服务需要实现的功能。产品负责人要提出需求，并安排实现需求的优先级。在业务层面，如果微服务只包含单个部门所负责的功能，情况将非常简单（见图 12-7）。为此，可依据部门的组织结构来调整微服务和团队，让每个部门都拥有各自的产品负责人，以及各自的团队和微服务。

图 12-7 部门、产品负责人，以及微服务

当微服务具有良好的领域架构时，微服务就能独立开发。最终，每个领域都应当由一个或多个微服务来实现，并且每个领域只应关联一个部门。将领域划分到微服务时，必须将部门组织考虑在内，以确保各个部门和领域不会共享同一个微服务。

但不幸的是，架构设计通常并不完美。此外，微服务对外提供接口，因此一个功能的实现可能会跨多个微服务。当多个功能与一个微服务关联，并且多个部门均想要影响微服务的开发时，产品负责人必须与不同部门协调功能实现的优先级。当各个部门的优先级不同时，这将是一个挑战。在这种情况下，产品负责人必须与相关部门进行协调。

假设一家电商网站的促销活动由某个部门负责。某次活动的规则是，如果订单包含特定商品，配送费将获得折扣优惠。该活动所需的改动涉及订单团队，因为需要查询订单中是否含有此类商品。另外，这些信息还要发送给配送微服务，因为要计算配送费用。因此，这两个团队的产品负责人必须为该功能的开发安排优先级。不幸的是，促销活动与许多功能相关联，因此常常需要进行类似的优先级安排。由于订单部门和配送部门都有各自的微服务，但负责促销活动的部门却没有自己的微服务，因此该部门所需的功能必须在其他微服务中实现。

架构决定部门

因此，公司部门组织结构可以直接决定微服务架构。但是，实际上同样也存在围绕一个 IT 系统设立新部门的情况，该部门将负责该 IT 系统的业务方面。在这种情况下，我们可以认为微服务架构直接影响着组织。例如，如果某个 IT 系统成功打开一片新的互联网市场，那就可能会设立一个部门，负责继续开发该市场。该部门将从领域和业务的角度对该 IT 系统进行开发。在这种情况下，首先开发的是市场，然后才建立部门。因此，系统架构定义了组织的部门结构。

12.8　可复用代码

乍一看，代码复用是一个技术问题。7.3 节已经描述了两个微服务使用同一个库所带来的挑战。如果微服务以这样的方式使用同一个库，那么一旦这个库发布新版本，微服务就需要重新部署，从而导致部署依赖。为了让微服务独立部署，必须避免这样的情况。如果负责微服务的团队需要对库进行修改，也必须事先协调，这将带来额外的开销。不同微服务所需要的新功能必须安排优先级，然后才能开发。这将造成团队间的依赖，因此应该尽量避免。

客户端类库

通过客户端类库来封装微服务的调用是可行的。如果微服务的接口能够向下兼容，那么微服务发布新版本时就不必更新客户端类库。在这种情况下，被调用的微服务升级后，客户端类库仍可正常使用，调用方的微服务也无须重新部署。

但如果客户端类库包含领域对象，就会产生问题。当某个微服务想要改动领域模型时，开发团队就必须与客户端类库的其他使用者进行协调，因此就无法独立地进行开发。合理的接口简化与共享实现逻辑（或其他部署依赖）之间并没有清晰的界限。一种做法是彻底禁止代码共享。

复用是否必需

显然，项目是可以复用代码的。当今几乎所有项目都采用了一些开源代码库，因为这样做显然能够简化工作并提高效率。微服务使用开源代码库基本上不会带来问题，原因如下。

- 开源项目通常质量较高。许多公司的开发人员都会使用开源项目的代码，因而有助于发现错误。有时开发人员甚至会顺手修改错误，有助于持续提升代码质量。因此，项目开源，让用户了解其内部结构，通常足以推动代码质量的提升。
- 开源项目的文档能让人快速掌握代码的使用方法，而无须与开发人员进行沟通。在没有良好文档的情况下，上手将变得很困难，从而导致开源项目难以吸引足够多的用户和开发人员。

- 开源项目在开发过程中，会通过 bug 跟踪工具进行协调开发，并具备接受外部开发者的代码改动的流程。因此，代码中的错误及其修复过程是可跟踪的。此外，外部改动融入到代码中的过程也非常清晰。
- 此外，开源代码库发布新版本后，用户不一定要使用新版本。对类库的依赖并不足以形成部署依赖。
- 最后，个人向开源库中贡献代码的规则也相当明确。

最后，共享库和开源项目之间主要的差别在于，开源项目各方面均具备更高的品质。此外，两者在组织方面通常存在差别：开源项目背后通常有一个团队进行维护，并指导项目的后续开发。该团队不一定要实现所有的改动，但要对改动进行协调。理想情况下，团队成员应来自不同的组织和项目，这样开源项目就能从不同的角度参考不同用例进行开发。

以开源项目的形式进行复用

借鉴开源项目的形式，可采用如下的方案来处理微服务项目中的可复用代码。

- 可复用库相关的团队可参考开源项目的组织形式，由专人负责代码的持续开发、整合各方面的需求，以及合并其他员工提交的变更。理想情况下，团队成员应来自各个微服务团队。
- 将可复用代码转化为真正的开源项目。这样，组织外的开发人员也可以使用该项目并进行扩展。

两种方案都需要大量的投入，因为需要付出更多的精力给质量保证和文档等方面。此外，参与该项目的员工在各自团队中必须拥有充分的自由度。团队只能通过安排他们的组员完成特定任务，来控制开源项目开发的优先级。由于需要大量投入，并且在任务优先级方面有潜在的问题，因此将项目开源应经过慎重的考虑。该理念本身并不新奇——业界已经在这方面积累了一些经验[1]。

如果成本太高，则意味着当前的代码难以复用，并且本身也难以使用。但也许代码不仅仅是难以复用，甚至可能根本无法使用。问题是，为什么团队成员能够容忍如此糟糕的代码质量。为了代码复用而提高代码的质量，那么下次复用这些代码时将取得事半功倍的效果。

乍一看，将代码开源似乎并不明智。代码和文档必须具备足够高的质量，外部开发者才能在不直接和项目开发人员沟通的前提下使用代码。当外部开发人员能够免费获得高品质的代码时，他们才能受益于开源项目。

然而，真正的开源项目具有如下优势。

- 在使用代码的过程中，外部开发人员会发现代码中隐藏的问题。此外，随着代码被应用在不同的项目中，代码将变得更加通用化。这些都能提升代码和文档的质量。

---

① 参见 Dirk Riehle、Maximilian Capraro、Detlef Kips 和 Lars Horn 于 2016 年发表的文章，*Inner Source in Platform-Based Product Engineering*。

12

- 外部开发人员有可能会为进一步的开发做出贡献，虽然这种情况不常见。不过能有用户反馈 bug 和提出新功能的需求，这已经是开源项目的一个显著优势。
- 开源项目能彰显公司的技术水平，这有助于吸引求职者和客户。项目投入规模非常关键。如果仅仅是对一个已有的开源项目进行简单扩展，那么投入是可控的。但全新的开源框架就是另一回事了。

另外，某些方案的设计原型（例如文档）也可以轻松地进行复用。复用的既可以是一部分的宏观架构设计（例如日志方案的详细说明文档），也可以是微服务的模板（例如代码框架、构建脚本，以及持续交付流水线）。这样，就能快速实现这些内容，并立即投入使用。

动手实践

- 你可能已经在项目中使用过自己的库，甚至独立开发过一些库。请估算一下，将这些库转化成开源项目所需的投入。除了要保证良好的代码质量以外，还要编写使用和扩展代码所必需的文档。此外，还要有 bug 跟踪工具和论坛。在项目中使用这个库的难度有多高？库的质量如何？

12.9　能否采用微服务而不改变组织

微服务已经不仅仅是一种软件架构方案。微服务对组织也会产生显著的影响。由于团队组织通常很难改变，因此我们的问题是能否在不改变组织的前提下实现微服务。

采用微服务而不改变组织

微服务能让团队保持独立。专注某个领域的团队会负责一个或多个微服务，理想情况下包括微服务的开发和运维。理论上，无须将开发人员划分为不同领域的团队，也是可以实施微服务的。在这种情况下，开发人员能够改动每一个微服务——这是对 12.2 节所述理念的延伸。专注技术的团队甚至也能够开发依据领域而划分的微服务。在这种情况下，UI 团队、中间层团队以及数据库团队共同负责一个微服务（例如订单流程微服务或注册流程微服务）的开发。但微服务的许多优势在这种情况下是无法体现的。首先，无法通过微服务来扩展敏捷过程。其次，假如各个微服务都采用不同的技术，那么团队将难以把控所有的微服务，因此有必要限制技术选择的自由。此外，由于每个团队都能改动微服务，因此系统虽然是分布式系统，但是微服务之间的依赖关系仍然可能会妨碍各个团队的独立开发。由于团队可以改动多个微服务，这使得团队能够应对依赖关系繁多的微服务，从而降低了独立微服务存在的必要性。但即便是在这种情况下，由于部署的单位更小，仍然可以实现持续开发、持续交付、各个微服务的独立扩容，以及遗留系统的简化处理。

评估

明确地说，如果不围绕领域组建团队，那么将无法享受到微服务架构所带来的主要优势。只有当各部分相辅相成时才会产生整体价值，因此只有一部分采用微服务方案是有问题的。尽管在不组建领域团队的前提下也可以实施微服务架构，但我们并不推荐这样做。

部门

理想情况下，微服务的结构应当覆盖到部门结构，正如 12.7 节所述。但由于微服务架构通常与部门结构相差甚远，因此这很难实现。部门组织的结构也无法遵循微服务的划分。如果无法调整微服务的划分，那么各个产品负责人必须协调相关部门，以便确定需求的优先级。如果无法协调，则可以采用集体拥有代码方案（见 12.2 节）来减轻这一问题所造成的影响。通过这种方案，产品负责人及其团队可以改动其影响范围之外的微服务。相较于团队之间的协调，集体拥有代码是一种更好的方案——虽然两种解决方案都不是最优的。

运维

许多组织中都有单独的运维团队。根据 DevOps 原则，负责微服务开发的团队同样应该负责微服务的运维。但正如 12.5 节中所讨论的，对于微服务而言，引入 DevOps 并非强制要求。如果希望维持运维和开发的独立，那么运维必须在微服务的宏观架构中设定必要的标准，以确保系统的稳定运维。

架构

架构和开发通常是分开的。在微服务架构中，架构师通过宏观架构为所有团队制定全局性决策。架构师也可以分散到各个团队，与团队一起工作。另外，架构师还能组建一个委员会，负责制定宏观架构。在这种情况下，必须确保架构师有时间用于架构设计，而不是忙于各自团队的工作。

动手实践

- 你所知道的某个项目的组织结构是什么样的？
  - 有没有专门负责架构的组织？这些组织是如何融入微服务架构中的？
  - 运维是如何组织的？运维的组织如何才能为微服务架构提供最好的支持？
  - 领域划分是否适合部门组织？如何才能实现最优的划分？
  - 各个团队的产品负责人是否与其职责相匹配？

12.10 总结

微服务架构能让团队之间保持技术决策与部署的独立性（见 12.1 节），从而让团队得以独立实现需求，最终帮助众多小团队合作完成一个大项目。因此，微服务降低了团队间的沟通成本。由于团队能够独立完成部署，项目的总体风险也得以降低。

理想情况下，团队的组织方式应允许每个团队负责不同的领域。如果这样做很困难，或者团队之间需要大量的协调，则可以考虑采用集体拥有代码的方案（见 12.2 节）。采用集体拥有代码方案时，各个微服务仍然分别由一个团队负责，但每个开发人员都能够改动所有的代码。对微服务的改动必须与相关团队进行协调。

12.3 节介绍了微服务的宏观架构，宏观架构的决策会影响所有微服务。此外，微服务还有微观架构，每个微服务的微观架构可能各不相同。技术、运维、领域架构和测试方面的决策，可划分为宏观架构或微观架构。各个项目的架构设计既可以委派给团队（微观架构），也可以进行统一的界定（宏观架构）。委派给团队的做法符合微服务追求高度独立性的目标，因此通常是更好的选择。宏观架构的界定可以由一个独立的架构团队来完成，也可以由来自各个微服务的架构师组成的团队来完成。

与宏观架构的职能密切相关的是技术领导力（见 12.4 节）。更少的宏观架构意味着微服务团队需要承担更多的责任，而架构团队则承担更少的责任。

微服务受益于运维和开发的融合（即 DevOps，见 12.5 节），但微服务架构并不强制要求引入 DevOps。如果无法采用或不希望采用 DevOps，那么运维可以在宏观架构中制定规范，以保障微服务系统的稳定运维。

微服务应该能够独立实施各自的需求。因此，通常最好的情况是将各个微服务划分给特定的业务部门（见 12.7 节）。否则，产品负责人就必须协调各个部门所提出的需求，以便安排优先级。如果采用集体拥有代码方案，则产品负责人及其团队就能够改动其他团队的微服务，这降低了团队之间的沟通成本。团队能够自行实现所需的改动，即便这些改动涉及不同的微服务也可以，而无须协调优先级。微服务的相关团队可以对引入的改动进行审查，必要时可以进行调整。

如果将微服务的代码当作开源项目，那么微服务的代码就是可以被复用的（见 12.8 节）。内部项目可以被当作内部的开源项目来处理，或将其转为公开的开源项目。需要注意的是，维护一个开源项目需付出高昂的成本。因此，不进行代码复用，也许开发反而更高效。此外，开源项目的开发人员需按轻重缓急安排开源项目开发和领域需求的优先级，有时候这是一个很艰难的决定。

12.9 节探讨了能否在不改变组织架构的前提下引入微服务架构，但这样做实际上并不会为开发带来好处。如果没有特定领域的团队来独立开发领域功能，那也就无法同时并行开发多个功能并投入生产，而并行开发多个功能正是微服务架构希望达成的目标。尽管如此，引入微服务架构仍然有助于实现可持续开发、更方便的持续交付、各个微服务的独立扩容、遗留系统的简化等目标。为了让组织结构尽量保持不变，运维和架构团队需指定宏观架构。理想情况下，一个部门的需求应该对应一个微服务。否则，产品负责人就必须协调需求的优先级。

要点

- 微服务架构对组织有显著的影响。独立的小型团队合作完成一个大型项目是微服务架构的重要优势。
- 将组织作为架构的一部分对待，这是微服务架构的本质创新。
- DevOps 和微服务架构的结合是有益的，但并不是强制的。

第四部分

技 术

第四部分将从理论转向实践，介绍实现微服务所涉及的技术。

第 13 章包含一个基于 Java、Spring、Spring Boot、Spring Cloud、Netflix 技术栈和 Docker 实现的微服务架构的完整示例。该示例是你自行实现或试验微服务的良好起点。借助这些实际技术，本书第三部分所探讨的许多技术挑战，如构建、部署、服务发现、通信、负载均衡、测试等，在本章都得到了解决。

第 14 章探讨比微服务更小的纳米服务。纳米服务需要采用特殊的技术和折中方案。这一章将介绍某些能实现这种极小型服务的技术——Amazon Lambda（支持 JavaScript、Python、Java）、JavaOSGi、Java EE，以及 Vert.x（支持 Java、Scala、Clojure、Groovy、Ceylon 等运行在 JVM 之上的语言，以及 JavaScript、Ruby、Python）。编程语言 Erlang 也可用于开发这类极小型服务，并可与其他系统进行集成。Seneca 是一个专门用于实现纳米服务的 JavaScript 框架。

第 15 章列举了采用微服务的好处，并探讨了应如何开始微服务之旅。

第13章 微服务架构示例

本章提供一个微服务架构的示例，目的是演示相关技术的用法，为实验打下基础。该示例应用采用一个简单的领域架构，技术上的考虑将在13.1节详细说明。

在实际开发中，如果系统与示例应用一样简单，那么不采用微服务架构会更合适。本章采用简化的示例是为了便于理解和扩展。示例应用并未涵盖微服务环境的方方面面，如安全、文档、监控以及日志，这些方面在实验中相对容易解决。

13.2节介绍示例应用所用的技术栈。13.3节介绍构建工具。13.4节介绍如何使用Docker进行部署。由于Docker要运行在Linux环境中，13.5节介绍如何使用Vagrant搭建Linux开发环境。13.6节介绍搭建Docker环境的另一个工具，即Docker Machine，该工具结合Docker Compose（见13.7节）能够协调多个Docker容器。13.8节探讨服务发现的实现方式。13.9节的主题是微服务之间的通信以及用户界面。得益于微服务的容错性设计（resilience），单个微服务的失效将不会对其他微服务造成影响。13.10节演示如何通过Hystrix实现容错性设计。与此密切相关的是负载均衡，通过负载均衡（见13.11节）能将负载分散到多个微服务实例。13.12节详细分析集成非Java技术的方案。13.13节探讨微服务的测试。

示例应用的代码可通过 https://github.com/ewolff/microservice 获取。该项目采用Apache许可证，允许自由扩展，且不限制使用目的。

13.1 领域架构

示例应用有一个简单的Web界面，用户通过该界面可以提交订单。示例应用包含如下的三个微服务（见图13-1）。

- “目录”（Catalog）微服务负责记录商品信息，并能新增或删除商品。
- “客户”（Customer）微服务处理跟客户相关的任务，包括注册新客户和删除已有的客户。
- “订单”（Order）微服务能展示订单列表，还能创建新订单。

为了获取订单信息，“订单”微服务要访问“客户”和“目录”这两个微服务。微服务之间通过 REST 方式进行通信。REST 接口仅供微服务之间的内部通信调用，用户则通过 HTML 接口或 HTTP 接口的方式与三个微服务进行交互。

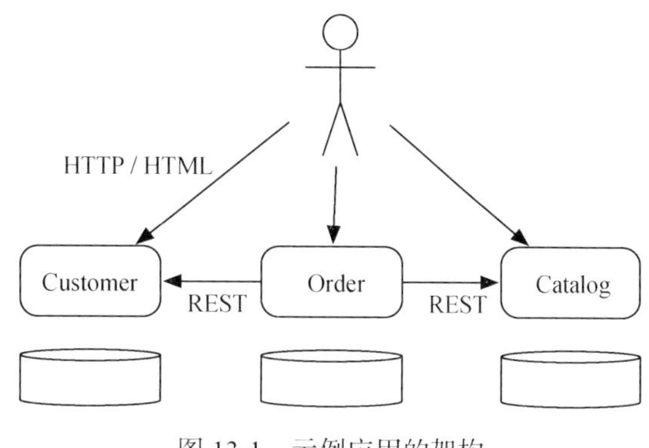

图 13-1 示例应用的架构

分离数据存储

上述三个微服务的数据存储是完全分离的。每个微服务仅知道其对应的业务对象的信息。“订单”微服务仅保存了商品和客户的主键，这是调用 REST 接口获取商品和客户信息时所必需的。数据库主键属于数据存储的内部细节，对外应该隐藏。因此，真实的系统应该采用人工键（artificial key）作为内部主键，使数据库主键对外不可见。通过在 `SpringRestDataConfig` 类中配置 Spring Data REST，三个示例微服务对外暴露了主键。

大量的通信

每次显示订单信息时，都要调用“客户”微服务获取客户数据，并调用“目录”微服务来获取订单中商品的价格。只有获得其他微服务的响应之后，订单才能显示，因此会对应用的响应时间造成负面影响。由于对其他服务的请求是同步和依次进行的，因此延时将会叠加。这个问题可以通过异步并行调用来解决。

另外，对发送/接收的数据进行封送/解封要消耗大量的计算资源。这在小型示例应用中是可以接受的。但如果要运行在生产环境中，则应考虑其他方案。

举例来说，该问题可以通过缓存来解决。由于客户信息的变更不会太频繁，因此相对容易处理。商品信息的变更虽然比较频繁，但不至于频繁到让缓存方案失效。只有数据量会影响该方案。采用微服务有一个好处：在微服务接口的层面能够方便地实现缓存。如果采用 HTTP 协议，那么缓存甚至可以在 HTTP 层面实现，就像网站所用的 HTTP 缓存一样，以一种透明的方式作用在 REST 服务之上，而不必做太多编程工作。

限界上下文

虽然缓存能在技术层面解决响应时间过长的问题，但应该明确一点：响应时间过长可能是基础架构有问题的迹象。3.3 节论证过一个微服务应该包含一个限界上下文。特定的领域模型只有在特定的限界上下文中才有意义。示例应用的微服务模块划分与该观点存在冲突：示例应用通过领域模型将整个系统模块化成“订单”微服务、“目录”微服务和“客户”微服务。原则上，这些实体的数据应该模块化到多个限界上下文中。

示例应用实现了由三个微服务构成的系统，尽管领域模型非常简单。这样，示例应用就有多个微服务用于演示微服务间的通信，而且非常容易理解。在真实的系统中，“订单”微服务也可以处理订单的相关商品信息，如商品价格。为了提高访问效率，微服务在必要时可以从其他微服务复制数据到其自己的数据库中。这是缓存之外的另一种提高响应速度的方案。将领域模型模块化到“订单”“客户”“目录”这些限界上下文的方案并不是唯一的。

目前这种设计可能有潜在问题：系统中新增一个订单之后，如果商品价格发生变化，那么订单的价格也将随之变化，而这是不应该发生的。如果商品被删除，那么订单的显示甚至会出错。原则上，商品和客户的相关信息应该成为订单的一部分。这样，包括客户和商品信息在内的历史订单数据都应该由“订单”服务负责处理。

请勿根据数据将微服务模块化

微服务的架构要依据领域模型来设计，理解其中的内在问题很重要。全局架构经常被误解。团队首先设计一个领域模型，例如包括客户、订单、商品等对象，然后基于这个模型定义微服务。这正是示例应用中微服务的模块化方式，会导致微服务间需要大量的通信。基于流程进行模块化可能会更好，例如下单、客户注册、商品搜索。每个流程都是一个限界上下文，大部分重要的领域对象都有各自的领域模型。对于商品搜索，商品分类的相关度更高。而下单流程则更加关心商品重量和大小等数据。

然而在真实系统中，根据数据进行模块化也有其优势。如果“订单”微服务太过庞大，以至于无法处理客户和商品数据，那么根据数据处理进行模块化是合理的。这样，其他微服务也可以使用数据。系统的架构设计通常没有唯一正确的方案。最佳方案是由系统以及系统应该具备的属性所决定的。

13.2 基本技术

示例应用中的微服务是用 Java 实现的，采用 Spring 框架实现了基本功能。Spring 框架不仅提供了依赖注入，而且还是一个能够实现 REST 服务的 Web 框架。

HSQLDB

本示例采用HSQLDB实现数据的处理和存储，HSQLDB是一个Java实现的内存数据库。该数据库仅将数据存储在RAM中，每次重启应用后所有数据都会丢失。因此，该数据库并不适用于生产环境，尽管它也能将数据写入硬盘。另一方面，采用该数据库能简化示例，因为该数据库运行在相应的Java应用内部，不需要另外安装数据库服务器。

Spring Data REST

通过Spring Data REST，微服务能够通过REST接口方便地对外提供领域对象或将其写入数据库。如果直接对外提供对象，那么内部数据表示形式将会泄漏到服务之间的接口中。这样，修改内部数据结构时也要同时调整客户端，导致数据结构的改动变得更困难。而Spring Data REST可以隐藏某些数据元素并能灵活配置，因此必要时能够解除内部模型与接口之间的耦合。

Spring Boot

Spring Boot让Spring更易用。Spring Boot starter预先定义好了特定类型的应用所需的所有包，因此极大地简化了Spring系统的搭建。Spring Boot能够生成WAR文件，该WAR文件能以Java应用的形式运行，或部署到Web服务器。另外，还可以构建成JAR文件，它能够脱离应用服务器和Web服务器，直接运行在Java运行时环境（JRE）之上。Spring Boot生成的JAR文件包含了应用运行所需的一切，包括处理HTTP请求所需的代码。这种方式远比部署到应用服务器简单（参见Eberhard Wolff的文章，*Java Application Servers Are Dead*[①]）。

代码清单13-1是一个简单的Spring Boot应用示例。主程序`main`方法将控制交给Spring Boot，并将这个类作为一个参数传进来。由于添加了`@SpringBootApplication`注解，Spring Boot将为程序生成合适的环境。例如，启动一个Web服务器，因为该应用是一个Web应用，所以会生成Spring Web应用所需的环境。由于添加了`@RestController`注解，Spring框架会实例化这个类，并调用该类的相应方法处理REST请求。`@RequestMapping`注解用于说明该方法负责处理哪些请求：URL“/”对应的请求都将调用`hello()`方法进行处理，该方法在HTTP响应的HTTP主体中返回字符串“hello”。`@RequestMapping`注解可以使用类似于“/customer/{id}”形式的URL模板。类似“/customer/42”这样的URL将被自动划分，42将绑定于用`@PathVariable`注解的一个参数。该项目只依赖于spring-boot-starter-web，该依赖项包含了项目所需的全部类库——Web服务器、Spring框架，以及其他依赖类。13.3节将对构建和依赖进行详细的探讨。

① 本文主要从部署、监控、运维等方面分析了将应用部署到应用服务器的弊端，认为以JAR方式运行Web应用是当前的趋势。——译者注

代码清单 13-1　一个简单的 Spring Boot 服务

```
@RestController
@SpringBootApplication
public class ControllerAndMain {

    @RequestMapping("/")
    public String hello() {
        return "hello";
    }

    public static void main(String[] args) {
        SpringApplication.run(ControllerAndMain.class, args);
    }

}
```

Spring Cloud

示例应用演示了如何利用 Spring Cloud 来简化 Netflix 技术栈的使用。图 13-2 是 Spring Cloud 的概览。

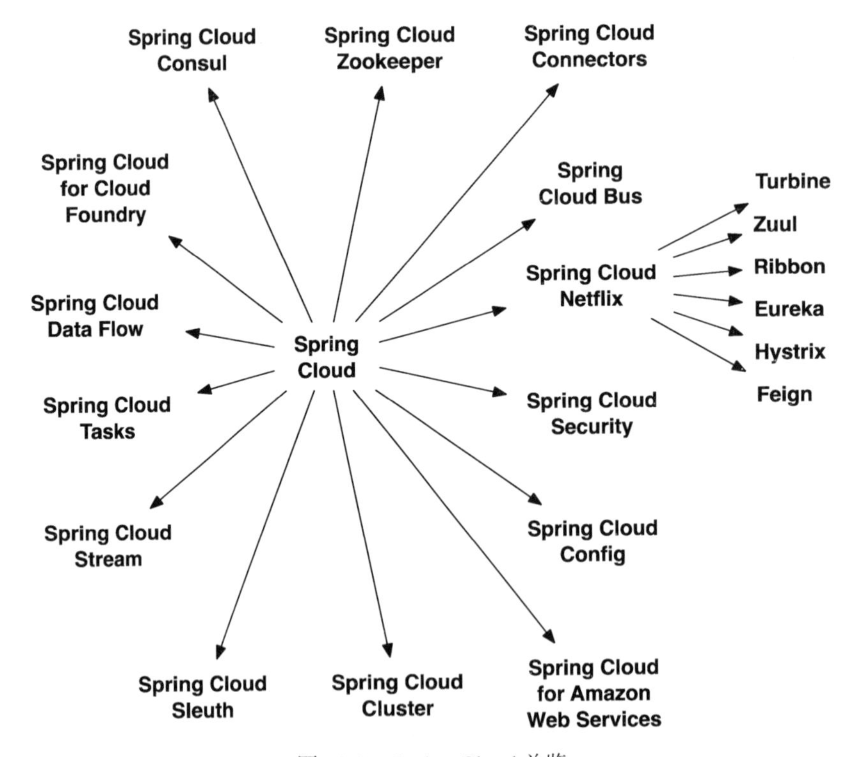

图 13-2　Spring Cloud 总览

Spring Cloud 提供了 Spring Cloud Connector 来访问 Heroku 和 Cloud Foundry 等 PaaS（平台即

服务）。Spring Cloud for Amazon Web Services 提供了访问 Amazon Cloud 的接口。Spring Cloud 的这部分功能正是对其项目名（Spring Cloud）负责，提供了与云平台对接的支持，但对于微服务的实现并无帮助。

Spring Cloud 的其他子项目则为微服务的实现提供了非常好的基础。

- Spring Cloud Security 为微服务所需的典型安全机制提供了支持，其中包括微服务环境的单点登录（single sign on）。单点登录能让用户使用各个微服务时不必每次都重新登录。另外，采用单点登录后，用户令牌（token）还能自动传送到其他 REST 服务，保证了这些服务调用能正常地进行用户鉴权。
- Spring Cloud Config 能够集中地、动态地调整微服务的配置信息。11.4 节介绍过这种能在部署过程中对微服务进行配置的技术。为了能够随时重现一台服务器的状态，对于每个新的微服务实例，都应该启动一个新服务器。由于配置可能会发生变化，因此不能动态地调整一个已有的服务器。如果动态地调整一个服务器，因为服务器是以不同方式进行配置的，那么新服务器配置的正确性将无法保证。考虑到这个问题，示例应用并未采用 Spring Cloud Config。
- Spring Cloud Bus 能为 Spring Cloud Config 发送动态的配置变更信息。另外，微服务也可以通过 Spring Cloud Bus 进行通信。示例程序没有使用 Spring Cloud Config，而且微服务之间通过 REST 进行通信，因此也就没有使用 Spring Cloud Bus。
- Spring Cloud Sleuth 支持基于 Zipkin 或 Htrace 等工具实现分布式追踪。Spring Cloud Sleuth 也支持基于 ELK 的集中式日志存储（见 11.2 节）。
- Spring Cloud Zookeeper 支持 Apache Zookeeper（见 7.10 节）。该技术能用于分布式服务的协调和配置。
- Spring Cloud Consul 方便了使用 Consul 作为服务发现（见 7.11 节）。
- Spring Cloud Cluster 利用 Zookeeper 和 Consul 等技术实现了 leader 选举和状态模式。Spring Cloud Cluster 同样支持 NoSQL 数据存储 Redis 和 Hazelcast 缓存。
- Spring Cloud for Cloud Foundry 提供了对 Cloud Foundry Paas 的支持。例如，提供了单点登录（SSO，single sign on），提供了 OAuth2 来保护资源，以及为 Cloud Foundry 服务代理创建受管理的服务。
- Spring Cloud Connectors 支持访问 Heroku 或 Cloud Foundry 等 PaaS 提供的服务。
- Spring Cloud Data Flow 有助于实现针对大数据分析的应用或微服务。
- Spring Cloud Tasks 为短期微服务（short lived microservices）提供支持。
- 最后，Spring Cloud Stream 支持通过 Redis、Rabbit 或 Kafka 来收发消息。

Spring Cloud Netflix

Netflix 技术栈是专门为微服务的实现而设计的，而 Spring Cloud Netflix 能帮助我们轻松地使用 Netflix 技术栈。以下是该技术栈的部分内容。

- ❑ Zuul 可以实现多个服务的请求路由。
- ❑ Ribbon 能用作负载均衡器。
- ❑ Hystrix 有助于实现微服务的容错性。
- ❑ Turbine 能够聚合来自多个 Hystrix 服务器的监控数据。
- ❑ Feign 能方便地实现 REST 客户端。Feign 并不局限于微服务。示例应用中未使用 Feign。
- ❑ Eureka 能用作服务发现。

以上就是对示例应用的实现影响最大的技术。

> **动手实践**
>
> 关于 Spring 的介绍，请参考 SpringGuide（https://spring.io/guides）。官方手册详细介绍了如何利用 Spring 实现 REST 服务，以及如何通过 JMS 实现消息方案。Spring Boot 的介绍可参考 https://spring.io/projects/spring-boot。这些手册能为你提供必要的知识，以理解本章中的附加示例。

13.3　构建

示例项目采用了 Maven 进行构建。该工具的安装可参考 https://maven.apache.org/download.cgi。在示例项目的 microservice/microservice-demo 目录下执行 `mvn package` 命令，即可通过互联网下载所有依赖的类库，并编译该应用。

Maven 项目的配置信息保存在名为 pom.xml 的文件中。示例项目的 microservice-demo 目录中有一个 Parent-POM，包含了所有模块的通用设置以及示例项目的模块列表。每个微服务以及某些基础设施服务器都是 Maven 模块，各个模块都有各自的 pom.xml，其中包含了模块名等信息。此外，pom.xml 中还包含依赖关系，例如所用的 Java 库。

代码清单 13-2 展示了 pom.xml 的一部分，其中列出了模块的依赖关系。pom.xml 中还可包含 `groudId` 为 `org.springframework.cloud` 的其他依赖，这取决于项目所用的 Spring Cloud 功能特征。

代码清单 13-2　pom.xml 中依赖关系的部分

```
...
<dependencies>
    <dependency>
        <groupId>org.springframework.cloud</groupId>

    <artifactId>spring-cloud-starter-eureka</artifactId>
    </dependency>
    <dependency>
        <groupId>org.springframework.boot</groupId>

    <artifactId>spring-boot-starter-data-jpa</artifactId>
```

```
    </dependency>
</dependencies>
```

构建流程将每个微服务构建成一个 JAR 文件，其中包含编译后的代码、配置文件，以及所有必需的库。构建出来的 JAR 文件能直接用 Java 启动。虽然微服务可以通过 HTTP 来访问，但由于 JAR 文件中已经内置了 Web 服务器，因此微服务并不一定要部署到 Web 服务器。

由于项目通过 Maven 构建，因此可以导入到所有常见的 Java IDE（integrated development environment，集成开发环境）中进一步开发。IDE 极大地简化了代码的改动。

动手实践

- 下载并编译示例项目。

  在 https://github.com/ewolff/microservice 下载示例代码。参考 https://maven.apache.org/download.cgi 安装 Maven。在子目录 microservices-demo 下执行命令 `mvn package` 完成整个项目的构建。

- 为项目创建一个持续集成服务器。

  https://github.com/ewolff/user-registration-V2 是一个持续交付的示例项目。子目录 ci-setup 下包含了持续集成服务器（Jenkins）、静态代码分析工具（Sonarqube），以及用于处理二进制构件的 Artifactory。将微服务项目集成到这些基础设施中，使得每次代码更新后都能自动触发一次新的构建。

13.4 节将详细介绍 Vagrant，该工具可用来运行持续集成服务器，能极大地方便测试环境的搭建。

13.4 使用 Docker 进行部署

示例微服务的部署非常简单。

- 在服务器上安装 Java。
- 将构建出来的 JAR 文件复制到服务器。
- 创建一个单独的配置文件 application.properties，Spring Boot 启动时会自动读取该配置文件，因此方便了配置的改动。另外，在 JAR 文件中已经内置了一个 application.properties 文件，其中包含默认的配置。
- 最后，通过该 JAR 文件启动一个 Java 进程。

每个微服务都在各自的 Docker 容器中启动。如 11.7 节所述，Docker 采用了 Linux 容器，因此微服务有一个完全独立的文件系统，且不会影响其他 Docker 容器中的进程。Docker 镜像是该文件系统的基础。所有 Docker 容器共享 Linux 内核，因此能节省资源。与操作系统进程相比，Docker 容器几乎不会带来额外的开销。

Dockerfile 文件定义了 Docker 容器的构成。代码清单 13-3 展示了示例微服务应用的 Dockerfile。

代码清单 13-3　示例微服务应用的 Dockerfile

```
FROM java
CMD /usr/bin/java -Xmx400m -Xms400m \
    -jar /microservice-demo/microservice-demo-catalog\
    /target/microservice-demo-catalog-0.0.1-SNAPSHOT.jar
EXPOSE 8080
```

- FROM 指定了 Docker 容器所用的基础镜像。示例项目中包含了 Java 镜像的 Dockerfile，用于生成仅安装了 JVM 的最小 Docker 镜像。
- CMD 指定了 Docker 容器启动后执行的命令。在本示例中，这是一个简单的命令行，利用构建出来的 JAR 文件启动一个 Java 应用。
- Docker 容器可通过网络端口与外界通信。EXPOSE 指定了暴露给容器外访问的端口。示例应用通过 8080 端口接收 HTTP 请求。

13.5　Vagrant

由于 Docker 是基于 Linux 容器的，因此只能运行在 Linux 上。其他操作系统通过 Linux 虚拟机也能够运行 Docker。由于虚拟机基本上是透明的，因此使用方法实际上与 Linux 系统上是相同的。除了虚拟机外，所有 Docker 容器都要构建和启动。

为了尽可能地简化 Docker 的安装和操作，示例应用采用了 Vagrant。图 13-3 展示了 Vagrant 的工作方式。

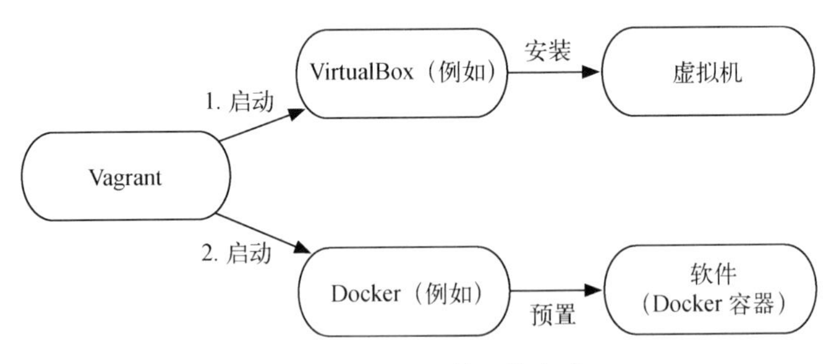

图 13-3　Vagrant 的工作方式

Vagrant 的配置需要一个 Vagrantfile 文件。代码清单 13-4 展示了示例应用的 Vagrantfile。

代码清单 13-4　示例应用的 Vagrantfile

```
Vagrant.configure("2") do |config|
  config.vm.box = "ubuntu/trusty64"
  config.vm.synced_folder ."./microservice-demo",
    "/microservice-demo", create: true
  config.vm.network "forwarded_port",
```

```
    guest: 8080, host: 18080
  config.vm.network "forwarded_port",
    guest: 8761, host: 18761
  config.vm.network "forwarded_port",
    guest: 8989, host: 18989

config.vm.provision "docker" do |d|
  d.build_image "--tag=java /vagrant/java"
  d.build_image "--tag=eureka /vagrant/eureka"
  d.build_image
    "--tag=customer-app /vagrant/customer-app"
  d.build_image "
    "--tag=catalog-app /vagrant/catalog-app"
  d.build_image "--tag=order-app /vagrant/order-app"
  d.build_image "--tag=turbine /vagrant/turbine"
  d.build_image "--tag=zuul /vagrant/zuul"
end
config.vm.provision "docker", run: "always" do |d|
  d.run "eureka",
    args: "-p 8761:8761"+
      "-v /microservice-demo:/microservice-demo"
  d.run "customer-app",
    args: "-v /microservice-demo:/microservice-demo"+
      "--link eureka:eureka"
  d.run "catalog-app",
    args: "-v /microservice-demo:/microservice-demo"+
      "--link eureka:eureka"
  d.run "order-app",
    args: "-v /microservice-demo:/microservice-demo"+
      "--link eureka:eureka"
  d.run "zuul",
    args: "-v /microservice-demo:/microservice-demo"+
      " -p 8080:8080 --link eureka:eureka"
  d.run "turbine",
    args: "-v /microservice-demo:/microservice-demo"+
      " --link eureka:eureka"
  end
end
```

- `config.vm.box` 指定了基础镜像，在本例中是 Ubuntu-14.04 Linux 发行版（代号 Trusty Tahr）。
- `config.vm.synced_folder` 将包含 Maven 构建结果的目录挂载到虚拟机上。这样，Docker 容器就能直接访问构建生成的文件。
- `config.vm.network` 将虚拟机的端口链接到运行虚拟机的宿主机的端口。这样就能访问 Vagrant 虚拟机中运行的应用，就好像应用直接运行在宿主机上一样。
- `config.vm.provision` 是用于虚拟机内的软件预置（provision）的配置。Docker 作为预置工具，将被自动安装到虚拟机内。
- `d.build_image` 使用 Dockerfile 生成 Docker 镜像。首先创建基础的 `java` 镜像，接着生成三个微服务对应的镜像（`customer-app`、`catalog-app`、`order-app`）。Netflix 服务器的镜像属于基础设施：Eureka 用于服务发现，Turbine 用于监控，Zuul 用于客户端请求的路由。

- Vagrant 通过 `d.run` 启动各个镜像。在虚拟机预置完成和系统重新启动后，容器均会启动 `run: "always"`。`-v` 选项将目录/microservice-demo 挂载到各个 Docker 容器，让各个 Docker 容器能够直接执行编译出来的 JAR 文件。`-p` 选项将 Docker 容器端口链接到虚拟机端口。通过端口链接，其他 Docker 容器就能根据主机名 `eureka` 访问 Docker 容器的 Eureka。

以 Vagrant 方式进行安装时，包含应用代码的 JAR 文件并未复制到 Docker 镜像中。目录/microservice-demo 并不属于 Docker 容器，而是位于运行 Docker 容器的主机上，也就是在 Vagrant 虚拟机中。另一种做法是将这些文件复制进 Docker 镜像中，并将得到的镜像推送到镜像仓库，此后就可从镜像仓库上拉取该镜像。这样，Docker 容器就包含了运行微服务所需的全部文件。部署到生产环境时，只需在生产环境的服务器上启动 Docker 镜像即可。13.6 节介绍的 Docker Machine 应用部署方案就采用了这种做法。

示例应用的网络

图 13-4 展示了示例应用的各个微服务如何通过网络进行通信。所有 Docker 容器均可以通过 172.17.0.0/16 这个范围的 IP 地址进行访问。Docker 自动生成了这样一个网络，并将所有 Docker 容器连接到该网络。Dockerfile 中通过 `EXPOSE` 指令定义的端口，均可以在网络中访问。Vagrant 虚拟机也连接到该网络。通过 Docker 链接（见代码清单 13-4），所有 Docker 容器都知道 Eureka 容器的存在，并可通过主机名 `eureka` 对其进行访问。其他微服务则必须通过 Eureka 服务发现才能找到，然后通过 IP 地址进行通信。

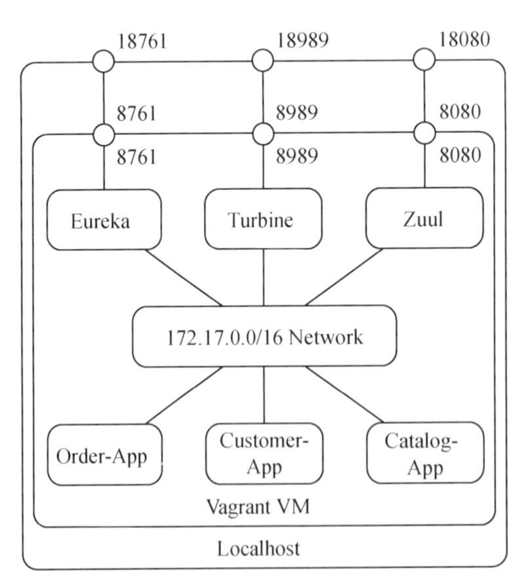

图 13-4　示例应用的网络和端口

另外，代码清单 13-4 中各个 Docker 容器通过 `d.run` 的`-p` 选项，将容器端口连接到了 Vagrant

虚拟机的端口。因此，通过 Vagrant 虚拟机的端口就可以访问这些容器。为了让宿主机能够访问容器，Vagrant 虚拟机与宿主机之间同样配置了端口映射。这是通过 Vagrantfile 中的 `config.vm.network` 条目来实现的。例如，通过 Vagrant 虚拟机的 8080 端口可以访问 Docker 容器“zuul”的 8080 端口。虚拟机的 8080 端口则可通过宿主机的 18080 端口进行访问。因此通过 http://localhost:18080/这个 URL 即可访问该 Docker 容器。

动手实践

❑ 运行示例应用

示例应用很容易就能运行起来，这是本章后续实验的基础。

提示：Vagrantfile 能规定虚拟机的 RAM 和 CPU 配额，可以通过 `v.memory` 和 `v.cpus` 来配置（清单中未列出）。如果所用的计算机有充足的 RAM 和 CPU，就可以通过增加资源配额来加速应用的启动。

Vagrant 的安装可以参考 https://www.vagrantup.com/docs/installation/index.html。Vagrant 需要一个虚拟化解决方案，如 VirtualBox。VirtualBox 的安装可参考 https://www.virtualbox.org/wiki/Downloads。以上两款工具都是免费的。

代码编译完成后，才能启动示例应用。编译代码的相关指引可以参考 13.3 节的实验描述。编译完成后，可以转到目录 docker-vagrant，通过 `vagrant up` 命令启动示例应用。

如果要与各个 Docker 容器进行交互，那就要通过 `vagrant ssh` 命令登入虚拟机。该命令必须在 docker-vagrant 子目录下执行。为此，计算机上要安装一个 SSH 客户端。Linux 和 Mac OS X 通常自带 SSH 客户端。在 Windows 上安装 Git 时会附带安装 SSH 客户端，具体说明见 http://git-scm.com/download/win。安装完 SSH 客户端，就可执行 `vagrant ssh` 了。

❑ 探索 Docker 容器

Docker 提供了一些有用的命令。

- `docker ps` 可查看运行中的 Docker 容器状况。
- `docker logs` 加“Docker 容器名”可查看日志。容器中的应用启动后，就可以查看各个 Docker 容器的日志文件。
- `docker logs -f` 加“Docker 容器名”将持续更新容器日志信息。
- `docker kill` 加“Docker 容器名”将终止一个 Docker 容器。
- `docker rm` 加“Docker 容器名”将删除容器的所有数据。执行该命令前，要停止相应的容器。

❑ 更新 Docker 容器

在 Vagrant 虚拟机内，通过 `docker kill` 命令可终止 Docker 容器的运行，通过 `docker rm` 命令可删除容器数据。在运行 Vagrant 的主机上执行 `vagrant provision` 命令，可以重启缺少的 Docker 容器。如果你要改动 Docker 容器，只需删除旧的容器，并重新编译代码，然后通过 `vagrant provision` 重新启动系统即可。Vagrant 还包括下列命令。

- `vagrant halt` 命令终止虚拟机的运行。
- `vagrant up` 重启虚拟机。
- `vagrant destroy` 销毁虚拟机及所有保存的数据。

❑ **数据存盘**

到目前为止，示例应用的 Docker 容器并未保存数据，因此每次重启后数据都会丢失。HSQLDB 数据库可将数据保存为一个文件。为此，要正确地设置 HSQLDB URL，可参考 http://hsqldb.org/doc/guide/dbproperties-chapt.html#dpc_connection_url。Spring Boot 可以从 application.properties 中读取 JDBC URL，具体请参考 https://docs.spring.io/spring-boot/docs/current/reference/html/boot-features-sql.html#boot-features-connect-to-production-database。配置好数据库后，容器重启就不会造成数据丢失。但如果要生成新的 Docker 容器呢？Docker 能将数据存储在容器之外，可参考 https://docs.docker.com/storage/volumes/。该方案为接下来的实验打下了良好的基础。除了 HSQLDB 外，还可以采用其他数据库，如 MySQL。为此，可增加一个安装了数据库的 Docker 容器。除了要调整 JDBC URL，项目中还要加入 JDBC 驱动。

❑ **如何构建 Java Docker 镜像**

Dockerfile 远比本节所介绍的复杂。https://docs.docker.com/engine/reference/builder/演示了 Dockerfile 中可用的命令。请尽量理解 Dockerfile 的结构。

13.6　Docker Machine

Vagrant 主要用于搭建开发环境。除了可以用 Docker 部署应用外，Vagrant 还能用简单的 shell 脚本部署应用。但这不适用于生产环境。Docker Machine 是专为 Docker 而设计的。Docker Machine 支持多种虚拟化方案，以及一些云服务供应商。

图 13-5 展示了如何通过 Docker Machine 搭建 Docker 环境。首先通过 VirtualBox 等虚拟化解决方案安装一个虚拟机。该虚拟机基于 boot2docker，一个专门用来运行 Docker 容器的轻量级 Linux 发行版。在 Docker Machine 之上安装一个当前版本的 Docker。通过 `docker-machine create --driver virtualbox dev` 这样的命令生成一个运行在 VirtualBox 虚拟机之上的新环境，名为 dev。

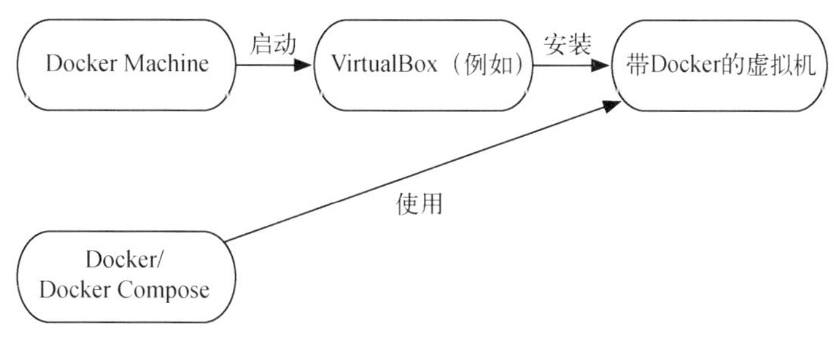

图 13-5 Docker Machine

Docker 工具能与该环境进行通信。Docker 命令行工具通过 REST 接口与 Docker 服务器进行通信，因此只需将命令行工具配置成能与服务器正常通信即可。在 Linux 或 Mac OS X 中，只需执行命令 `eval "$(docker-machine env dev)"`即可配置好 Docker。对于 Windows PowerShell，则要执行 `docker-machine.exe env --shell powershell dev` 命令。而对于 Windows CMD，则要执行 `docker-machine.exe env --shell cmd dev` 命令。

通过 Docker Machine 可以很方便地建立起一个或多个 Docker 环境。而且，所有的环境均可通过 Docker Machine 进行操控，并通过 Docker 命令行工具进行访问。由于 Docker Machine 同样支持 Amazon Cloud 和 VMware vSphere 等技术，因此可用于搭建生产环境。

动手实践

示例应用可运行在 Docker Machine 搭建的环境中。

Docker Machine 的安装可参考 https://docs.docker.com/machine/#installation。Docker Machine 需要一个虚拟化解决方案，如 VirtualBox。VirtualBox 的安装可参考 https://www.virtualbox.org/wiki/Downloads。通过命令 `docker-machine create --virtualbox-memory "4096" --driver virtualbox dev`，可在 VirtualBox 中创建一个名为 dev 的 Docker 环境。默认配置的存储空间是 1GB，这是不足以运行大量 Java 虚拟机的。

不带参数的 `docker-machine` 命令将显示帮助信息，`docker-machine create` 命令将显示创建新环境的选项。文档 https://docs.docker.com/machine/get-started-cloud/演示了如何在云端使用 Docker Machine，示例应用可以很方便地部署到云环境中。

实验结束后，可通过 `docker-machine rm` 命令删除环境。

13.7 Docker Compose

一个微服务系统通常包含多个 Docker 容器。这些容器需要一起生成，并同时部署到生产环境。

这可以通过 Docker Compose 实现。该技术能够定义 Docker 容器，而每个容器可容纳一个服务。Docker Compose 采用 YAML 作为配置文件格式。

代码清单 13-5 是示例应用的 Docker Compose 配置，该配置包含多个服务。其中，`build` 指明包含 Dockerfile 的目录，Dockerfile 用于构建服务的镜像。`links` 指定了当前容器可以访问的其他容器。在清单中，所有容器都可以通过容器名 `eureka` 访问 Eureka 容器。与 Vagrant 配置相比，Docker Compose 并未配置 Java 基础镜像。因为 Docker Compose 只支持实际提供服务的容器，所以基础镜像必须通过互联网下载。另外，使用 Docker Compose 编排容器时，JAR 文件要复制到 Docker 镜像中，这样镜像中就包含了启动微服务所需的一切。

代码清单 13-5　示例应用的 Docker Compose 配置

```
version: '2'
services:
  eureka:

build: ../microservice-demo/microservice-demo-eureka-server
    ports:
      - "8761:8761"
  customer:
    build: ../microservice-demo/microservice-demo-customer
    links:
     - eureka
  catalog:
    build: ../microservice-demo/microservice-demo-catalog
    links:
     - eureka
  order:
    build: ../microservice-demo/microservice-demo-order
    links:
     - eureka
  zuul:

build: ../microservice-demo/microservice-demo-zuul-server
    links:
     - eureka
    ports:
      - "8080:8080"
  turbine:

build: ../microservice-demo/microservice-demo-turbineserver
    links:
     - eureka
    ports:
      - "8989:8989"
```

系统最终与使用 Vagrant 时非常相似（见图 13-6）。Docker 容器通过私有网络相互链接。从系统外部只能访问负责处理请求的 Zuul 和 Eureka 仪表盘，因为它们直接运行在能够从外部访问的主机上。

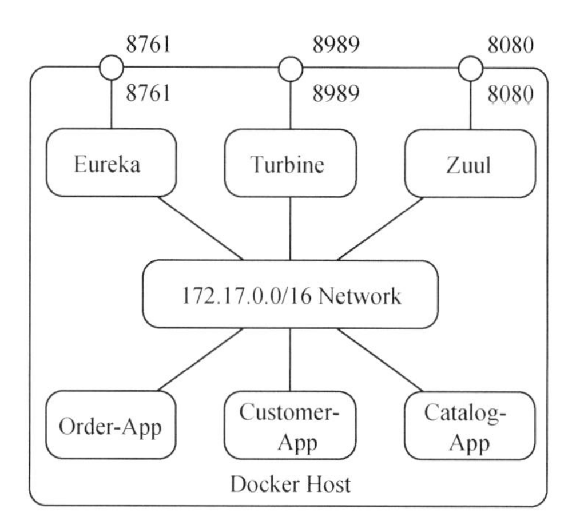

图 13-6 示例应用的网络和端口

`docker-compose build` 命令执行后，将根据 Docker Compose 配置开始创建系统，并生成相应的镜像。然后，通过 `docker-compose up` 命令就可以启动系统。Docker Compose 与 Docker 命令行工具使用同一份配置，所以也可以和 Docker Machine 配合使用。因此，系统的搭建方式是透明的，无论是在本地虚拟机还是在云端。

动手实践

- **用 Docker Compose 运行示例应用**

  示例应用有配套的 Docker Compose 配置。通过 Docker Machine 完成环境的搭建之后，可以用 Docker Compose 创建 Docker 容器。docker 目录下的 README.md 介绍了操作步骤。

- **应用扩容**

  docker-compose scale 命令能对环境进行扩容/缩容。通过 docker-compose 相关命令可重启服务、分析日志、停止服务[①]。启动应用后，即可尝试这些功能。

- **Docker 的集群环境**

  Mesos、Mesosphere、Kubernetes 以及 CoreOS 能提供类似 Docker Compose 和 Docker Machine 的功能。但这些工具主要用于多台服务器和服务器集群。熟悉 Docker Compose 和 Docker Machine 配置，将为你掌握这些工具打下良好的基础。

13

① 重启服务、查看日志、停止服务，可分别通过 `docker-compose restart`、`docker-compose logs`、`docker-compose stop` 命令来实现。——译者注

13.8 服务发现

7.11 节已经介绍了服务发现的基本原理。本章的示例应用采用 Eureka 实现服务发现。

Eureka 是一个基于 REST 的服务器。服务可将其自身注册到 Eureka，其他服务就能通过 Eureka 获取其网络地址。实际上，每个服务都能注册一个 URL 到自己名下。其他服务就可通过服务名获取对应的 URL，并通过 URL 向该服务发送 REST 消息。

Eureka 允许将数据复制到多台服务器，或缓存到客户端。因此，系统能应对单个 Eureka 服务器的失效，请求也能迅速获得应答。但数据改动后要复制到所有服务器，而各个 Eureka 服务器的数据同步要花费一些时间，在此期间数据是不一致的，各个服务器的数据将是不同版本。

另外，由于 Netflix 在其环境中采用了 Amazon Web Services（AWS），因此 Eureka 支持 AWS。例如，Eureka 可以轻松地整合 Amazon 的扩容机制。

Eureka 能监控注册的服务。如果无法访问某个服务器，Eureka 会将其从服务器列表中移除。

Eureka 是 Netflix 技术栈的许多其他服务以及 Spring Cloud 的基础。通过统一的服务发现能方便地实现其他功能，例如路由。

Eureka 客户端

为了注册到 Eureka 服务器并发现其他微服务，Spring Boot 应用要加入 `@EnableDiscoveryClient` 或 `@EnableEurekaClient` 注解。另外，pom.xml 中要加入 `spring-cloud-starter-eureka` 依赖。这样，应用启动后就会自动注册到 Eureka 服务器，并能访问其他微服务。示例应用通过一个负载均衡器访问其他微服务。13.11 节将详细介绍负载均衡。

配置

应用需要进行必要的配置，例如配置应用所用的 Eureka 服务器。通过 application.properties 文件（见代码清单 13-6），应用可配置要访问的 Eureka 服务器。Spring Boot 将自动读取该配置文件并对应用进行配置。该机制也可以用来配置我们自己的代码。示例应用关于 Eureka 客户端的配置如下。

- 第一行指定了 Eureka 服务器的 URL。示例应用的容器之间建立了 Docker 链接，因此可通过主机名 `eureka` 访问 Eureka 服务器。
- `leaseRenewalIntervalInSeconds` 指定了客户端与服务器之间进行数据同步的时间间隔。由于各个客户端要将数据缓存在本地，因此新服务注册时首先要在本地创建缓存，然后将数据提交到 Eureka 服务器，接着 Eureka 再将数据将复制到各个客户端。在示例中，为了快速追踪系统变化，将时间间隔设置为 5 秒，而不是默认的 30 秒。由于生产环境存在大量的客户端，应该增大数据同步的时间间隔。否则，即使数据未发生变化，数据更新也将消耗大量资源。

- spring.application.name 代表注册到 Eureka 的服务名。在注册过程中，服务名会被转换成大写字母，因此 Eureka 记录的服务名是“CATALOG”。
- 为了实现故障转移和负载均衡，每个服务可以有多个实例。每个服务实例的 instanceId 必须是唯一的，因此 instanceId 中包含了随机数字以保证其唯一性。
- preferIpAddress 保证微服务用其 IP 地址进行注册，而不是主机名。这是因为在 Docker 环境中，解释其他主机的主机名并不容易。这个问题可以通过使用 IP 地址来解决。

代码清单 13-6　application.properties 中 Eureka 配置部分

```
eureka.client.serviceUrl.defaultZone=http://eureka:8761/eureka/
eureka.instance.leaseRenewalIntervalInSeconds=5
spring.application.name=catalog
eureka.instance.metadataMap.instanceId=catalog:${random.value}
eureka.instance.preferIpAddress=true
```

Eureka 服务器

Eureka 服务器（见代码清单 13-7）是一个简单的 Spring Boot 应用，通过添加@EnableEurekaServer 注解，它就成为了 Eureka 服务器。该服务器依赖于 spring-cloud-starter-eureka-server。

代码清单 13-7　Eureka 服务器

```
@EnableEurekaServer
@EnableAutoConfiguration
public class EurekaApplication {
    public static void main(String[] args) {
        SpringApplication.run(EurekaApplication.class, args);
    }
}
```

Eureka 服务器提供了一个仪表盘界面，可查看已注册的服务。在示例应用中，可通过 http://localhost:18761/访问该界面（Vagrant），或通过 Docker 主机的 8761 端口进行访问（Docker Compose）。图 13-7 是应用的 Eureka 仪表盘的截图。仪表盘中展示了三个服务，以及 Zuul 代理。Zuul 将在 13.9 节详细介绍。

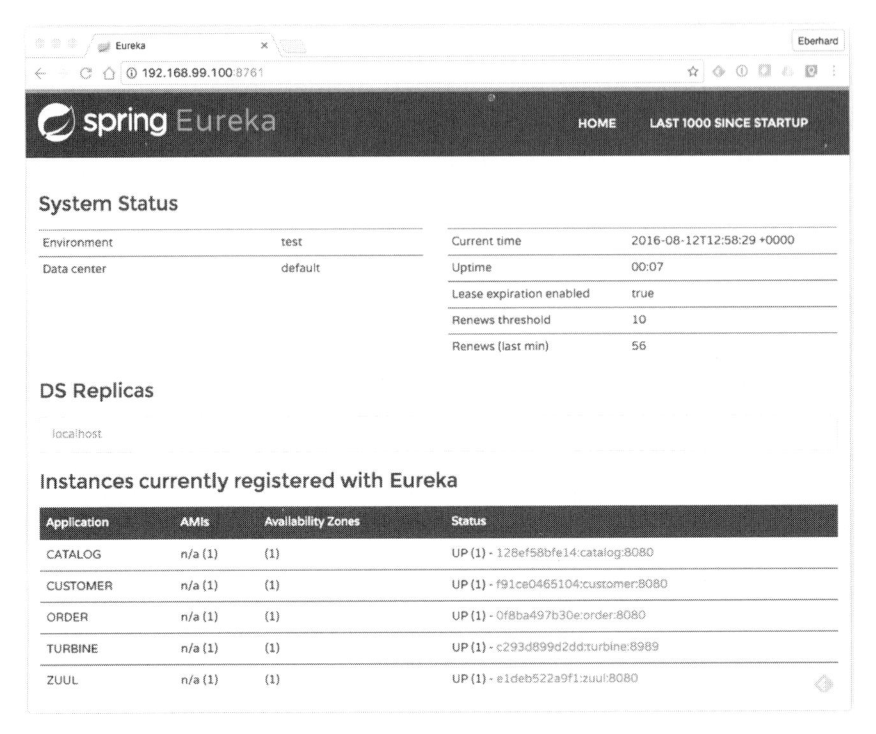

图 13-7　Eureka 仪表盘

13.9　通信

第 8 章已经介绍了微服务之间的集成与通信方式。示例应用采用 REST 实现内部通信。虽然在系统外部也可以访问 REST 端点（end point），但系统的 Web 界面更加重要。REST 的实现使用了 HATEOAS。例如，列表包含了所有订单的链接。这是通过 Spring Data REST 自动实现的。但其中并没有客户和订单商品的链接。

HATEOAS 的使用可以更进一步：JSON 中可包含每个订单的 HTML 文档的链接，反之亦然。这样，基于 JSON-REST 的服务就能生成 HTML 页面的链接，以便数据的显示或修改。例如，通过这样的 HTML 代码可在订单中显示一件商品。商品的 HTML 代码是由“目录”团队提供的，因此即便商品信息在另一个模块中显示，“目录”团队仍然能够修改商品的展示样式。

由于 HTML 与 JSON 仅仅是 URL 所定位资源的两种不同表现形式，因此实质上还是使用了 REST。通过内容协商，能够选择以 JSON 或 HTML 的形式来表示资源（见 8.2 节）。

Zuul：路由

Zuul 代理是一个单独的 Java 进程，能将请求转发给相应的微服务。整个系统对外使用统一的 URL。但在系统内部，请求由不同的微服务进行处理。因此，在系统外部 URL 不变的前提下，就能修改系统内部的微服务结构。另外，Zuul 也能提供 Web 资源。在图 13-8 的例子中，用户看到的第一个 HTML 页面就是由 Zuul 提供的。

Zuul 需要知道将请求转发给哪个微服务。默认配置下，Eureka 会将 URL 以/customer 开头的请求转发给名为 CUSTOMER 的微服务。这会导致微服务名暴露到系统之外。当然，路由配置是可以修改的。另外，Zuul 过滤器可对请求进行修改，以便于系统某些通用方面的实现。例如，与 Spring Cloud Security 配合，将安全令牌传递给各个微服务。利用 Zuul 过滤器还可以将某些请求转发给特定的服务器进行处理。例如，将请求转发给能够进行错误分析的服务器。此外，某个微服务的部分功能可以由其他微服务代替。

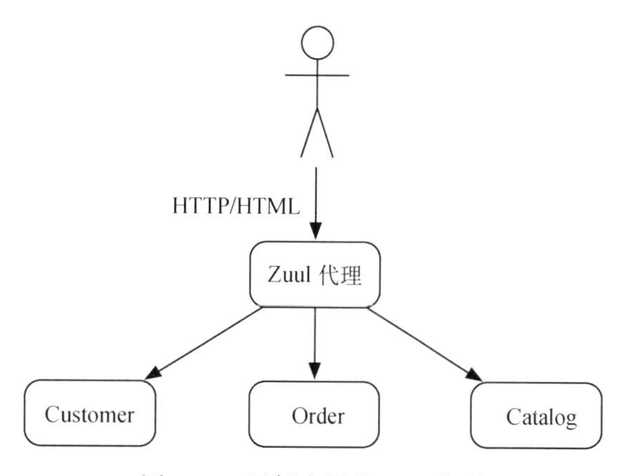

图 13-8 示例应用的 Zuul 代理

利用 Spring Cloud 实现一个 Zuul 代理服务器是非常简单的，与代码清单 13-7 所示的 Eureka 服务器的实现类似。区别在于，所用的注解不是`@EnableEurekaServer`，而是`@EnableZuulProxy`，该注解将激活 Zuul 代理。此外，应用的 Maven 构建配置（pom.xml）要引入 `spring-cloud-starter-zuul` 依赖，该依赖会将 Zuul 相关的依赖集成到应用中。

除了 Zuul 代理，另一种方案是 Zuul 服务器。Zuul 服务器没有提供内置的路由配置，但仍然可使用 Zuul 过滤器。通过`@EnableZuulServer` 注解，可激活 Zuul 服务器。

动手实践

- **添加客户和商品的链接**

为了更好地实现 HATEOAS，请对示例应用进行扩展，使得返回的订单中包含客户和商品的链接。请补充客户、商品、订单的 JSON 文档，并加入链接。

- **通过“目录”服务显示订单中的商品**

  修改订单展示形式，使用“目录”服务提供的 HTML 展示商品。为此，你要在订单组件中添加 JavaScript 代码，以便从“目录”服务获取 HTML。

- **实现 Zuul 过滤器**

  实现你自己的 Zuul 过滤器（参考 https://github.com/Netflix/zuul/wiki/Writing-Filters）。你的过滤器可以仅转发请求，也可以将请求路由到一个外部 URL。例如，/google 可以重定向到 http://google.com/。可参考 Spring Cloud 文档。

- **认证和授权**

  通过 Spring Cloud Security 加入认证和授权功能。参考 https://spring.io/projects/spring-cloud-security。

13.10 容错性

容错性（resilience）指的是微服务能够应对其他微服务的失效。即便被调用的微服务处于不可用状态，微服务仍然能工作。9.5 节介绍过这个话题。

示例应用通过 Hystrix 实现了容错性设计。当系统失效时，Hystrix 能保护方法调用，避免出现问题。如果某个方法调用受到 Hystrix 的保护，那么该方法调用将在另一个线程中执行。该线程是从某个特殊的线程池中获取的，因此能够较为方便地处理调用超时的情况。

断路器

另外，Hystrix 实现了**断路器**（Circuit Breaker）。如果某个方法调用出错达到一定次数，则断路器将开启。断路器开启后，后续的调用将不再转发给原系统，并立即抛出一个错误。经过一个休眠窗口期（sleep window）后，断路器将关闭，调用将再次转发给真实系统。断路器具体的行为是可以配置的[①]，包括启动断路器的错误百分比阈值，以及启用断路器、不再调用真实系统的休眠窗口期时长。

Hystrix 注解

Spring Cloud 采用了 hystrix-javanica 项目中的 Java 注解来实现 Hystrix 配置。该项目是 hystrix-contrib 项目的一部分。Hystrix 根据注解的设置，为被注解的方法提供保护。如果不使用注解，就需要编写 Hystrix 命令，这远比添加注解的方法麻烦得多。

① 参见 https://github.com/Netflix/Hystrix/wiki/Configuration。

为了在 Spring Cloud 应用中使用 Hystrix，应用要加上`@EnableCircuitBreaker` 和`@EnableHystrix` 注解。项目还要增加 `spring-cloud-starter-hystrix` 依赖。

代码清单 13-8 是示例应用“订单”微服务的 `CatalogClient` 类的一部分。`findAll()`方法的`@HystrixCommand` 注解激活了断路器，该方法将在另一个线程中执行。注解还能对断路器进行配置——代码清单中将启动断路器所需的错误次数设置成 2。另外，`@HystrixCommand` 注解指定了一个 `fallbackMethod`：当调用原方法出错时，Hystrix 将调用该方法。`findAll()` 方法将最终结果保存在缓存中，而 `fallbackMethod` 方法并不调用实际系统，而是直接返回缓存中的值。通过这种方式，微服务调用失败时仍然能够返回响应，尽管返回的数据可能不是最新的。

代码清单 13-8 受 Hystrix 保护的方法示例

```
@HystrixCommand(
    fallbackMethod = "getItemsCache",
    commandProperties = {@HystrixProperty(name = "circuitBreaker.
        requestVolumeThreshold", value = "2")})
public Collection findAll() {
    this.itemsCache = ...
    ...
    return pagedResources.getContent();
}
private Collection getItemsCache() {
    return itemsCache;
}
```

通过 Hystrix 仪表盘实现监控

断路器当前是否启动，反映了系统的运行状态如何。Hystrix 系统以 JSON 文档流的形式通过 HTTP 提供这些数据，以供监控使用。Hystrix 仪表盘能将监控数据可视化展示在 Web 界面上。该仪表盘显示了请求次数，以及所有断路器的状态（开启/关闭，见图 13-9）。另外，仪表盘还显示了线程池的状态。

为了显示 Hystrix 仪表盘，Spring Boot 应用要使用`@EnableHystrixDashboard` 注解，并依赖于 `spring-cloud-starter-hystrix-dashboard`。这样，Spring Boot 应用将额外增加 Hystrix 仪表盘功能。当然 Hystrix 仪表盘也可以实现为一个独立应用。

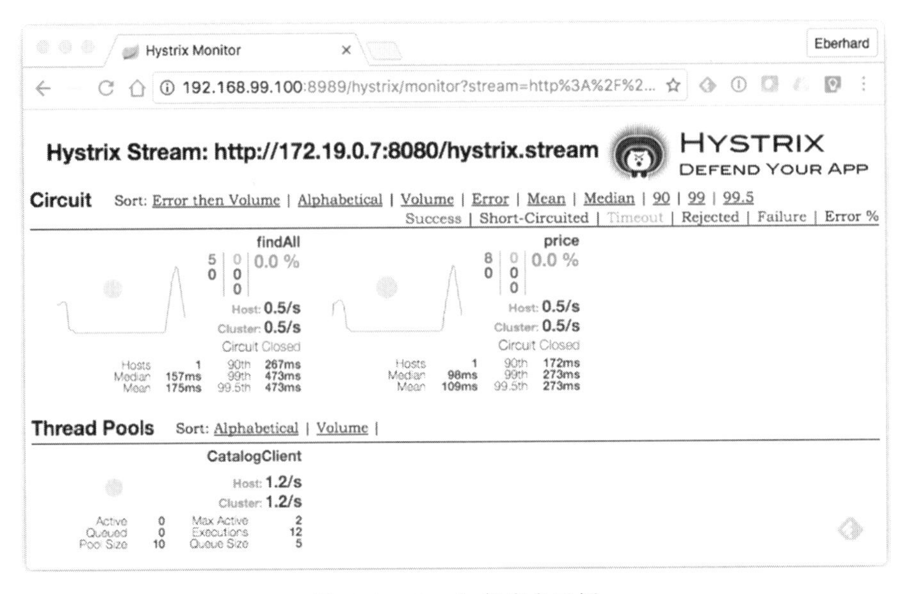

图 13-9　Hystrix 仪表盘示例

Turbine

在复杂的微服务环境中，仅仅将各个微服务的 Hystrix 断路器状态进行可视化显示是不够的，还应该将所有断路器状态在一个仪表盘上集中显示。为了将各个 Hystrix 系统的信息集中显示在一个仪表盘上，可以采用 Turbine 项目。图 13-10 展示了 Turbine 的方案：各个应用通过类似 http://<host:port>/hystrix.stream 的 URL 对外提供 Hystrix 监控数据流，Turbine 服务器请求并聚合多个 Hystrix 数据流，然后通过 http://<host:port>/turbine.stream 这个 URL 统一对外提供。仪表盘前端从这个 URL 获取数据，以显示各个微服务实例的断路器信息。

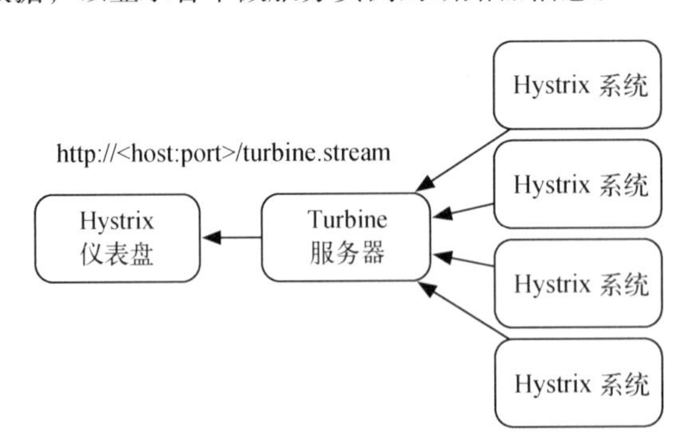

图 13-10　Turbine 聚合 Hystrix 监控数据

Turbine以独立进程的形式运行。借助Spring Boot实现的Turbine服务器就是一个简单的应用，该应用使用了@EnableTurbine和@EnableEurekaClient注解。为了显示Hystrix仪表盘，示例应用还使用了@EnableHystrixDashboard注解。Turbine服务器依赖于spring-cloud-starter-turbine。

Turbine服务器聚合哪些数据，是由应用的配置所决定的。代码清单13-9是示例项目的Turbine服务器配置。对于Spring Boot应用，application.yml配置文件的作用相当于application.properties配置文件，不过采用的是YAML格式。配置文件将turbine.aggregator.clusterConfig的值设为ORDER，这是Eureka服务器中注册的微服务应用名。turbine.appConfig是Turbine服务器中数据流的名字。在Hystrix仪表盘中，为可视化Turbine而提供的数据流要配置一个类似http://172.17.0.10:8989/turbine.stream?cluster=ORDER的URL，该URL中包括Turbine服务器的IP地址，可在Eureka仪表盘中找到。该仪表盘通过Docker容器间的网络来访问Turbine服务器。

代码清单13-9 application.yml配置

```
turbine:
  aggregator:
    clusterConfig: ORDER
  appConfig: order
```

动手实践

- **终止微服务**

  使用示例应用生成一些订单。通过docker ps命令查看“目录”微服务对应的Docker容器名，然后通过docker kill命令停止该容器。“目录”服务是受Hystrix保护的，容器被停止后会发生什么？如果“客户”微服务对应的Docker容器也被停止，会发生什么？“客户”微服务未受Hystrix的保护。

- **为“客户”微服务增加Hystrix保护**

  利用Hystrix保护“客户”微服务的使用。为此，可以参考CatalogClient类，修改“Order”项目的CustomerClient类。

- **修改Hystrix配置**

  修改“目录”微服务的Hystrix配置。Hystrix有许多配置选项[1]。代码清单13-8（“订单”项目的CatalogClient）展示了Hystrix注解的用法。例如，可以修改断路器开启和关闭的时间间隔。

[1] 参见https://github.com/Netflix/Hystrix/wiki/Configuration。

13.11　负载均衡

示例应用通过 Ribbon 实现负载均衡。许多负载均衡器都是基于代理的。在基于代理的负载均衡模型中，客户端将所有调用发给负载均衡器。负载均衡器作为一个特殊的服务器，负责将请求转发给某个 Web 服务器，依据通常是各个 Web 服务器当前的负载。

Ribbon 实现了一种不同的负载均衡模型，称为客户端负载均衡（client-side load balancing）：客户端知道与合适的服务器进行通信所需的信息，于是它能直接调用服务器，并自行将负载分配到各个服务器。这种架构不存在负责分发请求的中心服务器，因此也就不存在瓶颈。结合 Eureka 的数据复制，Ribbon 具有极佳的容错性：只要客户端仍在运行，就能发送请求。而代理型的负载均衡器一旦失效，所有服务器调用都将中止。

在这个系统中，非常容易实现动态的缩放：新的微服务实例启动后，将自身注册到 Eureka，然后 Ribbon 客户端即可将负载定向到该实例。

在 Eureka 相关章节（13.8 节）中已经探讨过，多个服务器之间的数据可能存在不一致。由于数据并未同步，负载均衡器应该忽略这些服务器。

通过 Spring Cloud 使用 Ribbon

Spring Cloud 简化了 Ribbon 的用法。应用要加入`@RibbonClient` 注解，同时要指定应用名。另外，应用依赖于 `spring-cloud-starter-ribbon`。这样，代码清单 13-10 的代码就能通过微服务在 Eureka 中注册的名字来访问微服务的实例。

代码清单 13-10　通过 Ribbon 负载均衡来选择服务器

```
ServiceInstance instance = loadBalancer.choose("CATALOG");
String url = "http://" + instance.getHost() + ":" +
    instance.getPort() + "/catalog/";
```

在使用过程中，Ribbon 基本上是透明的。代码清单 13-11 展示了通过 `RestTemplate` 来使用 Ribbon 的方法。`RestTemplate` 是一个 Spring 类，可用来调用 REST 服务。在该代码清单中，`@Autowired` 注解将 Spring 的 `RestTemplate` 注入一个对象中。`callMicroservice()` 方法似乎在与一个名为“stores”的服务器进行通信。实际上，Ribbon 会根据该名字在 Eureka 服务器中查找相应的服务器，然后将 REST 调用发送给目标服务器。这一过程是 Ribbon 完成的，因此负载将分散到所有可用的服务器。

代码清单 13-11　通过 `RestTemplate` 使用 Ribbon

```
@RibbonClient(name = "ribbonApp")
... // 此处忽略其他 Spring Cloud、Spring Boot 注解
public class RibbonApp {
  @Autowired
```

```
    private RestTemplate restTemplate;

    public void callMicroservice(){
        Store store = restTemplate.getForObject("http://stores/store/1", Store.class);
    }
}
```

动手实践

- **将负载分配到一个额外的服务实例**

如果“客户”和“目录”微服务有多个实例，则“订单”微服务的负载将分散到这些实例中。默认配置下，只启动一个实例。“订单”微服务在日志中记录其调用的具体是哪个“目录”或“客户”微服务。初始化一个订单，并查看一下调用的是哪些服务。

然后再启动另一个“目录”微服务，可以在 Vagrant 中通过命令 `docker run -v /microservice-demo:/microservicedemo --link eureka:eureka catalog-app` 来实现。如果使用 Docker Compose，只需执行 `docker-compose scale catalog=2` 命令即可。确认容器是否运行中，并查看日志输出。

参考：13.4 节的“动手实践”介绍了主要的 Docker 命令；13.7 节介绍了 Docker Compose 的用法。

- **创建数据**

创建一个新的数据集，其中包含一个新商品。查询商品信息时，是否总能显示该商品？提示：数据库运行在微服务进程内，也就是说，各个微服务对应不同的数据库。

13.12 集成其他技术

Spring Cloud 以及整个 Netflix 技术栈都是基于 Java 的，因此其他编程语言和平台似乎很难使用这些基础设施。但是还有一种解决方案：给应用增加一个 sidecar。sidecar 是用 Java 编写的，并通过 Java 类库集成 Netflix 基础设施。sidecar 还能将应用注册到 Eureka 并发现其他微服务。为此，Netflix 提供了 Prana 项目。Spring Cloud 同样支持 sidecar 方案，文档中有详细介绍[1]。sidecar 以独立进程的形式运行，作为微服务以及微服务基础设施之间的接口。通过这种方式，其他编程语言和平台也可以轻松地集成 Netflix 或 Spring Cloud 环境。

① 参见 https://projects.spring.io/spring-cloud/spring-cloud.html#_polyglot_support_with_sidecar。

13.13 测试

示例应用为微服务开发者提供了测试示例。与生产环境系统相比，测试环境并不需要引入额外的基础设施或额外的微服务。因此，开发者无须复杂的基础设施即可运行各个微服务。

“订单”项目的 `OrderTestApp` 类包含了一个这样的测试应用。在应用的 src/test/resources 目录下的 application-test.properties 配置文件中有详细设置信息。根据设置信息，该应用不会注册到 Eureka 服务发现。另外，配置文件中还包含所依赖微服务的 URL。测试应用将自动读取这些配置，就像使用一个名为“test”的 Spring profile 一样。所有的 JUnit 测试都使用这些设置，因此没有依赖的服务也可运行。

stub

测试应用所依赖的微服务以及 JUnit 测试的 URL 都指向 stub。stub 是简化的微服务，仅提供部分功能。stub 与真实的微服务以及 JUnit 测试运行在同一个 Java 进程内。因此，开发微服务时只需启动单个 Java 进程，与常规的 Java 开发类似。stub 有多种实现方式，例如可以通过另一种编程语言来实现，或使用另一种 Web 服务器来实现，只需返回静态文档作为测试数据即可（见 10.6 节）。这种方式可能会更适合实际应用。

stub 让开发更便捷。如果在开发过程中，每个开发者都要用到包括所有微服务在内的完整环境，那将需要大量的硬件资源，还得花费大量精力对环境进行更新。利用 stub 进行开发时，由于无须依赖其他微服务，从而绕开了这个问题。采用 stub 开发微服务并不比开发常规的 Java 应用困难。

在真实项目中，stub 与真实的微服务可以一起实现。“客户”团队除了实现真实的“客户”微服务外，还可以实现“客户”微服务的 stub，供其他微服务开发时调用。stub 与微服务由同一个团队开发，因此保证了两者的相似性，而且当服务发生改动时，stub 也能同步更新。测试 stub 可以放在一个单独的 Maven 项目中，供其他团队使用。

消费者驱动的契约测试

stub 的行为要与其模拟的微服务相似。另外，一个微服务要定义另一个微服务接口的预期。这是通过消费者驱动的契约测试（见 10.7 节）实现的。这类测试是使用该微服务的团队编写的。在示例项目的“订单”微服务中，消费者驱动的契约测试是 `CatalogConsumerDrivenContractTest` 和 `CustomerConsumerDrivenContractTest` 这两个类实现的。这两个类分别验证“客户”微服务和“目录”微服务 stub 的正确性。

比 stub 功能的正确性更重要的是微服务功能的正确性。因此，“客户”和“目录”项目也包含了消费者驱动的契约测试，用于测试微服务的实现。这能保证 stub 以及真实的微服务与设计说明的一致性。如果要改动接口，测试可以保证改动不会影响微服务的调用。这取决于被调用的微服务（例如“客户”微服务和“目录”微服务）是否遵循这些测试。“订单”微服务对“客户”微服务和“目录”微服务的需求，因此就实现了正式的定义和测试。消费者驱动的契约测试最终会作为接口的正式定义。

在示例项目中，消费者驱动的契约测试是“客户”项目和“目录”项目的一部分，用于验证接口实现的正确性。另外，消费者驱动的契约测试也是“订单”项目的一部分，用于验证 stub 的正确性。在实际项目中，应该禁止复制测试。消费者驱动的契约测试与被测试的微服务可以放在同一个项目中，以便所有需要访问该微服务项目的团队都能够对测试进行修改。消费者驱动的契约测试也可以放在使用该微服务的其他团队的项目中。这种情况下，测试微服务时就要从其他项目获取并执行测试。

在实际项目中，并不需要采用消费者驱动的契约测试对 stub 提供保护，因为采用 stub 的初衷就是考虑到 stub 比真实的微服务更容易实现。因此 stub 的功能有可能存在不一致，并与消费者驱动的契约测试相冲突。

动手实践

- 向“目录”或“客户”数据中加入一个字段。系统还能正常工作吗？为什么？
- 从“目录”或“客户”服务的实现中删除一个字段。出现了什么问题？为什么？
- 将自行实现的 stub 改为用 10.6 节的工具来实现。
- 将消费者驱动的契约测试改为用 10.7 节的工具来实现。

13.14 基于 JVM 的微服务在 Amazon Cloud 中运行的实践

作者：Sascha Möllering，AWS

过去的几个月，zanox 公司在 Amazon Web Service（AWS）上实现了一个轻量级微服务架构的应用，该应用运行在多个 AWS 区域。Amazon Cloud 根据区域划分为多个部分，如 US-East 和 EU-West，每个区域有各自的数据中心。这些数据中心相互之间完全独立，且不会发生直接的数据交换。对于这类应用，延时非常关键，因此使用了多个 AWS 区域，并根据延时进行路由。另外，我们的基本目标是将架构设计成事件驱动式，且各个服务相互之间不应直接通信，而是通过消息队列和总线系统隔离开来。zanox 数据中心使用了一个 Apache Kafka 集群搭建了消息总线，作为多个区域同步的中心点。每个服务都是一个无状态的应用，应用的状态存储在外部系统中，例如总线系统、Amazon ElasticCache（基于 NoSQL 数据库 Redis）、数据流处理技术 Amazon Kinesis，以及 NoSQL 数据库 Amazon DynamoDB。JVM 是各个服务实现的基础。我们的框架选用 Vert.x 和嵌入式 Web 服务器 Jetty。我们将所有应用做成自包含的服务，构建流程最终会生成一个 Fat JAR[1]，可以通过 `java -jar` 命令轻松地启动。

因此，我们不必安装其他组件或应用服务器。Vert.x 作为架构中 HTTP 部分的基础框架。为了达到最佳性能，应用内部几乎完全采用异步处理方式。其他组件则采用 Jetty 作为框架，它能作为 Kafka/Kinesis 的消费者，还能够更新 HTTP 层的 Redis 缓存。由于所有应用最终都以 Docker 容器的形式交付，所以各个应用所用的技术虽然并不相同，但都能采用统一的部署机制。为了让服务独立地交付到各个区域，每个区域各部署了一个 Docker Registry 镜像仓库，能将 Docker 镜像存储在一个 S3 存储桶内。通过 S3 服务，能在 Amazon 服务器上存储大文件。

如果你希望使用云服务，那就要决定究竟是采用云服务提供商托管的服务，还是自行开发并运维这些基础设施。zanox 决定采用云服务提供商托管的服务，因为构建和管理这些基础设施模块并不会带来任何商业价值。Amazon 的 EC2 虚拟计算机是纯粹的基础设施，IAM 则提供了全面的安全机制。部署的服务使用了 AWS Java SDK。结合 EC2 的 IAM 角色[2]，该 SDK 能够访问 AWS 的托管服务，而无须使用显式的证书。在最初的引导阶段，每个 EC2 实例都将分配一个包含必要权限的 IAM 角色。AWS SDK 通过 Metadata Service 获取必要的证书。通过这些证书，应用可以访问角色所定义的托管服务。因此，一个应用可以向 Amazon CloudWatch 监控系统发送指标数据，也可以向 Amazon Kinesis 数据流处理方案发送事件，而不必携带显式的证书。

所有应用都有用于心跳和健康检测的 REST 接口，通过健康检测能监控所用的基础设施部件，因此能够随时监控应用以及保证可用性的基础设施。应用的扩容/缩容是通过 Amazon Elastic Load Balancing（ELB）和 AutoScaling 实现的，以便根据实际负载进行精细的扩容或缩容。必要时，AutoScaling 会启动额外的 EC2 实例，而 ELB 会将负载分发给各个实例。AWS ELB 服务不仅适合基于 HTTP 协议的 Web 应用，而且还适用于其他各种类型的应用。健康检测不一定要基于 HTTP，也可以基于 TCP 协议实现，而且 TCP 监控检测的设置比 HTTP 更为简单。

但为了统一健康检测方式，并让其独立于实现逻辑以及所用的框架和语言，开发团队最终决定基于 HTTP 实现所有服务的 ELB 健康检测。这样做的原因是以后部署在 AWS 上的应用很有可能不再基于 JVM，有可能会采用 Go 或 Python 作为编程语言。

zanox 使用应用的心跳 URL 进行 ELB 健康检测。因此，只有当应用的 EC2 实例正常启动且成功监控到心跳后，流量才会定向到应用，基础设施也才有可能扩容。

Amazon CloudWatch 是应用监控的一个不错选择，因为 CloudWatch 告警能作为 AutoScaling Policies 扩容/缩容事件，也就是说根据指标自动对基础设施进行扩容/缩容。可以采用 CPU 等 EC2 基本指标，也可以给 CloudWatch 发送你自己的指标。为此，项目采用了 jmxtrans-agent 项目的一个 fork 版本，这个 fork 版本的 jmxtrans-agent 调用 CloudWatch API 向监控系统发送 JMX 指标。JMX（Java Management Extension，Java 管理扩展）是 Java 监控指标的标准。另外，指标是在应

① Fat JAR 指的是包含所有类文件、资源文件、依赖的 JAR。——译者注

② 参见 https://docs.aws.amazon.com/AWSEC2/latest/UserGuide/iam-roles-for-amazon-ec2.html。

用中（例如在业务逻辑中）通过 Coda Hale Metrics 库以及 Blacklocus 集成的一个 CloudWatch 模块发送的。

日志采用的方案稍微有些区别。在云环境中，永远无法保证服务器实例不会突然终止。这将导致服务器存储数据的丢失，其中包括日志文件。为此，除了核心应用外，服务器上还并行地运行着一个 logstash-forwarder，负责将日志记录发送给我们的数据中心运行着的 ELK 服务。ELK 技术栈包括负责存储的 Elasticsearch、负责日志数据解析的 Logstash，以及负责可视化分析的 Kibana。ELK 是 Elasticsearch、Logstash、Kibana 的首字母缩写。另外，在 HTTP 层对每次请求以及对应的事件都计算了 UUID，因此即便 EC2 实例突然退出，日志记录和事件仍然能够关联起来。

小结

如果架构能够合理地设计和实现，微服务架构模式将非常适合 Amazon Cloud 的动态方案。与自建的数据中心相比，采用 Amazon Cloud 服务的显著优势是基础设施的灵活性。这使得架构几乎具有无限的可伸缩性，而且非常经济实惠。

13.15 总结

本章的示例项目为实现 Java 微服务架构奠定了良好的基础。示例项目实际上是基于 Netflix 技术栈构建的。在 Netflix 这个全球最大的网站之一中，Netflix 技术栈经受了充分的考验。

示例应用演示了服务发现、负载均衡、容错性设计，以及微服务测试和 Docker 容器运行等多种技术。为了方便读者搭建和运行，示例项目进行了一些简化，因此并不适合直接用于生产环境。但示例项目为读者动手实践和测试打下了良好的基础。

另外，示例项目演示了如何基于 Docker 部署微服务，这是微服务部署的坚实基础。

要点

- Spring、Spring Boot、Spring Cloud 以及 Netflix 技术栈，为 Java 微服务提供了一个整合良好的技术栈。这些技术能够解决微服务开发过程中遇到的所有典型挑战。
- 基于 Docker 的部署非常容易实现。还可以结合 Docker Machine 和 Docker Compose 将应用部署到云端。
- 示例应用展示了如何在不借助特殊工具的前提下，通过消费者驱动的契约测试和 stub 完成微服务的测试。但在实际项目中，采用相关的工具可能会更高效。

动手实践

- **增加日志分析功能**

运维微服务系统时，对日志文件的分析非常重要。https://github.com/ewolff/user-registration-V2是一个示例项目，在log-analysis子目录下提供了基于ELK栈进行日志分析的配置说明。采用该方案为微服务示例增加日志分析功能。

- **增加监控功能**

另外，*A Practical Guide to Continuous Delivery*一书示例项目[①]的graphite子目录下介绍了如何安装Graphite用于监控功能。在微服务示例项目中，根据该说明安装Graphite，增加监控功能。

- **重写一个服务**

用另一种编程语言重写其中一个服务。通过消费者驱动的契约测试（见13.13节与10.7节）为新实现进行验证。使用sidecar为新实现整合技术栈（见13.12节）。

① 本节提及的github项目链接：https://github.com/ewolff/user-registration-V2。——译者注

第14章 纳米服务技术

14.1 章探讨纳米服务的优势和用途。14.2 节探讨纳米服务的定义，以及与微服务的区别。14.3 节重点关注 Amazon Lambda，一种能运行 Python、JavaScript 和 Java 应用的云技术。该技术按方法调用的次数计费，而不是按虚拟机或应用服务器。OSGi（见 14.4 节）将 Java 应用模块化并提供服务。Java EE（见 14.5 节）如果合理使用，也可作为一种 Java 纳米服务技术。Vert.x（见 14.6 节）可运行在 JVM 之上，并支持除 Java 以外的多种编程语言，是纳米服务技术的另一种选择。14.7 节关注一种古老的编程语言 Erlang，借助 Erlang 架构能够实现纳米服务。Seneca（见 14.8 节）的解决方案类似 Erlang，基于 JavaScript 实现，专为纳米服务而设计。

术语“微服务”并没有统一的定义。有人认为微服务应该是极其微小的服务，也就是代码行数（LoC）为 10~100。本书将这样的服务称为“纳米服务”。微服务与纳米服务之间的区别是本章的关注点。选用合适的技术是实现微小服务的重要前提。如果该技术能让多个服务以一个操作系统进程的形式运行，那将降低每个服务的资源开销，因而能够更轻松地部署到生产环境，并支持大量的纳米服务。

14.1 为什么采用纳米服务

纳米服务的大小满足微服务的限制（见 3.1 节的定义，该规模上限取决于团队成员数量）。另外，微服务应该小到能让一个开发者理解。如果采用合适的技术，微服务的大小还可以在 3.1 节定义的基础上进一步降低。

极小的模块更易于理解，因此也就更容易维护和改动。另外，微服务越小，就越容易重新实现或重写。所以，由规模更小的纳米服务构成的系统将更易于进一步的开发。

某些项目已经成功地应用了纳米服务。实际上，模块太大往往是阻碍项目开发的问题根源。各个功能可在各自的微服务中开发——每个类或功能可构成单独的微服务。9.2 节论证过，CQRS 方案实现一个仅读取某种类型数据的微服务是合理的，而同种数据的写入可在另一个微服务中实现。因此，每个微服务可以仅仅关注非常单一的功能。

微服务的最小规模

为什么不能无限地缩小微服务的规模？3.1 节分析过微服务的大小不能小于一定限度的原因。

- 基础设施的开销会增加。如果每个微服务都是独立进程，并且需要基础设施（如应用服务器和监控）的支持，那么运行成百上千的微服务将导致开销大幅增加。因此，纳米服务的实现技术必须尽可能地降低各个服务的基础设施开销。另外，资源开销要低，要尽可能地降低各个服务所消耗的内存和 CPU 资源。
- 如果服务非常小，那么服务间将产生大量的网络通信，这将对系统性能造成负面影响。因此，纳米服务之间不应通过网络通信。这可能会限制技术选择。如果所有纳米服务都以一个进程的形式运行，那就要用同种技术来实现。这样的方案同样会对系统的稳健性造成影响。如果多个服务以一个进程的形式运行，服务间的隔离将更难以实现。如果多个纳米服务以一个进程的形式运行，当其中一个纳米服务消耗过多的资源时，其他服务的运行将受到影响，而操作系统是无法干预的。另外，一个纳米服务的崩溃可能会导致其他纳米服务的崩溃。一旦进程崩溃，就将影响到同一进程中运行的所有纳米服务。

折中方案

技术上而言，最终目标是让单个纳米服务的开销最小化，同时尽可能保留微服务的优点。

具体而言，需要满足如下要求。

- 降低基础设施（如监控和部署）的开销。新的纳米服务应非常容易地部署到生产环境，并立即反映在监控系统上。
- 为了在少量硬件上运行大量的纳米服务，需尽可能降低资源消耗，例如内存。这不但能降低生产环境的成本，而且还有助于测试环境的搭建。
- 通信不需要经过网络。这不仅能够优化延迟和性能，同时由于纳米服务不受网络故障的影响，因此还将提升纳米服务间通信的可靠性。
- 隔离性也需要找到一个折中点。为了避免一个纳米服务的失效导致其他服务接连失效，纳米服务应该相互隔离。否则单个纳米服务出错可能会导致整个系统的崩溃。但隔离性的重要性可能比不上低基础设施开销、低资源消耗，以及纳米服务的其他优点。
- 采用纳米服务可能会限制编程语言、平台和框架的选择。而微服务原则上允许自由选择技术。

桌面应用

在难以应用微服务的领域，纳米服务也能发挥作用。举个例子，桌面应用可以通过多个纳米服务来实现。例如 OSGi（见 14.4 节）就能够应用在桌面应用甚至嵌入式应用中。如果一个桌面应用由微服务构成，那其部署难度将远高于普通的桌面应用。每个微服务需要单独部署，有些微服务甚至位于其他公司，这对许多桌面应用而言是不可能实现的。将多个微服务整合成一个桌面应用的难度非常高，尤其是各个微服务作为完全独立的进程的时候。

14.2 纳米服务：定义

纳米服务不同于微服务。纳米服务在某些方面进行了折中。其中包括隔离性：多个纳米服务在同一个虚拟机上运行，或以单个进程的形式运行。另一个折中是技术选择的自由：纳米服务采用同一个平台或编程语言。只有满足上述条件，纳米服务才有实现的可能。采用纳米服务后，将大幅提升基础设施的效率，从而能够运行大量的服务。因此，各个服务还可以更小，一个纳米服务可能只包含数行代码。

但是，纳米服务绝不需要联合部署，因为独立部署是微服务以及纳米服务的核心特征。独立部署构成了微服务核心优势的基础：更强的团队独立性，加上更强的模块化，因此能够持续开发。

因此，纳米服务可以定义如下。

- 对于某些微服务特征（如隔离性和技术选择自由），纳米服务进行了**折中**。但纳米服务仍必须能够独立部署。
- 这些折中措施使得服务**数量变多**，而服务**体量变小**，甚至可以只包含数行代码。
- 为此，纳米服务采用**高效的运行时环境**。它利用了纳米服务的技术限制，使得服务数量更多而体量更小。

因此，纳米服务非常依赖于部署技术。所用的技术需要支持纳米服务的上述折中措施，并能支持特定大小的纳米服务。为此，本章将针对不同的技术来解释不同的纳米服务类型。

纳米服务的目的在于放大微服务的某些优点。部署单元越小，部署带来的风险就越小，同时服务也更容易理解和替换。另外，领域架构也会发生变化：过去一个限界上下文包含一个或数个微服务，现在一个限界上下文则包含许多个纳米服务，每个纳米服务将实现非常有限的特定功能。

微服务和纳米服务并没有严格的区分标准：如果将两个微服务部署在同一个虚拟机上，那么效率将提升，而隔离性将降低。这两个微服务将共享操作系统和虚拟机。假设其中一个微服务耗尽了虚拟机的所有资源，那将导致运行在同一虚拟机中另一个微服务失效。这就是隔离性方面的妥协。因此，某种意义上，这些微服务已经属于纳米服务。

顺便提一下，术语“纳米服务”并不常用。本书用“纳米服务”一词来解释这样一种模块化方式，它类似于微服务，但具体情况不同于微服务，同时又是比微服务更小的服务。为了将这样的技术与“真正”的微服务区分开来，本书称之为“纳米服务”。

14.3　Amazon Lambda

Amazon Lambda 是 Amazon Cloud 的一项服务，在全球各个 Amazon 计算中心均可访问。

Amazon Lambda 能够执行 Python、JavaScript（通过 Node.js 执行）以及 Java 8（通过 OpenJDK 执行）编写的单独函数。这些函数代码并不依赖于 Amazon Lambda，并且能够访问操作系统。执行代码的计算机包含了 Amazon Web Services 的 SDK，以及用于操控镜像的 ImageMagick。Amazon Lambda 能够调用这些功能，还能安装其他的库。

因为每次请求都要启动 Amazon Lambda 方法来处理，所以方法需要快速启动，并且很可能不会保存状态。

因此，当没有请求时，是不会产生执行方法的费用的。每个请求都是单独计费的。目前，前 100 万次请求是免费的。费用取决于所需的 RAM 和处理时间。

调用 Lambda 方法

Lambda 方法可以直接通过命令行工具来调用。处理是异步进行的。方法可以通过不同的 Amazon 功能返回结果。为此，Amazon 云提供了包括 Simple Notification Service（SNS）和 Simple Queue Service（SQS）在内的消息方案。

以下的事件能够触发 Lambda 方法的调用。

- Simple Storage Service（S3）可提供大文件存储和下载服务。这些动作可触发事件，事件将通过 Amazon Lambda 方法进行处理。
- Amazon Kinesis 可用于数据流的管理和分发。该技术专用于海量数据的实时处理。可调用 Amazon Lambda 来处理数据流的新数据。
- 结合使用 Amazon Cognito 和 Amazon Lambda，能为移动端应用实现简单的后端。
- API 网关提供了采用 Amazon Lambda 实现 REST API 的方法。
- 此外，还能让 Amazon Lambda 方法定时执行。
- 可以通过执行 Amazon Lambda 来处理 SNS 发布的通知。许多其他服务也会发布这样的通知，因此 Amazon Lambda 在许多场景下都很有用。
- DynamoDB 是 Amazon 云提供的数据库服务。当数据库有变化时，也可调用 Lambda 方法。因此，Lambda 实质上成为了数据库触发器。

纳米服务测评

Amazon Lambda 能让不同功能独立部署，并且不会引发问题。各个功能也可以带上各自的库。

新版 Amazon Lambda 方法通过命令行工具即可方便地部署，并能让基础设施的技术开销最小化。监控同样简单：Lambda 方法能集成到 CloudWatch 监控。CloudWatch 是由 Amazon 提供的，用于收集云应用的指标，以及合并与监控日志文件。另外，基于这些数据还能设置告警，告警信息通过短信或电子邮件发出。由于所有 Amazon 服务均可通过 API 访问，因此监控和部署能够实现自动化，并集成到用户的基础设施。

Amazon Lambda 能与包括 S3、Kinesis、DynamoDB 在内的其他 Amazon 服务进行集成。借助 API 网关，通过 REST 方式能够方便地调用 Amazon Lambda 方法。但 Amazon Lambda 目前仅支持 Node.js、Python 和 Java，这对技术自由有较大的限制。

Amazon Lambda 为方法之间提供了完美的隔离。由于平台由许多用户共享，因此隔离性是必不可少的。如果一个用户的 Lambda 方法对其他用户的 Lambda 方法产生负面影响，这是不可接受的。

小结

Amazon Lambda 允许用户实现极小的服务，各个服务仅需花费非常小的开销，也非常容易实现独立部署。Amazon Lambda 支持的最小部署单元是单个 Python、JavaScript 或 Java 方法——几乎不可能更小了。虽然可能会有大量的 Python、Java 或 JavaScript 方法，但整体开销仍会较低。

Amazon Lambda 是 Amazon 生态的一部分，因此能够借助 Amazon 的其他技术，如 Amazon Elastic Beanstalk。这样，微服务系统就能运行更大的、采用其他语言编写的组件。另外，还可以结合使用 Elastic Computing Cloud（EC2）。EC2 提供可安装其他软件的虚拟机。而且，数据库和其他服务也有很多选择，而且很容易使用。Amazon Lambda 的定位是 Amazon 工具箱的补充。总之，Amazon 云的主要优势之一是几乎囊括所有基础设施，且非常易用。由于大部分标准化组件均可租用，因此开发者就能专注于具体功能的开发。

动手实践

- 关于 Amazon Lambda 的使用，Amazon 官方出品了一份全面的教程。该教程不仅演示了 Amazon Lambda 的简单使用方法，还演示了使用导入不同的 Node.js 库、实现 REST 服务，以及与 Amazon 系统的事件进行交互等复杂机制。Amazon 的大部分服务都为新用户提供免费的试用额度。Lambda 的免费额度足以支持用户的试用和学习。另外，每个月的前 100 万次调用是免费的。当然，你应该事先确认目前的定价。

14.4 OSGi

OSGi 是一个规范标准，有多种不同实现。嵌入式系统经常采用 OSGi。Eclipse 开发环境也基于 OSGi，而许多 Java 桌面应用采用 Eclipse 架构开发。OSGi 定义了 JVM 内的模块化规范。Java 允许将代码划分成类和包，但此外却没有更大的模块化单元。

OSGi 模块化系统

OSGi 引入了 bundle 的概念，从而为 Java 提供了一个模块化系统。bundle 基于 Java JAR 文件，一个 JAR 文件包含多个类文件。每个 JAR 文件包含一个 META-INF/MANIFEST.MF 文件，该文件记录该 JAR 文件的 bundle 入口信息。bundle 入口信息定义 bundle 所导出的类和接口，其他 bundle 可以导入这些类和接口。这样，在没有引入全新概念的前提下，OSGi 为 Java 增添了成熟的模块化概念。

代码清单 14-1 是一个 MANIFEST.MF 文件示例。该文件包含了 bundle 的名字、描述信息，以及 bundle activator。bundleactivator 是一个 Java 类，在 bundle 启动时被执行，对 bundle 进行初始化。`Export-Package` 说明了 bundle 所提供的 Java 包，其他 bundle 可以访问这个包内所有的类和接口。`Import-Package` 用于从其他 bundle 导入包。这些包可以版本化。

代码清单 14-1 OSGi MANIFEST.MF

```
Bundle-Name: A service
Bundle-SymbolicName: com.ewolff.service
Bundle-Description: A small service
Bundle-ManifestVersion: 2
Bundle-Version: 1.0.0
Bundle-Acltivator: com.ewolff.service.Activator
Export-Package: com.ewolff.service.interfaces;version="1.0.0"
Import-Package: com.ewolff.otherservice.interfaces;
version="1.3.0"
```

除了接口和类，bundle 同样可以导出服务。除了给 MANIFEST.MF 添加入口信息外，还要编写服务代码。服务本质上是 Java 对象，因此其他 bundle 可以导入并使用服务，也可以在代码中调用服务。

在程序运行期间，可以对 bundle 进行安装、启动、停止、卸载。因此，更新 bundle 很简单：只需停止并卸载旧版本，然后安装并启动新版本即可。但如果一个 bundle 导出的类或接口被其他 bundle 占用，那么更新就不那么简单。如果想要使用新安装的版本，那么使用了该旧版 bundle 的类或接口的其他 bundle 都需要重启。

在实际中处理 bundle

在微服务之间共享代码的重要性远低于一般服务，但服务的接口仍要提供给其他 bundle。

实际中的通常做法是，一个 bundle 以类和 Java 接口的形式导出服务的接口代码，而另一个 bundle 则包含服务的实现。实现类并不需要导出，而是以 OSGi 服务的方式将服务的实现导出。如果一个 bundle 要使用该服务，那就要从一个 bundle 导入接口代码，并从另一个 bundle 导入服务的实现（见图 14-1）。

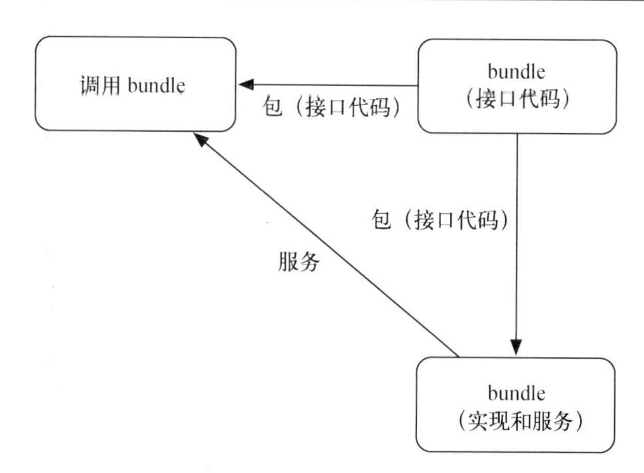

图 14-1 OSGi 服务、实现和接口代码

OSGi 能够重启服务。通过上述方案，能够在不重启 bundle 的情况下，替换服务的实现。这些 bundle 仅导入 Java 接口和接口代码类。对于新的服务实现，这些代码并没发生变化，因此不需要重启。通过这样的服务访问实现方式，能够对服务进行更新。

借助 OSGi blueprint 和 OSGi 声明式服务（declarative service），处理 OSGi 服务模型时，能对这些细节进行抽象。这方便了 OSGi 的处理。例如，这些技术让重启服务以及处理 bundle 重启过程中出现的问题变得更方便。

由于服务的接口和实现必须包含在不同的 bundle 中，因此服务的独立部署虽然能够实现，但非常困难。该模型允许只修改实现，而修改接口代码将更加复杂。在这种情况下，使用该服务的 bundle 必须重启，以便加载新接口。

出于这种原因，实际上 OSGi 系统通常会整体重新安装，而不是修改单个 bundle。例如，Eclipse 升级时通常需要重启。整体重新安装的一个好处是能够对环境进行复制。如果 OSGi 系统采用动态修改方式，那么在某个时间点，系统会处于任何人都无法复制的状态。但修改各个 bundle 是基于 OSGi 实现纳米服务方案的重要前提。独立部署是纳米服务的核心特征，但 OSGi 并不能完全支持这一特征。

纳米服务测评

OSGi 对 Java 项目的架构设计有积极作用。bundle 通常比较小，因此各个 bundle 容易理解。另外，这种划分方式让开发者和架构师不得不思考 bundle 之间的关系，并在 bundle 配置文件中对其进行定义。bundle 之间的其他依赖可能并不存在于系统之内。通常，这样做可以得到干净的架构，以及清晰且符合预期的依赖。

但 OSGi 并不提供技术选择的自由：OSGi 基于 JVM，因此只能采用 Java 或基于 JVM 的语言。例如，OSGi bundle 基本不可能自带数据库，因为数据库通常都不是用 Java 编写的。对于这种情况，必须寻求OSGi之外的方案。

某些Java技术加载Java类的方式不同于OSGi，因此难以与OSGi进行整合。另外，许多流行的Java应用服务器并不支持以OSGi方式进行应用部署，因此这些环境不支持运行时的代码更新。为了使用OSGi，还需要对基础设施进行适配。

另外，bundle并不是完全孤立的：如果一个bundle占用过多CPU资源或导致JVM崩溃，那么其他运行在同一JVM内的bundle也将受到影响。bundle的错误容易导致程序失效，例如内存泄露导致内存分配越来越多，直到系统奔溃。

另一方面，OSGi让bundle之间能够进行本地通信。采用其他协议，也可以实现分布式通信。另外，不同的bundle共享同一个JVM，因此减少了资源消耗，例如对内存的占用。

各种OSGi实现均有监控方案。

小结

首先，OSGi限制了技术的自由选择，使得项目只能采用Java技术。实际上，bundle很难实现独立部署。对修改接口的支持尤其有限。此外，bundle之间没有良好的隔离。另一方面，bundle之间能够通过本地调用进行交互。

动手实践

- 通过一些教程来熟悉OSGi。[①]
- 对你所了解的部分系统，进行bundle和服务的概念划分。
- 如果系统必须采用OSGi实现，你还会选用什么其他技术(例如数据库)？具体如何操作？

14.5 Java EE

Java EE是Java领域的一个标准。该标准包含各种API，例如用于开发Web应用的JSF（Java ServerFace）、Servlet、JSP（Java Server Page），用于持久化的JPA（Java Persistence API），以及处理事务的JTA（Java Transaction API）。另外，Java EE定义了一个部署模型。根据Java EE，Web应用可以打包成WAR文件（Web ARchive），逻辑组件可打包成JAR文件（Java ARchive），例如企业级Java Bean（EJB），而EAR（Enterprise ARchive）可以包含一系列的JAR和WAR。所有这些组件均部署到同一个应用服务器。应用服务器实现Java EE API，并提供HTTP、线程、网络连接、数据库访问等支持。

① 例如https://www.vogella.com/tutorials/OSGi/article.html。

本节主要研究 WAR 和 Java EE 应用服务器的部署模型。第 13 章详细分析了一个无须应用服务器的 Java 应用。该应用直接通过 JVM 启动一个 Java 应用。该应用打包成 JAR 文件，并包含所有基础设施。这样的部署方式称为 Fat JAR 部署，因为应用以及完整的基础设施均包含在一个 JAR 文件中。第 13 章的示例采用 Spring Boot，Spring Boot 同样支持一些 Java EE API，例如针对 REST 的 JAX-RS。Dropwizard 框架同样提供一个 JAR 模型。Dropwizard 主要关注基于 JAX RS 的 REST Web 服务，但也支持其他应用。Wildfly Swarm 源自另一个 Java EE 服务器 Wildfly，它也支持这种部署模型。

Java EE 实现纳米服务

对纳米服务而言，Fat JAR 部署方式将消耗过多资源。一个 Java EE 应用服务器可以部署多个 WAR 包，从而节省资源。各个 WAR 可以通过各自的 URL 进行访问。另外，每个 WAR 可以独立部署。这能让每个纳米服务独立部署到生产环境。

但 WAR 之间的隔离并不是最优方案。

- 所有纳米服务共用内存和 CPU。如果一个纳米服务占用过多的 CPU 或内存，那将干扰其他纳米服务。一个纳米服务的崩溃会影响到所有纳米服务。
- 实际上，如果不能回收应用所占用的内存，重新部署 WAR 可能会造成内存泄露。所以，各个纳米服务的独立部署实际上很难实现。
- 与 OSGi 相反，各个 WAR 包的 Java 类加载器是完全隔离的。因此，一个纳米服务无法访问其他纳米服务的代码。
- 由于代码隔离的缘故，WAR 之间只能通过 HTTP 或 REST 进行通信，无法进行本地方法调用。

由于多个纳米服务共享应用服务器和 JVM，因此这种方案比第 13 章所述的各个微服务以 Far JAR 方式部署到各自 JVM 的方式更高效。纳米服务共享堆，因此消耗较少的内存，但只能通过启动更多应用服务器的方式进行扩容。每个应用服务器包含所有的纳米服务，因此所有纳米服务必须一起扩容，而无法对单个纳米服务进行扩容。

技术选择将局限于 JVM 技术。除此之外，所有与 Servlet 模型不兼容的技术都被排除在外，例如 Vert.x（见 14.6 节）和 Play。

Java EE 实现微服务

微服务可以选用 Java EE 来实现：理论上，每个微服务都可以运行在各自的应用服务器之上。在这种情况下，除了应用，还要对应用服务器进行安装和配置，并且应用服务器的版本和配置必须满足应用的要求。如果采用 Fat Jar 部署方式，因为应用服务器包含在 JAR 文件中，所以无须对应用服务器进行额外配置，只需对应用进行配置即可。应用服务器将带来额外的复杂性，但并未带来任何优势。Java EE 应用服务器的部署和监控仅适用于 Java 应用，因此只有采用 Java 技术时，微服务架构才能利用 Java EE 应用服务器的这些特性。总而言之，采用应用服务器几乎没有什么优势[①]——尤其是对微服务架构而言。

一个示例

第 13 章的示例应用同样可采用 Java EE 部署模型[②]。图 14-2 展示了该示例，其中有 3 个 WAR 包，即“Order”“Customer”“Catalog”，它们通过 REST 相互通信。由于“Order”要跟唯一的“Customer”实例进行通信，因此“Customer”一旦失效，同一个主机上的“Order”也将失效。为了提高可用性，访问应路由到其他的“Customer”实例。

客户在系统外部可以通过 HTML/HTTP 方式访问纳米服务的 UI。与第 13 章的方案相比，此处只需对代码进行细微的调整。Netflix 库被移除，同时增加了对 Servlet 容器的支持。

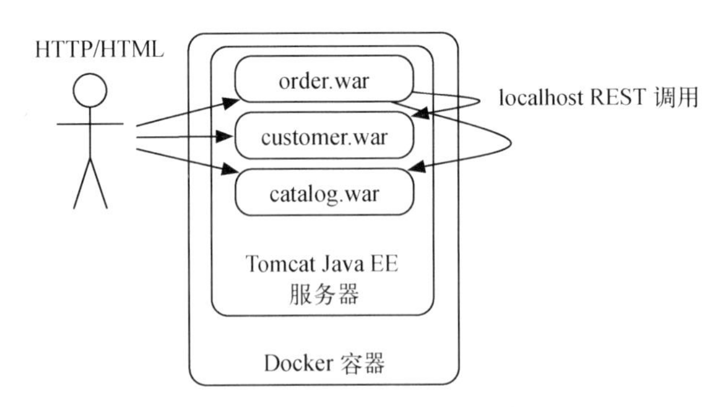

图 14-2　Java EE 纳米服务的示例应用

动手实践

Github 上可找到采用 Java EE 纳米服务实现的应用[③]，该应用并未采用 Netflix 技术。

- Hystrix 提供容错性（见 13.10 节）。
  - 将 Hystrix 集成进该应用是否合理？
  - 各个纳米服务之间如何相互隔离？
  - Hystrix 是否有帮助？
  - 与 9.5 节所提及的稳定性和容错性相比，该应用如何实现这些特性？
  - Eureka 可用于实现服务发现。如何将 Eureka 整合到 Java EE 纳米服务？

---

① 参见 Eberhard Wolff 的文章，*Java Application Servers Are Dead*。

② 参见 https://github.com/ewolff/war-demo。

③ 参见 https://github.com/ewolff/war-demo。

- 如何集成其他服务发现技术（见 7.11 节）？
- REST 服务的负载均衡组件 Ribbon 可以采用类似方式进行集成。这样做有何优势？在不采用 Eureka 的前提下，能否采用 Ribbon?

14.6 Vert.x

Vert.x 架构有许多有趣的方案。虽然 Vert.x 运行在 JVM 之上，但支持许多编程语言，包括 Java、Scala、Clojure、Groovy、Ceylon、JavaScript、Ruby 和 Python。Vert.x 系统通过 Verticle 进行构建，Verticle 接收事件并返回消息。

代码清单 14-2 展示了一个简单的 Vert.x Verticle，该 Verticle 将收到的消息原封返回。这段代码创建了一个服务器，当客户端连接到服务器时，将调用一个回调函数，服务器创建一个 pump 对象。该 pump 对象负责将数据从来源传输到目标。在示例中，来源和目标是相同的。

仅当客户端连接时，该应用才会被激活并调用回调函数。同理，仅当客户端有新的可用数据时，pump 对象才会被激活。这样的事件通过事件循环进行处理，事件循环将调用 Verticle 对事件进行处理。一个事件循环对应一个线程，通过对于每个 CPU 核心启动一个事件循环，因此事件循环是并行处理的。每个事件循环/线程运行于单个 CPU 核心，支持任意数量的网络连接，并且所有连接的事件可以在单个事件循环内处理。因此，Vert.x 同样适合需要大量网络连接的应用。

代码清单 14-2 简单的 Java Vert.x 回显 Verticle

```
public class EchoServer extends Verticle {
    public void start() {
        vertx.createNetServer().connectHandler(new Handler() {
            public void handle(final NetSocket socket) {
                Pump.createPump(socket, socket).start();
            }
        }).listen(1234);
    }
}
```

如上文所述，Vert.x 支持多种编程语言。代码清单 14-3 展示了 JavaScript 实现的回显 Verticle。代码符合 JavaScript 语言规范，并以 JavaScript 方法作为回调。对于各种编程语言，Vert.x 均提供一个实现了基本功能的适配层，并以相应编程语言原生库的形式提供。

代码清单 14-3 简单的 JavaScript Vert.x 回显 Verticle

```
var vertx = require('vertx')

vertx.createNetServer().connectHandler(function(sock) {
    new vertx.Pump(sock, sock).start();
}).listen(1234);
```

Vert.x 模块可以包含不同编程语言实现的多个 Verticle。Verticle 和模块之间能够通过事件总线相互通信。事件总线上的数据传输采用JSON格式，并且事件总线可以跨服务器。通过在多个服务器上启动模块，Vert.x支持分布式和高可用。另外，Verticle与模块之间仅通过消息交换进行通信，因此是松耦合的。Vert.x同样支持其他消息系统，并能通过HTTP和REST进行通信。因此，将Vert.x系统集成到微服务系统中是比较容易实现的。

模块能够单独部署和移除。由于模块之间是通过事件进行通信的，因此可在运行期间对模块进行替换，只要新旧模块能够处理相同的消息即可。一个模块可以实现一个纳米服务。模块可以在新节点上启动，因此能够降低JVM崩溃所带来的影响。

Vert.x同样支持Fat JAR（在应用JAR中包含所有库文件）。对于微服务而言，该特性非常有用，因为应用能够带上所有依赖，从而方便了部署。但对纳米服务而言，Fat JAR方案并不那么有用，因为该方案将消耗太多资源——对纳米服务而言，在一个JVM内部署多个Vert.x是更好的选择。

结论

借助独立的模块部署，以及事件总线带来的松耦合，Vert.x能在一个JVM内支持多个纳米服务。但JVM崩溃、内存泄漏、事件循环堵塞将影响JVM上运行的所有模块和Verticle。另一方面，Vert.x有多种编程语言可供选择——虽然会受到JVM的局限。这不仅仅是理论上的选择而已。实际上，Vert.x着眼于提升所有支持的编程语言实现Vert.x系统的易用性。Vert.x假定整个应用是以一种非阻塞的方式编写的。当然，也可以在worker Verticle上执行阻塞任务。因为阻塞式Verticle使用单独的线程池，所以不会影响非阻塞式Verticle。因此，即便代码不支持Vert.x非阻塞方案，也可以用在Vert.x系统中。这将带来更高的技术自由度。

动手实践

Vert.x网站主页提供了简单的入门引导，其中展示了如何通过各种编程语言实现并运行一个Web服务器。示例中的模块采用Java和Maven实现[①]。其他编程语言也有较复杂的示例[②]。

14.7 Erlang

Erlang是一种函数式编程语言，能够与开放电信平台（OTP，Open Telecom Platform）框架相结合。Erlang最初是为电信行业所设计。在电信行业中，应用必须非常可靠。同时，许多其他领域同样也受益于Erlang的优点。与Java类似，Erlang采用虚拟机作为运行环境，该虚拟机称为BEAM（Bogdan/Björn’s Erlang Abstract Machine）。

① 参见 https://github.com/vert-x3/vertx-examples/tree/master/maven-simplest。

② 参见 https://github.com/vert-x/vertx-examples。

Erlang 的首要优势是对程序失效的容错性，并且让程序能够常年运行。这只能通过动态软件更新来实现。同时，Erlang 具有轻量级的并发机制。Erlang 采用进程来实现并行计算。Erlang 的进程不同于操作系统进程，甚至比操作系统的线程还要轻量级。一个 Erlang 系统能够并发运行上百万个相互隔离的进程。

Erlang 的另一个优点是采用异步通信，这有助于加强隔离性。Erlang 系统中的进程通过消息机制相互通信。消息是发送给进程的邮箱（见图 14-3）。一个进程在同一时间内只会处理一个消息。该机制能实现并发处理：许多消息在同一时间被处理，因此是并发执行。虽然每个进程同一时间只处理一个消息，但多个进程使得消息能被并发处理。Erlang 的函数式编程不需要保存状态，因此非常适合该模型。该方案类似于 Vert.x 中 Verticle 通过事件总线进行通信的方案。

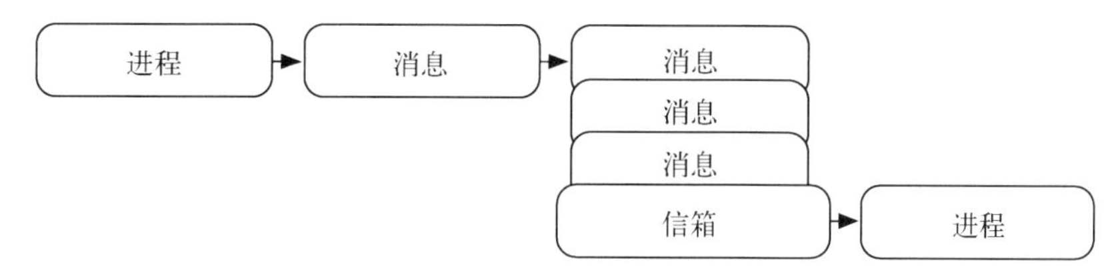

图 14-3 Erlang 进程间的通信

代码清单 14-4 是一个简单的 Erlang 服务器代码，该服务器返回接收到的消息。它定义在自己的模块中。该模块导出函数循环，函数循环不带任何参数。该函数从 `From` 节点接收一条消息，然后返回一条相同的消息给该节点。操作符“`!`”用于发送消息。处理完成后，函数将再次被调用，等待下一条消息。因为本地消息和网络消息的处理机制是相同的，所以在其他计算机上也可通过网络调用该服务器的代码。

代码清单 14-4 Erlang 回显服务器

```
module(server).
-export([loop/0]).
loop() ->
    receive
        {From, Msg} ->
            From ! Msg,
            loop()
end.
```

得益于消息机制，Erlang 系统具有极佳的稳健性。Erlang 采用“Let It Crash”的机制。出现问题时，只需重新启动另一个进程即可。监督者进程（supervisor）负责重启其他进程，它专门监控其他进程，并在必要时将其重启。监督者进程自身同样受到监控，以便在出现问题时重启。这样，Erlang 系统形成了树状的监控组织关系，随时准备好应对系统中的进程失效（见图 14-4）。

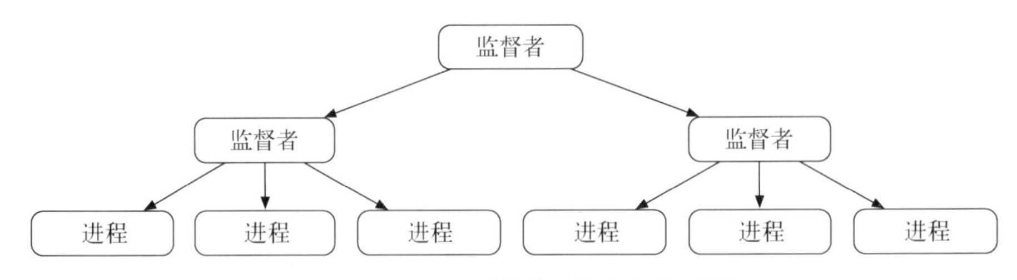

图 14-4　Erlang 系统的监控组织关系图

Erlang 进程模型非常轻量级，能够快速完成进程的重启。如果状态存储在其他组件中，那么进程重启不会导致信息丢失。系统其他部分也不会受到进程失效的影响，这是因为通信是异步的，其他进程能够应对重启所带来的高延迟。实践证明，这种机制非常可靠。Erlang 系统的稳健性极佳，开发还很方便。

这种机制基于 actor 模型。actor 之间通过异步消息相互通信。作为消息的响应，actor 可以自行发送消息，启动新 actor，或为下一条消息改变其行为。Erlang 的进程相当于 actor。

另外，Erlang 系统的监控非常容易实现。Erlang 本身的监控机制就能够监控内存使用率和信箱状态。OTP 为此提供了运营和维护支持（OAM，operations and maintenance support），OAM 能集成到 SNMP 系统。

Erlang 解决了实施微服务需要解决的典型问题（如容错性），因此为微服务的实现提供了良好的支持。这种情况下，一个用 Erlang 编写、包含多个进程的系统就是一个微服务。

不过，服务还能更小——Erlang 系统中的每个进程都可以当成一个纳米服务。甚至在运行期间，Erlang 进程也能相互独立地部署。另外，Erlang 还支持操作系统进程。这种情况下，操作系统进程将集成到监督者体系，并在崩溃时被监督者所重启。这意味着，任意语言编写的操作系统进程都可以成为 Erlang 系统和架构的一部分。

纳米服务测评

如前文所述，Erlang 中的每个独立进程均可看作一个纳米服务。这种情况下，基础设施的开销将相对较小，监控也可以采用 Erlang 内置功能。部署开销也会较小，因为不同进程共享一个 BEAM 实例，所以单个进程的开销不会太高。另外，进程之间可以不通过网络进行消息交换，因此开销较小。但进程之间仍然实现了隔离。

最后，其他编程语言编写的进程也能够加入 Erlang 系统中。为此，Erlang 能够控制任意编程语言编写的操作系统进程。例如，操作系统进程将受到“Let It Crash”的保护。因此，Erlang 实际上能够集成任何技术——虽然是以独立进程的形式运行。

另一方面，Erlang 并不很流行。开发者需要熟悉函数式编程。对许多开发者来说，Erlang 的语法并不那么直观。

动手实践

- 有一个基于本节代码的简单示例[1]，展示了节点之间的通信方式。通过该示例，读者能够初步了解 Erlang。
- *Learn You Some Erlang for Great Good!*是一份非常不错的 Erlang 教程，该教程还涉及 Erlang 系统的部署和运维。借助该教程，前文提到的示例中可以增添一个监督者。
- 在 Erlang 生态系统之外，Elixir 是另一个选择。Elixir 语法不同于 Erlang，但同样受益于 OTP 的理念。Elixir 上手难度低于 Erlang，所以入门阶段可先学习 Elixir。
- actor 模型还有其他多种实现，若感兴趣可搜索维基百科。这些技术值得我们进一步研究，探讨其是否有助于微服务和纳米服务的实现，以及它们都有什么优势。例如，Scala/Java 领域的 Akka 可能会对你有帮助。

14.8 Seneca

Seneca 基于 Node.js，因此服务器端采用 JavaScript。Node.js 的编程模型能让一个操作系统进程并行处理多个任务。为了实现并行处理，Node.js 采用事件循环来处理事件。系统从网络接收到消息后，将进入等待状态，直到事件循环空闲，然后对消息进行处理。由于循环被阻塞，事件必须快速处理，否则将导致其他消息陷入长时间的等待。其他服务器不可能长时间在事件循环中等待，因为这将导致系统长时间阻塞。当与其他系统进行交互时，在完成交互初始化后，事件循环就可以处理其他事件。只有这样，当接收到其他系统的响应时，事件循环才能进行处理。然后，事件循环将调用一个在交互初始阶段注册的回调函数。该模型与 Vert.x 和 Erlang 的方案类似。

Seneca 引入了 Node.js 的一种命令处理机制，预先定义好的模式能让特定的代码被执行。

通过网络也可以很方便地调用这样的命令。代码清单 14-5 中，服务器调用 `seneca.add()` 方法定义了一个命令的模式以及处理事件。带有组件 `cmd: "echo"`的命令将触发一个函数，该函数将从命令的入参中读取 `value` 值，并将其设为回调函数的参数 `value`。然后调用回调函数。最后，通过 `seneca.listen()`启动服务器，并监听网络以获取命令。

代码清单 14-5 Seneca 服务器

```
var seneca = require("seneca")()

seneca.add( {cmd: "echo"}, function(args,callback){
  callback(null,{value:args.value})
})

seneca.listen()
```


① 参见 https://github.com/ewolff/erlang-example/。

在代码清单 14-6 中，客户端（`seneca.client()`）通过网络，将所有本地无法处理的命令发送给服务器。`seneca.act()`创建发送给服务器的命令，其中包含 `cmd: "echo"`，因此代码清单 14-5 中的服务器将被调用。`value` 值是`"echo this"`，服务器会将该字符串返回给传入的回调函数，最终会将字符串将打印到终端。示例代码可在 Github[1]上找到。

代码清单 14-6　Seneca 客户端

```
var seneca=require("seneca")()

seneca.client()

seneca.act('cmd: "echo",value:"echo this", function(err,result){
  console.log( result.value )
})
```

因此，采用 Seneca 实现分布式系统是非常便捷的。但服务并未采用 REST 之类的标准协议进行通信。当然，Seneca 同样能够实现 REST 系统。另外，Seneca 协议基于 JSON，因此同样适用于其他语言。

纳米服务可以是与 Seneca 进行交互的函数，因此可以非常小。该函数可以通过网络来调用。如前文所述，当事件循环被某个函数堵塞时，Seneca 实现的 Node.js 系统将非常脆弱。因此，系统的隔离性并不那么好。

关于监控，管理终端可为 Seneca 应用提供简单的监控功能。但该终端仅适用于 Node.js 进程。如果要监控所有服务器，则必须通过其他方式来实现。

仅当 Node.js 进程中只有一个 Seneca 方法时，Seneca 方法才能实现独立部署。由于 Node.js 进程几乎不可能仅有一个 JavaScript 方法，因此这给独立部署造成了很大的限制。另外，Seneca 系统集成其他技术并不那么容易，因此整个系统最终必须采用 JavaScript 来实现。

纳米服务测评

Seneca 是专为支持以 JavaScript 开发的微服务而设计的。实际上，Seneca 为服务提供了非常简单的实现方式，服务可通过网络进行访问。Seneca 的基本架构与 Erlang 类似：在这两种方案中，服务之间都是通过相互发送消息或命令进行通信，并通过方法处理消息或命令。关于服务的独立部署、服务之间的隔离性，以及集成其他技术的便捷性，Erlang 具有明显的优势。另外，Erlang 历史更长，并在许多严格的应用中经受了考验。

---

① 参见 https://github.com/ewolff/seneca-example/。

> **动手实践**
>
> 本节的示例代码可作为 Seneca 的入门教程，你也可以使用 Seneca 官网上的基础教程，当然其他示例[1]也有参考价值。这些纳米服务可扩展成一个完整应用，或划分成多个 Node.js 进程。

14.9 总结

本章展示了实现微服务的多种技术，采用不同技术会给微服务的实现造成巨大的差异。不同的微服务差异如此之大，因此有时候称为“纳米服务”更加合适。纳米服务不一定是只能通过网络相互通信的独立进程，它们也可以运行在同一进程中，并通过本地通信机制进行交互。这样一来，不仅能大幅缩小服务的体量，而且还能让微服务方案用于嵌入式应用或桌面应用。

表 14-1 展示了采用不同技术实现纳米服务的优势和劣势。其中最有意思的是 Erlang。Erlang 不仅能够集成其他技术，同时还能为纳米服务之间提供良好的隔离，因此一个纳米服务失效并不会导致其他服务失效。另外，Erlang 长期以来被用于许多重要系统，已在实践中证明其可靠性。

表 14-1 纳米服务实现技术的测评[2]

	Lambda	OSGi	Java EE	Vert.x	Erlang	Seneca
各个服务所需的基础设施	++	+	+	+	++	++
资源消耗	++	++	++	++	++	++
网络通信	–	++	– –	++	++	–
服务间的隔离性	++	– –	– –	–	++	–
集成其他技术	–	– –	– –	+	+	– –

Seneca 采用类似的设计，但在隔离性和集成 JavaScript 以外的技术等方面远逊于其他技术。Vert.x 采用类似于 JVM 的设计，支持大量语言，但其纳米服务的隔离性不如 Erlang。Java EE 只允许通过网络进行通信，并且难以实现单独部署。在实践中，WAR 在部署过程中经常发生内存泄露。为了避免内存泄露，部署过程中通常要重启应用服务器。在重启期间，所有纳米服务都将处于不可用状态。因此，无法在不影响其他纳米服务的前提下完成一个纳米服务的部署。与 Java EE 相反，通过 OSGi，纳米服务之间能够实现代码共享。此外，采用 OSGi 时，服务之间通过方法调用进行通信，而不是像 Erlang 和 Seneca 那样使用命令和消息。命令和消息的优点是更加灵活。即使某些服务不能处理部分消息也没有问题，只需忽略这些消息即可。

Amazon Lambda 的特别之处在于其与 Amazon 生态系统的集成。这让人能够非常方便地使用基础设施。由于大量的纳米服务需要更多的环境，这种情况下基础设施将是一个极具挑战性的问

① 例如 https://github.com/rjrodger/seneca-examples/。

② 表中以符号++、+、–、– –表示各种纳米服务技术对各项指标的支持程度，++为最优，– –为最差。——译者注

题。只需通过一个 API 调用或单击几下鼠标，即可启用 Amazon 数据库服务器服务——数据存储也可以通过 API 完成。对存储数据而言，服务器是透明的；同样，当采用 Amazon Lambda 执行代码时，也不需要关心服务器。各个服务并不需要单独分配服务器，只需提供要执行的代码即可，代码还能被其他服务所调用。由于可采用 AWS 提供的基础设施监控，因此监控也不是问题。

要点

- 纳米服务将系统划分成更小的服务。为了实现这一点，纳米服务在技术选择自由和隔离性方面做出了让步。
- 纳米服务需要能够高效处理大量小型纳米服务的基础设施。

第 15 章 把微服务用起来

作为全书的结尾，本章将引导读者思考如何开始微服务实践。15.1 节再次列举微服务的种种优点，阐述引入微服务的诸多原因。15.2 节介绍引入微服务的多种方式——取决于使用场景以及期望获得的优势。最后，15.3 节探讨微服务是否仅为炒作。

15.1 为什么选择微服务

微服务具有一系列优点，列举如下（参见第 4 章）。

- 微服务让团队能够独立工作，因此在大型项目中更容易实践敏捷开发。
- 微服务有助于扩展或逐步替代遗留应用。
- 因为各个微服务易于替换，所以微服务系统不易受到架构腐化的影响，从而有助于可持续开发。这提高了系统的长期可维护性。
- 另外，微服务还有一些技术层面的优势，例如稳健性和可伸缩性。

当考虑采用微服务架构时，首先应该对微服务的上述优点以及第 4 章所提及的优点按照重要程度来排序。其次，还要对第 5 章所探讨的挑战进行评估，并准备应对措施。

在此，持续交付和基础设施将扮演关键角色。如果部署流程还需要手动完成，那么大量微服务将带来高昂的运维开销，导致微服务方案难以实施。不幸的是，许多组织在持续交付和基础设施方面仍然非常落后。这种情况下，持续交付应该与微服务一同引入。因为微服务远小于单体系统，所以微服务的持续交付也更容易实施。因此，微服务和持续交付是相辅相成的。

另外，组织层面（见第 12 章）也必须纳入考虑范围。如果敏捷流程的可伸缩性是引入微服务的重要原因之一，那么敏捷流程应该首先建立起来。例如，每个团队的产品负责人除了要定义产品的所有特征外，还要制订敏捷开发计划。各个团队应该高度自立，否则将很难享受到微服务所带来的独立性。

引入微服务并不仅仅是为了解决某个问题。不同项目引入微服务的具体原因各不相同。微服务的诸多优点就是引入微服务的有力依据。总之，引入微服务的策略必须与具体项目最看重的优点相匹配。

15.2　微服务实践之路

微服务有不同的实践方案。

- 最典型的场景是从一个单体应用开始，逐步转化成多个微服务。通常，不同功能将单独转移到各个微服务中。迁移到微服务的原因通常是为了让部署更方便，但独立伸缩性以及让架构可持续开发也是很重要的原因。
- 从单体迁移到微服务还有其他的方式。举个例子，如果容错性是迁移到微服务的主要原因，那么可以先引入 Hystrix 之类的技术，然后再将系统分割成微服务。
- 从头搭建一个微服务系统是比较少见的情况。新项目可以先从一个单体开始，但更明智的选择是先设计一个粗粒度的领域架构，然后再引入第一个微服务。这样一来，基础设施就能服务于多个微服务。同时，该方案还能让不同团队独立开发不同功能。在项目一开始就对微服务进行细粒度划分，这样做通常并不靠谱，因为以后很可能还要修改，而对现存微服务架构进行重大修改将非常复杂。

微服务便于与已有系统进行结合，这方便了微服务的引入。作为已有单体项目的补充，小型的微服务能够快速编写。如果出现问题，微服务也很容易快速移除。其他技术元素可以逐步引入。

微服务的引入如此简单，并能获得立竿见影的效果，其关键原因在于微服务与遗留系统能够方便地结合到一起。

15.3　微服务：能否落地

毫无疑问，微服务是当今业界的焦点之一。虽然这不一定是坏事，但许多广受关注的方案经不起更严苛的审视，以至于被认为并没有解决什么实际问题。

不过话说回来，微服务绝不仅仅是一种时尚或者是炒作。

- 本书前言中提到，Amazon 多年前已经开始采用微服务方案。同样，其他的许多互联网公司也长期采用微服务方案。因此，微服务实际上被许多公司长期采用，而不仅仅是当下的热点。
- 由于微服务的优点显而易见，因此践行微服务的先行者们愿意投资来创造一些当时并不存在的基础设施。这些基础设施现在作为开源软件免费提供，例如著名的 Netflix。因此，如今引入微服务要比过去方便得多。

- ❑ 敏捷开发和云基础设施是当今的技术趋势，而微服务架构是两者的良好补充：微服务架构提供伸缩能力，满足云平台对稳健性和可伸缩性的要求。
- ❑ 另外，微服务是小型部署单元，有利于持续交付的实施。许多企业借助持续交付提升软件质量，并将软件快速部署到生产环境。
- ❑ 选择微服务的原因不止一种，微服务代表许多方面的改进。由于采用微服务有多种原因，各类不同项目很可能都将受益于迁移到微服务。

大多数人都曾接触过大型复杂系统，但现在可能正是开发更小的系统，并从中受益的时候。除了技术复杂度相对较低，目前已经没太多理由选择单体架构。

15.4 总结

引入微服务有如下原因。

- ❑ 采用微服务带将来许多优势（见 15.1 节和第 4 章）。
- ❑ 迁移到微服务的过程是渐进式的。一开始并不需要整个系统全盘采用微服务，常见的方式是逐步迁移（见 15.2 节）。有许多方案可让项目尽快受益于微服务所带来的优势。
- ❑ 迁移的过程是可逆的：如果微服务被证明并不适合某个项目，那么可以轻松地换回旧方案。
- ❑ 微服务并不仅仅是炒作（见 15.3 节），鉴于微服务已在现实中被长期广泛采用。因此，至少应该尝试一下微服务——本书希望读者在各种项目中进行尝试。

动手实践

针对你熟悉的一个架构/系统，回答如下问题。

- ❑ 在该场景下，采用微服务的最大优点是什么？
- ❑ 该架构/系统如何迁移到微服务？可选的迁移方案包括：
  - 新功能以微服务的形式来实现；
  - 采用合适的技术为系统增添某些特性（例如稳健性或快速部署）。
- ❑ 在引入微服务后，该项目应如何尽量降低测试成本？
- ❑ 在什么情况下，项目引入微服务是明智之举并且能够取得成功？

版权声明

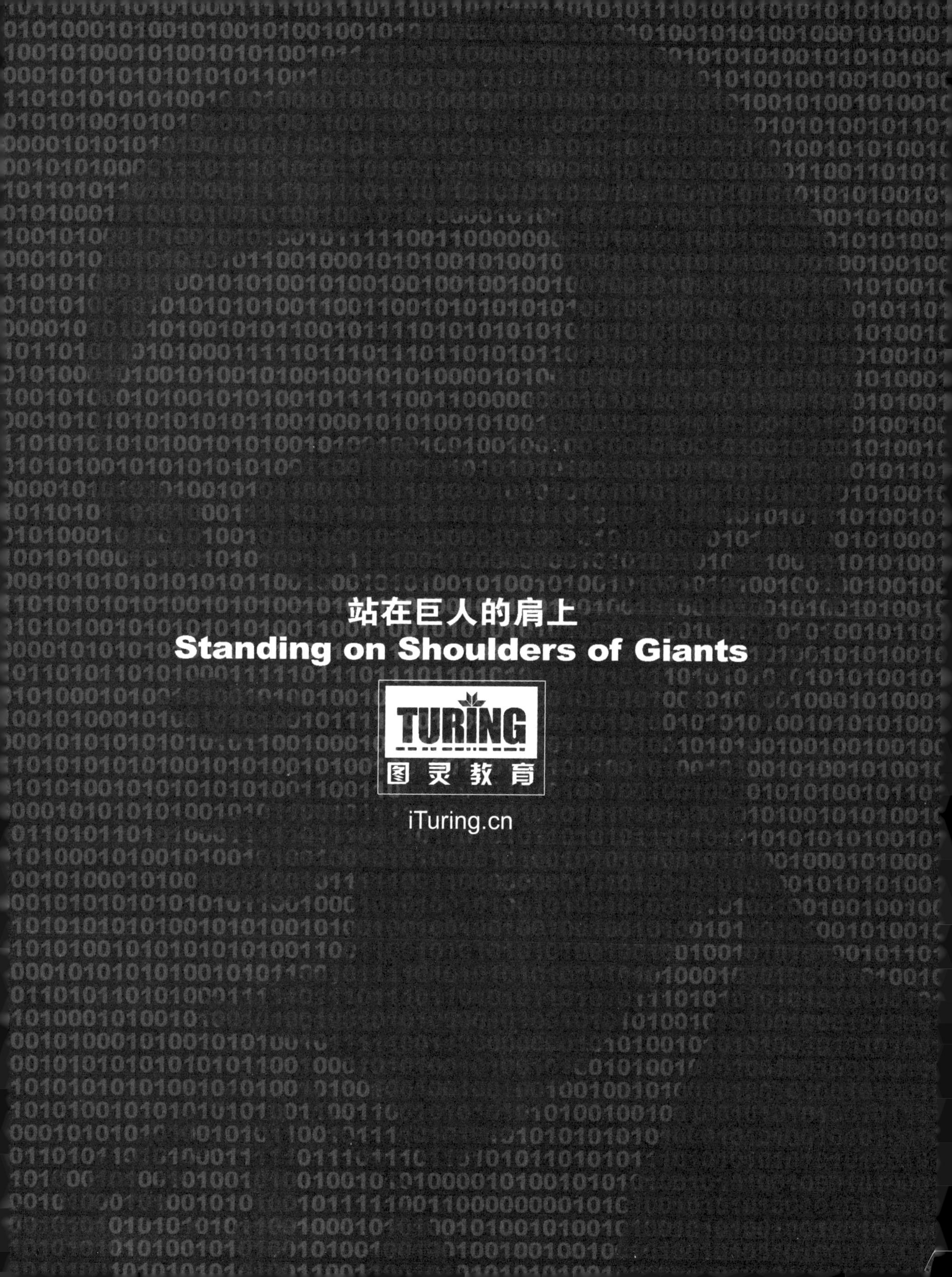
站在巨人的肩上
Standing on Shoulders of Giants
TURING
图灵教育
iTuring.cn

站在巨人的肩上
Standing on Shoulders of Giants
TURING
图灵教育
iTuring.cn